Java

从入门到精通

王 征 李晓波◎著

中国铁道出版社有限公司

CHINA RAILWAY PUBLISHING HOUSE CO., LTD.

内 容 简 介

本书从最基本的Java概念入手，由浅入深、典型实例剖析讲解、综合实例剖析讲解，一步一步引导初学者掌握Java编程知识。本书共17章，其中第1章到第4章是Java编程基础篇；第5章到第7章是Java编程核心篇；第8章到第10章是Java面向对象程序设计篇；第11章到第16章是Java编程提高篇；第17章是综合案例实战篇，通过手机销售管理系统的编写，提高初学者对Java编程的综合认识，并真正掌握编程的核心思想及技巧，从而学以致用。

在讲解过程中既考虑读者的学习习惯，又通过具体实例剖析讲解Java编程中的热点问题、关键问题及各种难题。

本书适用于大中专学校的师生、有编程梦想的初高中生阅读使用，更适用于培训机构的师生、编程爱好者、初中级程序员、程序测试及维护人员阅读研究。

图书在版编目（CIP）数据

Java从入门到精通/王征，李晓波著.—北京：中国铁道
出版社有限公司，2020.1
ISBN 978-7-113-26414-7

Ⅰ.①J… Ⅱ.①王… ②李… Ⅲ.①JAVA语言－程序设计
Ⅳ.①TP312.8

中国版本图书馆CIP数据核字（2019）第249576号

书　　名：**Java从入门到精通**
作　　者：王　征　李晓波

责任编辑：张亚慧　　　　　　　　　　读者热线电话：010-63560056
责任印制：赵星辰　　　　　　　　　　封面设计：宿　萌

出版发行：中国铁道出版社有限公司（100054，北京市西城区右安门西街8号）
印　　刷：三河市航远印刷有限公司
版　　次：2020年1月第1版　　2020年1月第1次印刷
开　　本：787 mm×1 092 mm　1/16　印张：24.5　字数：490千
书　　号：ISBN 978-7-113-26414-7
定　　价：79.00元

Java语言是一门优秀的编程语言。它最大的优点就是与平台无关，在Windows、Linux、Mac OS以及其他平台上，都可以使用相同的代码。Java的"一次编写，到处执行"正是它吸引众多商家和编程人员的一大优势。

由于Java语言的设计者们十分熟悉C++语言，所以在设计时很好地借鉴了C++语言。可以说，Java语言是一种比C++语言"还面向对象"的一种编程语言。Java语言的语法结构与C++语言的语法结构十分相似，这使得C++程序员学习Java语言更加容易。当然，如果仅仅是对C++改头换面，那么Java就不会是当前最热门的语言了。

Java语言作为静态面向对象编程语言的代表，极好地实现了面向对象理论，允许程序员以优雅的思维方式进行复杂的编程。

Java具有简单性、面向对象、分布式、健壮性、安全性、平台独立与可移植性、多线程、动态性等特点。Java可以编写桌面应用程序、Web应用程序、分布式系统和嵌入式系统应用程序等。

本书结构

本书共17章，具体章节安排如下：

- 第1章：讲解Java编程的基础知识，如Java的三大体系、发展历史、主要特征，搭建Java开发环境、编写和运行Java程序、Java集成开发软件Eclipse等。
- 第2章到第4章：讲解Java编程的常量和变量、基本数据类型、运算符、选择结构、循环结构。
- 第5章到第7章：讲解Java编程的数组、字符串、数字和日期的应用。
- 第8章到第10章：讲解Java面向对象程序设计，包括类、对象、继承、多态、集合框架、泛型等。
- 第11章到第16章：讲解Java的文件和文件夹操作、GUI程序设计常用控件、GUI程序设计高级控件、异常处理、网络编程、数据库编程。
- 第17章：通过手机销售管理系统综合案例，讲解Java编程的实战方法与技巧。

本书特色

本书的特色归纳如下：

（1）实用性：本书首先着眼于Java编程中的实战应用，然后再探讨深层次的技巧问题。

（2）详尽的例子：本书附有大量的例子，通过这些例子介绍知识点。每个例子都是作者精心选择的，初学者反复练习，举一反三，就可以真正掌握Java编程中的实战技巧，从而学以致用。

（3）全面性：本书几乎包含了Java编程中的所有知识，分别是Java基础知识、搭建Java开发环境、Java集成开发软件Eclipse、基本数据类型、运算符、选择结构、循环结构、数组、字符串、数字和日期、类、对象、继承、多态、集合框架、泛型、文件和文件夹操作、GUI程序设计常用控件、GUI程序设计高级控件、异常处理、网络编程、数据库编程等。

本书适合的读者

本书适用于大中专学校的师生、有编程梦想的初高中生阅读，更适用于培训机构的师生、编程爱好者、初中级程序员、程序测试及维护人员阅读研究。

创作团队

本书由王征、李晓波编写，以下人员对本书的编写提出过宝贵意见并参与了部分编写工作，分别是周凤礼、周俊庆、张瑞丽、周二社、张新义、周令、陈宣各。

由于时间仓促，加之水平有限，书中的缺点和不足之处在所难免，敬请读者批评指正。

编者

2019年11月

| 目　录 |
CONTENTS ○ ────────────────────

第 12 章　Java 的 GUI 程序设计常用控件　/　239

第 16 章　Java 程序设计的数据库编程　/　325

第1章

Java 程序设计快速入门

Java 是一门面向对象的编程语言，不仅吸收了 C++ 语言的各种优点，还摒弃了 C++ 里难以理解的多继承、指针等概念，所以 Java 语言具有功能强大和简单易用两个特征。

本章主要内容包括：

➤ 什么是 Java 及其三大体系

➤ Java 的发展历史和主要特征

➤ Java 开发工具包 JDK 的下载和安装

➤ Java 的环境变量配置

➤ 编写 Java 程序

➤ Eclipse 的下载和安装

➤ 利用 Eclipse 软件编写 Java 程序

1.1 初识 Java

Java 语言是当前最热门的语言之一，可以用来开发传统的客户端软件和网站后台，也可以开发现下流行的 Android 应用和云计算平台。

1.1.1 什么是 Java

Java 是由 Sun Microsystems 公司于 1995 年推出的一门面向对象程序设计语言。2010 年 Oracle 公司收购 Sun Microsystems，之后由 Oracle 公司负责 Java 的维护和版本升级。

另外，Java 还是一个平台。Java 平台由 Java 虚拟机（Java Virtual Machine，JVM）和 Java 应用编程接口（Application Programming Interface，API）构成。Java 应用编程接口为此提供了一个独立于操作系统的标准接口，可分为基本部分和扩展部分。在硬件或操作系统平台上安装一个 Java 平台之后，Java 应用程序即可运行。

Java 平台已经嵌入了几乎所有的操作系统。这样 Java 程序只编译一次，就可以在各种系统中运行。

1.1.2 Java 的三大体系

按应用范围来分，Java 可分为三大体系，分别是 Java SE、Java EE 和 Java ME，如图 1.1 所示。

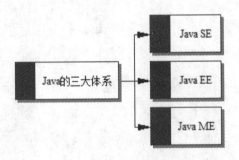

图 1.1　Java 的三大体系

1. Java SE

Java SE（Java Platform Standard Edition，Java 平台标准版）以前称为 J2SE，它

允许开发和部署在桌面、服务器、嵌入式环境和实时环境中使用的 Java 应用程序。Java SE 包含支持 Java Web 服务开发的类，并为 Java EE 提供基础，如 Java 语言基础、JDBC 操作、I/O 操作、网络通信等技术。

2. Java EE

Java EE（Java Platform Enterprise Edition，Java 平台企业版）以前称为 J2EE。企业版本帮助开发和部署可移植、健壮、可伸缩且安全的服务器端 Java 应用程序。Java EE 是在 Java SE 基础上构建的，它提供 Web 服务、组件模型、管理和通信 API，可以用来实现企业级的面向服务体系结构（Service Oriented Architecture，SOA）和 Web 2.0 应用程序。

3. Java ME

Java ME（Java Platform Micro Edition，Java 平台微型版）以前称为 J2ME，也叫 K-JAVA。Java ME 为在移动设备和嵌入式设备（比如手机、PDA、电视机顶盒和打印机）上运行的应用程序提供一个健壮且灵活的环境。

Java ME 包括灵活的用户界面、健壮的安全模型、丰富的内置网络协议以及对可以动态下载的连网和离线应用程序。基于 Java ME 规范的应用程序只需编写一次就可以用于许多设备，而且可以利用每个设备的本机功能。

1.1.3 Java 的发展历史

Java 的发展历史具体如下：

1995 年 5 月 23 日，Java 语言诞生。

1996 年 1 月，第一个 JDK，即 JDK1.0 诞生。

1997 年 2 月 18 日，JDK1.1 发布。

1998 年 12 月 8 日，JAVA2 企业平台 J2EE 发布。

1999 年 6 月，SUN 公司发布 Java 的三个版本：标准版（JavaSE，以前是 J2SE）、企业版（JavaEE 以前是 J2EE）和微型版（JavaME，以前是 J2ME）。

2000 年 5 月 8 日，JDK1.3 发布。

2000 年 5 月 29 日，JDK1.4 发布。

2001 年 9 月 24 日，J2EE1.3 发布。

2002 年 2 月 26 日，J2SE1.4 发布，自此 Java 的计算能力有了大幅提升。

2004 年 9 月 30 日 18:00，J2SE1.5 发布，成为 Java 语言发展史上的又一里程碑。为了表示该版本的重要性，J2SE1.5 更名为 Java SE 5.0。

2005 年 6 月，JavaOne 大会召开，SUN 公司公开 Java SE 6。此时，Java 的各种版本已经更名，以取消其中的数字 "2"：J2EE 更名为 Java EE，J2SE 更名为 Java SE，J2ME 更名为 Java ME。

2009 年 4 月 20 日，Oracle 公司 74 亿美元收购 Sun，取得 Java 的版权。

2014 年 3 月 18 日，Oracle 公司发布 Java SE 8。

2017 年 9 月 21 日，Oracle 公司发布 Java SE 9。

2018 年 3 月 21 日，Oracle 公司发布 Java SE 10。

2018 年 9 月 25 日，Oracle 公司发布 Java SE 11。

2019 年 3 月 20 日，Oracle 公司发布 Java SE 12。

1.1.4 Java 的主要特征

Java 的主要特征如下：分别是简单性、解释执行、面向对象、平台无关性、健壮性、高性能、多线程、分布式、安全性。

1．简单性

Java 的语法与 C 语言和 C++ 很相似，这样学起来比较容易。对 Java 来讲，它舍弃了很多 C++ 中难以理解的特性，如操作符的重载和多继承等，而且 Java 语言不使用指针，加入了垃圾回收机制，解决了内存管理问题，使编程变得更加简单。

2．解释执行

Java 程序在 Java 平台运行时会被编译成字节码文件，然后可以在有 Java 环境的操作系统上运行。在运行文件时，Java 的解释器对这些字节码进行解释执行，执行过程中需要加入的类在连接阶段被载入到运行环境中。

3．面向对象

Java 是一种面向对象的编程语言，它对类、对象、继承、封装、多态、接口、包等均有比较好的支持。为了便于学习，Java 只支持类之间的单继承，但是可以使用接口来实现多继承。使用 Java 语言开发程序，需要采用面向对象的思想设计程序和编写代码。

4．平台无关性

平台无关性的具体表现在于，Java 是"一次编写，到处运行"的语言，因此采用 Java 语言编写的程序具有很好的可移植性，而保证这一点的正是 Java 的虚拟机机制。在引入虚拟机之后，Java 语言在不同的平台上运行不需要重新编译。

5．健壮性

Java 的强类型机制、异常处理、垃圾回收机制等都是 Java 健壮性的重要保证。对指针的丢弃是 Java 的一大进步。另外，Java 的异常机制也是健壮性的一大体现。

6. 高性能

Java 的高性能主要是相对其他高级脚本语言来说的，随着 JIT（ Just in Time ）的发展，Java 的运行速度也越来越快。

7. 多线程

Java 语言是多线程的，这也是 Java 语言的一大特性，它必须由 Thread 类和它的子类来创建。Java 支持多个线程同时执行，并提供多线程之间的同步机制。任何一个线程都有自己的 run() 方法，要执行的方法就写在 run() 方法内。

8. 分布式

Java 语言支持 Internet 应用的开发，在 Java 的基本应用编程接口中就有一个网络应用编程接口，它提供了网络应用编程的类库，包括 URL、URLConnection、Socket 等。Java 的 RIM 机制也是开发分布式应用的重要手段。

9. 安全性

Java 通常被用在网络环境中。为此，Java 提供了一个安全机制以防止恶意代码的攻击。除了 Java 语言具有许多的安全特性以外，Java 还对通过网络下载的类增加一个安全防范机制，分配不同的名字空间以防替代本地的同名类，并包含安全管理机制。

1.2 搭建 Java 开发环境

搭建 Java 开发环境，就是下载和安装 Java 开发工具包 JDK，然后进行环境变量配置。Java 语言在 PC 三大主流平台（ Windows、Linux 和 OS X ）都可以使用。在这里只讲解 Java 语言在 Windows 操作系统下的开发环境配置。

1.2.1 Java 开发工具包 JDK 的下载

在浏览器的地址栏中输入"https://www.oracle.com/technetwork/java/javase/downloads/index.html"，然后回车，进入 Java 开发工具包 JDK 的下载页面，如图 1.2 所示。

图 1.2　Java 开发工具包 JDK 的下载页面

　　然后单击 Java 图标下方的"DOWNLOAD"按钮，进入 JDK 版本选择页面，如图 1.3 所示。

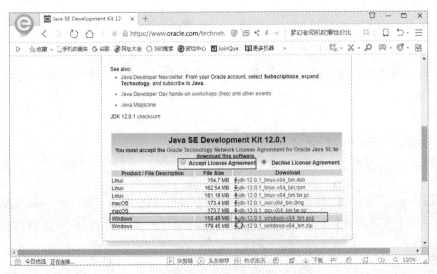

图 1.3　JDK 版本选择页面

　　在下载之前需要选中 Accept License Agreement 单选按钮，即接受许可协议。然后再单击"jdk-12.0.1_windows-x64_bin.exe"前面的█按钮，这时会弹出"新建下载任务"对话框，如图 1.4 所示。

　　单击"下载"按钮，就开始下载，下载完成后，就可以在桌面看到 jdk-12.0.1_windows-x64_bin.exe 安装文件图标，如图 1.5 所示。

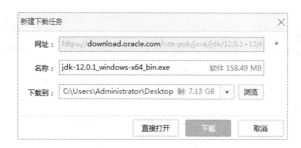

图 1.4　新建下载任务对话框

图 1.5　jdk-12.0.1_windows-x64_
bin.exe 安装文件图标

1.2.2　Java 开发工具包 JDK 的安装

jdk-12.0.1_windows-x64_bin.exe 安装文件载成功后，双击桌面上的安装文件图标，
弹出"安装程序"对话框，如图 1.6 所示。

单击"下一步"按钮，弹出"目录文件夹"对话框，在这里可以看到 JDK 的默认安
装位置，如图 1.7 所示。

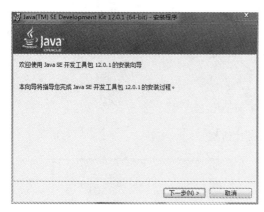

图 1.6　安装程序对话框

图 1.7　目录文件夹对话框

如果采用默认安装位置，直接单击"下一步"按钮即可。如果想修改安装位置，可以
单击"更改"按钮，这时弹出"更改文件夹"对话框，在这里设置安装位置为"E:\Java\
jdk-12.0.1"，如图 1.8 所示。

设置好后，单击"确定"按钮就可以返回"目录文件夹"对话框，再单击"下一步"按钮，
就可以安装 JDK，并显示安装进度，如图 1.9 所示。

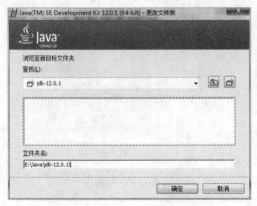

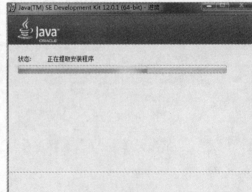

图 1.8　更改文件夹对话框　　　　　　图 1.9　安装 JDK 并显示安装进度

JDK 安装成功后，会弹出"完成"对话框，如图 1.10 所示。

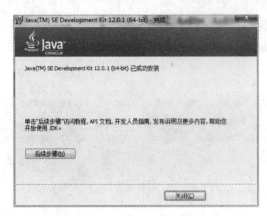

图 1.10　完成对话框

最后单击"关闭"按钮即可。

1.2.3　Java 的环境变量配置

Java 开发工具包 JDK 安装成功后，还要进行环境变量配置，否则程序就无法运行。

单击桌面左下角的"开始"按钮，弹出"开始"菜单，然后在文本框中输入"cmd"，如图 1.11 所示。

在文本框中输入"cmd"后，回车，即可打开 Windows 系统命令行程序，如图 1.12 所示。

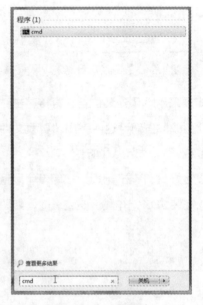

图 1.11　开始菜单

在命令提示符后输入 Java 命令，具体代码如下：

```
java  -version
```

然后回车，如图 1.13 所示。

图 1.12　Windows 系统命令行程序

图 1.13　Java 命令运行结果

在这里可以看到 java 不是内部或外部命令，所以无法执行。

下面来配置 Java 的环境变量。鼠标指向计算机图标，单击右键，在弹出右键菜单中选择"属性"命令，如图 1.14 所示。

单击"属性"命令，弹出"控制面板"对话框，如图 1.15 所示。

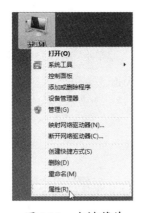

图 1.14　右键菜单

图 1.15　控制面板对话框

在控制面板对话框中，单击"高级系统设置"，弹出"系统设置"对话框，如图 1.16 所示。

图 1.16　系统设置对话框

在系统设置对话框中，单击"环境变量"按钮，弹出"环境变量"对话框，如图 1.17 所示。

单击系统变量下方的"新建"按钮，弹出"新建系统变量"对话框，在"变量名"文本框中输入 JAVA_HOME，在"变量值"文本框中输入 JDK 的安装路径（E:\Java\jdk-12.0.1），如图 1.18 所示。

图 1.17　环境变量对话框

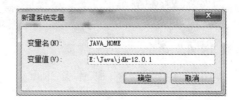

图 1.18　新建系统变量对话框

设置好后，单击"确定"按钮。然后双击系统变量中的"Path"，弹出"编辑系统变量"对话框，在"变量值"文本框的最前端添加 %JAVA_HOME%\bin;。需要注意的是，路径一定要用分号";"隔开，如图 1.19 所示。

设置好后，单击"确定"按钮即可。

单击桌面左下角的"开始"按钮，弹出"开始"菜单，然后在文本框中输入"cmd"，打开 Windows 系统命令行程序，然后在命令提示符后输入 Java 命令，具体代码如下：

```
java -version
```

然后回车，就可以看到 JDK 的版本和当前时间，如图 1.20 所示。

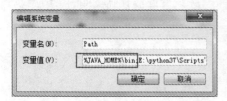

图 1.19　编辑系统变量对话框

图 1.20　JDK 的版本和当前时间

1.3　编写 Java 程序

Java 语言开发环境搭建成功后，下面即可编写 Java 语言程序。依照传统，学习一门语言，写的第一程序都叫"Hello world！"，因为这个程序所要做的事情就是显示"Hello world！"。

1.3.1 新建文件并编写代码

下面利用 Windows 的记事本来编写 Java 代码。由于 Windows 系统命令行程序命名提示符为 C:\Users\Administrator，为了操作方便，下面在该文件夹中创建一个文本文档。

打开 C:\Users\Administrator 文件夹，然后单击右键，在弹出菜单中选择"新建 / 文本文档"命令，如图 1.21 所示。

图 1.21　右键菜单

单击"文本文档"命令，新建一个文本文件，然后双击该文件，打开该文件，然后输入如下代码：

```java
public class Helloworld
{
    /* 这里是程序入口 */
    public static void main(String[] args)
    {
        // 输出字符串
        System.out.println("Hello world!");
    }
}
```

下面来解释一下 Java 代码，具体如下：

第一，关键字 public，表示访问说明符，表明该类是一个公共类，可以控制其他对象对类成员的访问。

第二，关键字 class，用于声明一个类，其后所跟的字符串是类的名称，即 Hello world 为类的名称。

第三，关键字 static，表示该方法是一个静态方法，允许调用 main() 方法，无须创建类的实例。

第四，关键字 void，表示 main() 方法没有返回值。

第五，main() 方法是所有程序的入口，最先开始执行。

第六，"/*""*/"之间的内容和以"//"开始的内容为 Java 程序的注释。

1.3.2　保存代码并运行

Java 代码编写完成后，单击菜单栏中的"文件 / 另存为"命令，弹出"另存为"对话框，如图 1.22 所示。

保存位置为"C:\Users\Administrator"，保存类型为"所有文件"，文件名为"Helloworld.java"。需要注意的是，文件名一定要与 Java 代码中的类名相同。

这样，在 C:\Users\Administrator 文件夹中，就有一个 Java 文件，如图 1.23 所示。

图 1.22　另存为对话框　　　　　　　图 1.23　Java 文件

下面来编译和运行该 Java 文件。单击桌面左下角的"开始"按钮，弹出"开始"菜单，然后在文本框中输入"cmd"，打开 Windows 系统命令行程序，然后在命令提示符后输入 Java 命令，具体代码如下：

```
javac  Helloworld.java
```

编译 Java 源程序使用的是 JDK 中的 javac 命令。需要注意，Java 程序要先编译，后运行。

javac Helloworld.java 命令的作用是让 Java 编译器获取 Java 应用程序 Helloworld.java 的源代码，把它编译成符合 Java 虚拟机规范的字节码文件。这时会生成一个新文件 Helloworld.class，此文件便是字节码文件，它也是 JVM 上的可执行文件，如图 1.24 所示。

Java 代码编译后，就可以使用 JDK 中的 Java 命令来运行程序，具体代码如下：

```
java  Helloworld
```

正确输入代码后，回车，就可以看到 Java 程序运行结果，如图 1.25 所示。

图 1.24 Helloworld.class 文件   图 1.25 Java 程序运行结果

1.4 Java 集成开发软件

工欲善其事，必先利其器。我们在开发 Java 程序时，同样需要一款功能强大的集成开发软件。Eclipse 是目前最流行的 Java 集成开发软件，它强大的代码辅助功能，可以帮助我们自动完成语法修正、补全文字、代码修复等编码工作，大量节省程序开发所需的时间。

1.4.1 Eclipse 的下载

在浏览器的地址栏中输入 "https://www.eclipse.org/downloads/packages"，然后回车，进入 eclipse 的下载页面，如图 1.26 所示。

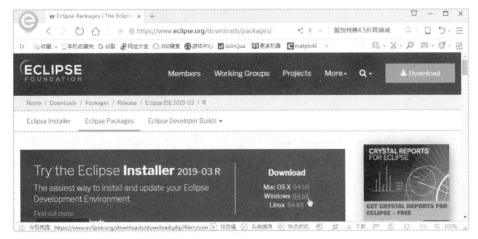

图 1.26 eclipse 的下载页面

单击 Windows 后的 64 bit，进入 eclipse-inst-win64.exe 的下载页面，如图 1.27 所示。

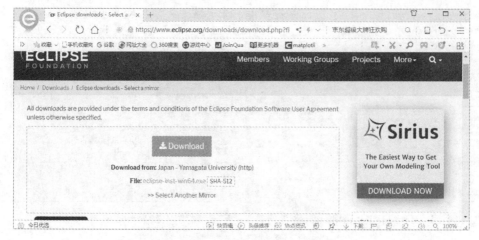

图 1.27　eclipse-inst-win64.exe 的下载页面

单击"Download"按钮，这时会弹出"新建下载任务"对话框，如图 1.28 所示。

单击"下载"按钮，就开始下载，下载完成后，就可以在桌面看到 eclipse-inst-win64.exe 安装文件图标，如图 1.29 所示。

图 1.28　新建下载任务对话框

图 1.29　eclipse-inst-win64.exe 安装文件图标

1.4.2　Eclipse 的安装

eclipse-inst-win64.exe 安装文件下载成功后，双击桌面上的安装文件图标，弹出"eclipse 安装"对话框，如图 1.30 所示。

在这里单击"Eclipse IDE for Java Developers"，进行 eclipse 安装目录设置对话框，如图 1.31 所示。

在这里设置安装目录为"E:\myeclipse"，然后单击"INSTALL"按钮，就开始安装 Eclipse。因为 Eclipse 安装前会要求接受软件使用协议，所以弹出如图 1.32 所示的对话框。

单击"Accept Now"按钮，就会继续安装 Eclipse，并显示安装进度，如图 1.33 所示。

图 1.30　eclipse 安装对话框

图 1.31　eclipse 安装目录设置对话框

图 1.32　接受软件使用协议

图 1.33　安装 Eclipse 并显示安装进度

Eclipse 安装成功后，就会在桌面上看到其快捷图标，如图 1.34 所示。

图 1.34　Eclipse 快捷图标

1.4.3　利用 Eclipse 软件编写 Java 程序

Eclipse 安装成功后，双击桌面上的快捷图标，就可以打开软件。第一次打开 Eclipse 软件时，弹出"Eclipse IDE Launcher"对话框，会要求我们选择一个工作空间（Workspace），如图 1.35 所示。

工作空间是一个目录，程序和程序所需要用到的资源都在 Workspace 里，中间缓存文件也存在工作区中。在这里设置工作空间为 E:\myeclipse。

然后单击"Launch"按钮，就可以打开 Eclipse 软件，如图 1.36 所示。

图 1.35　Eclipse IDE Launcher 对话框　　　　图 1.36　Eclipse 软件

单击菜单栏中的"File/New/Java Project"命令，弹出"New Java Project"对话框，如图 1.37 所示。

在这里设置项目名为"Mytest"，默认项目保存位置就是前面创建的工作空间，即 E:\myeclipse。

单击"Finish"按钮，就可以创建 Mytest 项目，Eclipse 会自动生成相关代码和布局结构。在 Eclipse 左侧"Package Explorer"（包资源管理器）面板中会显示整个 Mytest 项目的目录结构，如图 1.38 所示。

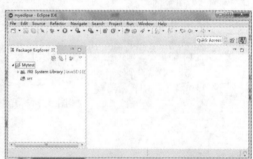

图 1.37　New Java Project 对话框　　　图 1.38　Package Explorer（包资源管理器）面板

> **提醒：** 如果没有显示 Package Explorer（包资源管理器）面板，可以单击菜单栏中的"Window/Show View/Package Explorer"命令，显示该面板。

选择 Mytest 中的"src"，然后单击鼠标右键，弹出右键菜单，选择"New/Class"命令，如图 1.39 所示。

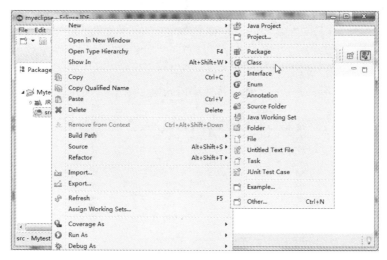

图 1.39 右键菜单

单击"Class"命令，弹出"New Java Class"对话框，如图 1.40 所示。

在这里设置类名为"Mydemo"，然后单击"Finish"按钮，就会生成 Mydemo.java 文件的内容，并处于编辑状态，如图 1.41 所示。

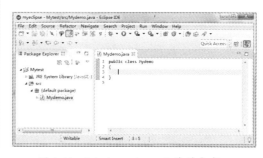

图 1.40 New Java Class 对话框　　　　图 1.41 Mydemo.java 文件的内容

接下来就可以在类中编写代码，具体如下：

```
public class Mydemo
{
    public static void main(String[] args)
```

```
        {
            System.out.println("九九乘法表");
            for(int i=1;i<=9;i++)
        {
            for(int j=1;j<=i;j++)
            {
                System.out.print(j+"*"+i+"="+j*i+"\t");
            }
            System.out.println();
        }
    }
}
```

这里是利用双 for 循环显示九九乘法表。单击菜单栏中的"Run/Run"命令（快捷键：Ctrl+F11），就可以编译并运行代码，程序运行效果如图 1.42 所示。

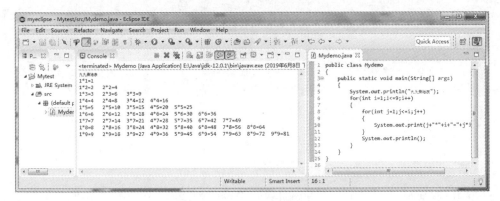

图 1.42　程序运行效果

第2章

Java 程序设计的初步知识

每门编程语言都有自己的语法结构，如常量和变量的定义、基本数据类型、运算符等。虽然大同小异，但各有特点，本章就来讲解一下 Java 语言程序设计的初步知识。

本章主要内容包括：

➤ 常量及其表示方法

➤ 变量的命名规则及赋值

➤ 整型和浮点型

➤ 字符型和布尔型

➤ 算术运算符、赋值运算符和位运算符

➤ 自增 (++) 和自减 (−−)

➤ 自动的类型转换

2.1 常量

在 Java 编程中，我们可以让计算机进行数值计算、图片显示、语音聊天、播放视频、发送邮件、图形绘制以及我们可以想到的事情。要完成这些任务，程序需要使用数据，任何数据对用户都呈现常量和变量两种形式。下面先来讲解一下 Java 中的常量

2.1.1 什么是常量及其类型

常量是指程序在运行时其值不能改变的量，常量保存在常量池中。

> 提醒：Java 是一种动态链接的语言，常量池的作用非常重要，常量池中除了包含代码中所定义的各种基本类型（如 int、long 等）和对象型（如 String 及数组）的常量值外，还包含一些以文本形式出现的符号引用。例如，类和接口的全限定名、字段的名称和描述符、方法的名称和描述符。

在 Java 中常量有 5 种类型，分别是整数常量、浮点型常量、布尔常量、字符常量和字符串常量，如图 2.1 所示。

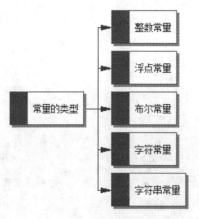

图 2.1　常量的类型

1. 整数常量

整数常量可以是十进制、八进制或十六进制的常量。0x 或 0X 表示十六进制，0 表示八进制，不带前缀则默认表示十进制。整数常量代码如下：

```
98                        // 十进制
0264                      // 八进制
0x4ab                     // 十六进制
```

2. 浮点常量

浮点常量是由整数部分、小数点、小数部分和指数部分组成。可以使用小数形式或者指数形式（e 或 E）来表示浮点常量。当使用小数形式表示时，必须包含整数部分、小数部分，或同时包含两者。当使用指数形式表示时，必须包含小数点、指数，或同时包含两者。带符号的指数要用 e 或 E 引入。浮点常量代码如下：

```
6.2                                       // 小数形式
-6.89
6.2E+5                                     // 指数形式
-6.2e-5
```

Java 浮点常量默认在内存中占 64 位，是具有双精度型（double）的值。如果考虑到需要节省运行时的系统资源，而运算时的数据值取值范围并不大且运算精度要求不太高的情况，可以把它表示为单精度型（float）的数值。

单精度型数值一般要在该常数后面加 F 或 f，如 69.7f，表示一个 float 单精度型，它在内存中占 32 位。

3. 布尔常量

在 Java 中，布尔常量有 2 个，分别是 true 和 false。其中 true 代表真，false 代表假。

4. 字符常量

字符常量是括在单引号中，可以是一个普通的字符（例如 'x'）、一个转义字符（例如 '\t'），或一个通用的字符（例如 '\u02C0'）。

5. 字符串常量

字符串常量是括在双引号中。如果字符串过长，可以利用"+"分成两个字符串。下面这两种形式所显示的字符串是相同的。

```
"hello, java"
// 利用 "+" 作为分隔符对字符串进行分行
"hello,"+ "java"
```

2.1.2　常量的表示方法

在 Java 中，使用 final 关键字来表示一个常量，其语法格式如下：

```
final datatype variablename
```

其中，final 是定义常量的关键字，datatype 指明常量的数据类型，variablename 是变量的名称。

常量定义的代码如下：

```
final int MYA = 98 ;
final int MYB = 0253 ;
final int MYC = 0x4ab ;
final float MYD = 10.2f ;
final double MYE = 10.6 ;
```

```
        final boolean MYF= true ;
        final boolean MYG = false ;
        final char MYH='x' ;
        final String MYJ="hello,"+ "java" ;
```

在定义常量时，需要注意以下三点：

第一，在定义常量时就需要对该常量进行赋值。

第二，final 关键字不仅可以用来修饰基本数据类型的常量，还可以用来修饰对象的引用或者方法。

第三，为了与变量区别，常量取名一般都用大写字符。

双击桌面上的 Eclipse 快捷图标，就可以打开软件，然后单击菜单栏中的"File/New/Java Project"命令，弹出"New Java Project"对话框，如图 2.2 所示。

在这里设置项目名为"My2-java"，然后单击"Finish"按钮，就可以创建 My2-java 项目。

选择 My2-java 中的"src"，然后单击鼠标右键，在弹出的右键菜单中单击"New/Class"命令，弹出"New Java Class"对话框，如图 2.3 所示。

图 2.2　New Java Project 对话框

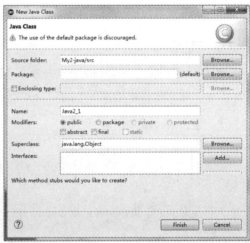

图 2.3　New Java Class 对话框

在这里设置类名为"Java2_1"，然后单击"Finish"按钮，就会生成的 Java2_1.java 文件，然后输入如下代码：

```
public class Java2_1
{
    public static void main(String[] args)
    {
        final int MYA = 98 ;
        final int MYB = 0253 ;
        final int MYC = 0x4ab ;
        final float MYD = 10.2f ;
        final double MYE = 10.6 ;
        final boolean MYF= true ;
```

```
        final boolean MYG = false ;
        final char MYH='x' ;
        final String MYJ="hello,"+ "java" ;
        System.out.println("十进制常量 MYA 的值是："+MYA);
        System.out.println("八进制常量 MYB 的值是："+MYB);
        System.out.println("十六进制常量 MYC 的值是："+MYC);
        System.out.println("单精度浮点数常量 MYD 的值是："+MYD);
        System.out.println("双精度浮点数常量 MYE 的值是："+MYE);
        System.out.println("布尔型常量 MYF 的值是："+MYF);
        System.out.println("布尔型常量 MYG 的值是："+MYG);
        System.out.println("字符型常量 MYH 的值是："+MYH);
        System.out.println("字符串型常量 MYJ 的值是："+MYJ);
    }
}
```

单击菜单栏中的"Run/Run"命令（快捷键：Ctrl+F11），就可以编译并运行代码，程序运行效果如图 2.4 所示。

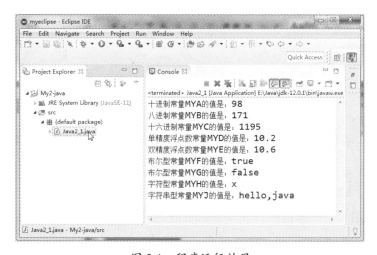

图 2.4　程序运行效果

2.2　变量

变量是指在程序执行过程中其值可以变化的量，系统为程序中的每个变量分配一个存储单元。变量名实质上就是计算机内存单元的命名。因此，借助变量名就可以访问内存中的数据。

2.2.1　变量的命名规则

变量的命名规则具体如下：

第一，首字符必须是字母、下画线（＿）、美元符号（＄）或者人民币符号（￥）。

第二，标识符由数字、大写字母、小写字母、下画线、美元符号、人民币符号以及所

Java 从入门到精通

有在十六进制 0xc0（192）前的 ASCII 码组成。

第三，不能把关键字、保留字作为标识符，如 for、if、int 等。

第四，标识符的长度没有限制。

第五，标识符区分大小写。

2.2.2 变量的定义及赋值

例如，定义整型变量 x，具体代码如下：

```
int  x ;
```

注意，int 和 x 之间是有空格的，它们是两个词。也注意最后的分号，int x 表达了完整的意思，是一个语句，要用分号来结束。

这个语句的意思是：在内存中找一块区域，命名为 x，用它来存放整数。

下面为变量赋值，具体代码如下：

```
x = 100 ;
```

"＝"在数学中叫"等于号"，但在 Java 语言中，这个过程叫作赋值。赋值是指把数据放到内存的过程。

我们可以先定义变量，再赋值，也可以定义变量的同时进行赋值，具体代码如下：

```
int  x = 100 ;
```

双击桌面上的 Eclipse 快捷图标，就可以打开软件。选择 My2-java 中的"src"，然后单击鼠标右键，在弹出的右键菜单中单击"New/Class"命令，弹出"New Java Class"对话框，如图 2.5 所示。

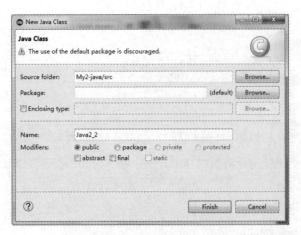

图 2.5　New Java Class 对话框

在这里设置类名为"Java2_2"，然后单击"Finish"按钮，就会生成 Java2_2.java 文件，然后输入如下代码：

```java
public class Java2_2
{
    public static void main(String[] args)
    {
        int   x=100 ;
        System.out.println(" 变量 x 的初始值: "+x);
        x = x+1 ;
        System.out.println(" 变量 x 加 1 的值:  "+x);
        x = x* 3 ;
        System.out.println(" 变量 x 加 1 的和, 再乘 3 的值:  "+x);
    }
}
```

在上述代码中, 变量 x 的值有三次变化, 即变量 x 所指向的内存中存放的数据变化三次, 具体如下:

第一次: 定义变量 x, 并赋值为 100, 然后显示变量 x 的值, 这时变量 x 所指向的内存中存放的数据为 100。

第二次: 变量 x+1, 再赋值给变量 x, 这里变量 x 就变成 101, 即变量 x 所指的内存中的数值发生变化, 由 100 变成 101。

第三次, 变量 x 乘 3, 即现在的变量 x 的值 101, 乘 3, 得到 303, 再把这个值赋值给变量 x, 这时变量 x 所指向的内存中存放的数据为 303。

单击菜单栏中的 "Run/Run" 命令 (快捷键: Ctrl+F11), 就可以编译并运行代码, 程序运行效果如图 2.6 所示。

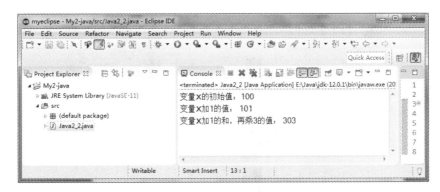

图 2.6　变量及赋值

2.3　基本数据类型

程序中的数据是放在内存中的, 变量是给这块内存起的名称, 有了变量就可以找到并使用这份数据。但问题是, 该如何使用呢?

在计算机中, 所有的内容, 如图形图像、文字、数字、声音、视频等, 都是以二进制形式保存在内存中的，它们并没有本质上的区别，那么 00010011 该理解为数字 19 呢，还是图形图像的像素颜色呢？还是要发出某种声音呢？如果不进行说明，用户是不知道的。

这样看来，内存中的数据有多种可能，所以在使用前要进行确定。例如 int x；表示 x 是整数数据，而不是像素颜色，也不是声音等。int 就是数据类型。

所以，数据类型就是用来说明数据的类型，确定数据的解读方式，让计算机和用户不会产生歧义。

在 Java 语言中，数据类型分为两种，分别是基本数据类型、引用数据类型（类、接口、数组）。在这里先讲解基本数据类型。

在 Java 中，基本数据类型有 4 种，分别是整型、浮点型、字符型、布尔型，如图 2.7 所示。

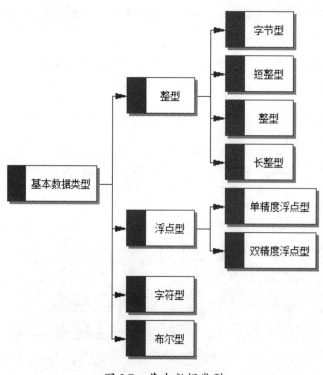

图 2.7　基本数据类型

2.3.1　整型

整型又分 4 种，分别是字节型（byte）、短整型（short）、整型（int）、长整型（long）。

1. 字节型

字节型（byte）是最小的整数类型。当用户从网络或文件中处理数据流时，或者处理可能与 Java 的其他内置类型不直接兼容的未加工的二进制数据时，该类型非常有用。

2. 短整型

短整型（short）限制数据的存储为先高字节后低字节，这样在某些机器中会出错，因此该类型很少被使用。

3. 整型

整型（int）是最常用的一种整数类型。

4. 长整型

对于大型程序常会遇到很大的整数，当超出整型（int）所表示的范围时就要使用长整型（long）。

双击桌面上的 Eclipse 快捷图标，就可以打开软件。选择 My2-java 中的"src"，然后单击鼠标右键，在弹出的右键菜单中单击"New/Class"命令，弹出"New Java Class"对话框，如图 2.8 所示。

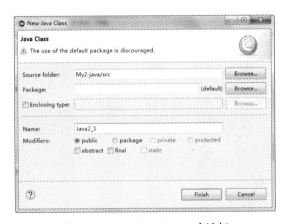

图 2.8　New Java Class 对话框

在这里设置类名为"Java2_3"，然后单击"Finish"按钮，就会生成 Java2_3.java 文件，然后输入如下代码：

```
public class Java2_3
{
    public static void main(String[] args)
    {
        byte a ;
        a = 10 ;
        short b = 20 ;
        int   c = 26 ;
        long  d = 128 ;
        System.out.println("字节型变量 a 的值："+a) ;
        System.out.println("短整型变量 b 的值："+b) ;
        System.out.println("整型变量 c 的值："+c) ;
        System.out.println("长整型变量 d 的值："+d) ;
        long e = a+b+c+d ;
        System.out.println("长整型变量 e 的值："+e) ;
    }
}
```

单击菜单栏中的"Run/Run"命令（快捷键：Ctrl+F11），就可以编译并运行代码，程序运行效果如图 2.9 所示。

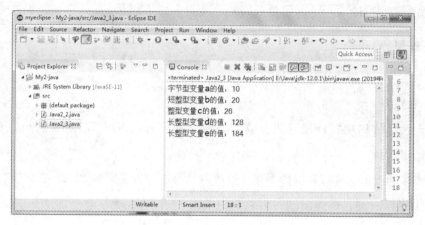

图 2.9　整型

2.3.2　浮点型

浮点型又分 2 种，分别是单精度浮点型（float）和双精度浮点型（double）。

单精度浮点型（float）和双精度浮点型（double）之间的区别主要是所占用的内存大小不同，float 类型占用 4 字节的内存空间，double 类型占用 8 字节的内存空间。双精度类型 double 比单精度类型 float 具有更高的精度和更大的表示范围。

Java 默认的浮点型为 double。例如，50.2 和 10.265 都是 double 型数值。如果要说明一个 float 类型数值，就需要在其后追加字母 f 或 F。

双击桌面上的 Eclipse 快捷图标，就可以打开软件。选择 My2-java 中的"src"，然后单击鼠标右键，在弹出的右键菜单中单击"New/Class"命令，弹出"New Java Class"对话框，如图 2.10 所示。

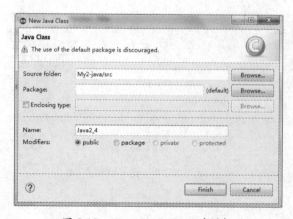

图 2.10　New Java Class 对话框

在这里设置类名为"Java2_4"，然后单击"Finish"按钮，就会生成 Java2_4.java
文件，然后输入如下代码：

```
public class Java2_4 {
    public static void main(String[] args)
    {
            float   a = 10.56f ;
            double b = 16.68 ;
            System.out.println("单精度浮点型变量a的值是："+a) ;
            System.out.println("双精度浮点型变量b的值是："+b) ;
            System.out.println("a*b的值是："+a*b) ;
    }
}
```

单击菜单栏中的"Run/Run"命令（快捷键：Ctrl+F11），就可以编译并运行代码，
程序运行效果如图 2.11 所示。

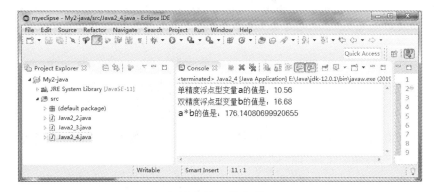

图 2.11　浮点型

2.3.3　字符型

在 Java 语言中，字符型（char）使用两个字节的 Unicode 编码表示，它支持几乎所
有语言。还要注意字符型是用单引号（''）表示的。

一般计算机语言使用 ASCII 编码，用一个字节表示一个字符。ASCII 码是 Unicode
码的一个子集。Unicode 字符通常用十六进制表示。例如"\u0000"～"\u00ff"表示
ASCII 码集。"\u"表示转义字符，它用来表示其后 4 个十六进制数字是 Unicode 码。

定义一个字符型变量，然后赋值，具体代码如下：

```
char   mychar ;
mychar = 'A'
```

计算机在存储字符时并不是真的要存储字符实体，而是存储该字符在字符集中的编号。
对于字符型（char）来讲，它实际上存储的就是字符的 ASCII（Unicode）码。

无论在哪个字符集中，字符编号都是一个整数；从这个角度考虑，字符类型和整数类
型本质上没有什么区别。

我们可以给字符类型赋值一个整数，或者以整数的形式输出字符类型。反过来，也可

Java 从入门到精通

以给整数类型赋值一个字符，或者以字符的形式输出整数类型。

双击桌面上的 Eclipse 快捷图标，就可以打开软件。选择 My2-java 中的"src"，然后单击鼠标右键，在弹出的右键菜单中单击"New/Class"命令，弹出"New Java Class"对话框，如图 2.12 所示。

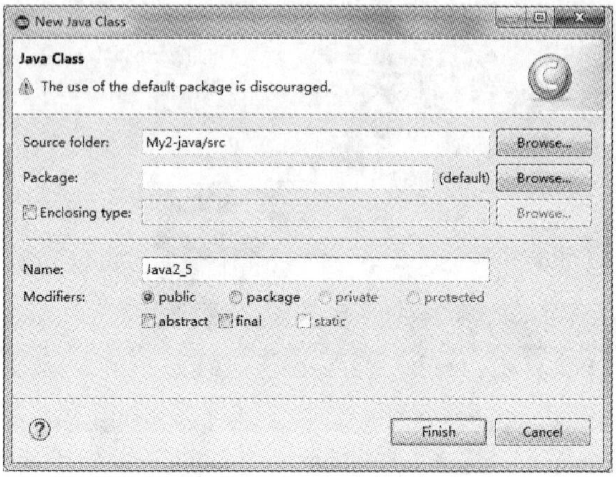

图 2.12　New Java Class 对话框

在这里设置类名为"Java2_5"，然后单击"Finish"按钮，就会生成 Java2_5.java 文件，然后输入如下代码：

```
public class Java2_5
{
    public static void main(String[] args)
    {
            //定义字符型变量
            char x1 ='A' ;
            char x2 = 65 ;
            //定义整型变量
            int  x3 = 'B' ;
            int  x4 = 66 ;
            System.out.println(x1) ;
            System.out.println(x2) ;
            System.out.println(x3) ;
            System.out.println(x4) ;

    }
}
```

在 ASCII（Unicode）码表中，字符'A'、'B'对应的编号分别是 65、66。所以，当给一个字符变量赋值时，其实保存到内存中的是该字符对应的 ASCII（Unicode）码，即整型数字。当然也可以把一个字符赋值给整型变量。

单击菜单栏中的"Run/Run"命令（快捷键：Ctrl+F11），就可以编译并运行代码，程序运行效果如图 2.13 所示。

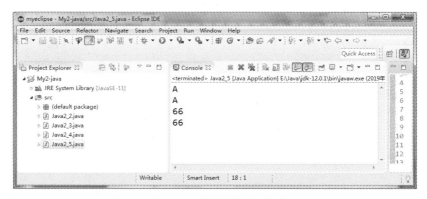

图 2.13　字符型与数值型

在 Java 中，一个字符除了可以用它的实体（也就是真正的字符）表示，还可以用编码值表示。这种使用编码值来间接地表示字符的方式称为转义字符。

转义字符以 \ 或者 \x 开头，以 \ 开头表示后跟八进制形式的编码值，以 \x 开头表示后跟十六进制形式的编码值。对于转义字符来说，只能使用八进制或者十六进制。

对于 ASCII（Unicode）编码，0~31（十进制）范围内的字符为控制字符，它们都是看不见的，不能在显示器上显示，甚至无法从键盘输入，只能用转义字符的形式来表示。不过，直接使用 ASCII（Unicode）码记忆不方便，也不容易理解。所以，针对常用的控制字符，Java 语言又定义了简写方式。

转义字符和所对应的意义如表 2.1 所示。

表 2.1　转义字符和所对应的意义

转义字符	意义	ASCII 码值（十进制）
\a	响铃 (BEL)	007
\b	退格 (BS)	008
\f	换页 (FF)	0012
\n	换行 (LF)	010
\r	回车 (CR)	013
\t	水平制表 (HT)（跳到下一个 TAB 位置）	009
\v	垂直制表 (VT)	011
\\	代表一个反斜线字符 \	092
\'	代表一个单引号（撇号）字符	039
\"	代表一个双引号字符	034
\?	代表一个问号	063
\0	空字符 (NUL)	000
\ddd	1 ~ 3 位八进制数所代表的任意字符	三位八进制
\uxxxx	1~4 位十六进制数所代表的任意字符	十六进制

双击桌面上的 Eclipse 快捷图标，就可以打开软件。选择 My2-java 中的"src"，然后单击鼠标右键，在弹出的右键菜单中单击"New/Class"命令，弹出"New Java Class"对话框，如图 2.14 所示。

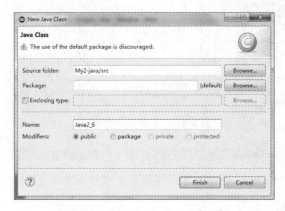

图 2.14　New Java Class 对话框

在这里设置类名为"Java2_6"，然后单击"Finish"按钮，就会生成 Java2_6.java文件，然后输入如下代码：

```java
public class Java2_6
{
    public static void main(String[] args)
    {
        System.out.print("A\t") ;
        System.out.print("B\t") ;
        System.out.print("\'\t") ;
        System.out.print("\n") ;
        System.out.print("\141\t") ;
        System.out.print("\142\t") ;
        System.out.print("\\\t") ;
        System.out.print("\n") ;
    }
}
```

单击菜单栏中的"Run/Run"命令（快捷键：Ctrl+F11），就可以编译并运行代码，程序运行效果如图 2.15 所示。

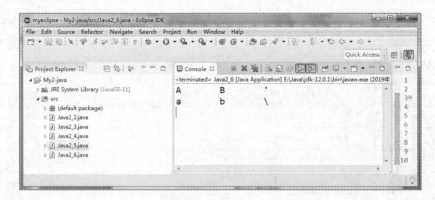

图 2.15　转义字符

2.3.4　布尔型

布尔型（boolean）用于对两个数进行比较运算，判断结果是"真"还是"假"。Java 中用关键字 true 和 false 来代表逻辑运算中的"真"和"假"。因此，一个布尔型（boolean）的变量或表达式只能是取 true 和 false 这两个值中的一个。

在 Java 语言中，布尔类型的值不能转换成任何数据类型，true 常量不等于 1，而 false 常量也不等于 0。

双击桌面上的 Eclipse 快捷图标，就可以打开软件。选择 My2-java 中的"src"，然后单击鼠标右键，在弹出的右键菜单中单击"New/Class"命令，弹出"New Java Class"对话框，如图 2.16 所示。

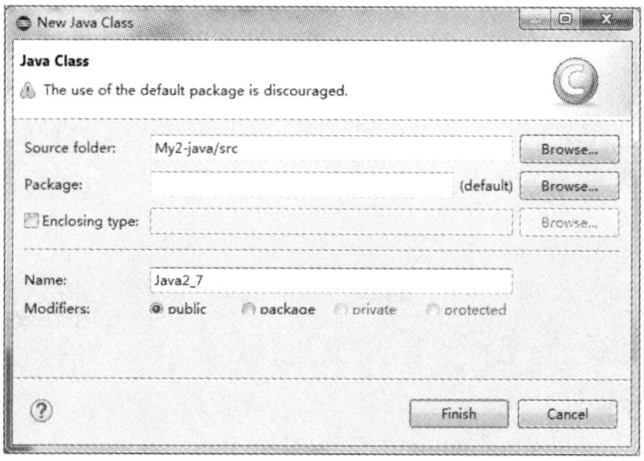

图 2.16　New Java Class 对话框

在这里设置类名为"Java2_7"，然后单击"Finish"按钮，就会生成 Java2_7.java 文件，然后输入如下代码：

```
public class Java2_7
{
    public static void main(String[] args)
    {
            boolean  myb ;
            myb = 3>2 ;
            System.out.println("3>2 的值是: "+myb) ;
            myb = 3<2 ;
            System.out.println("3<2 的值是: "+myb) ;
    }
}
```

单击菜单栏中的"Run/Run"命令（快捷键：Ctrl+F11），就可以编译并运行代码，程序运行效果如图 2.17 所示。

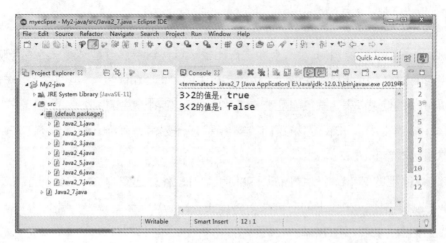

图 2.17 布尔型

2.4 基本数据类型

运算是对数据的加工,最基本的运算形式可以用一些简洁的符号来描述,这些符号称为运算符。被运算的对象(即数据)称为运算量。例如,12 - 6 = 6,其中 12 和 6 被称为运算量,"-"称为运算符。

2.4.1 算术运算符

算术运算符及意义如表 2.2 所示。

表 2.2 算术运算符及意义

算术运算符	意 义
+	两个数相加
-	两个数相减
*	两个数相乘
/	两个数相除,求商
%	取模,即两个数相除,求余数
++	自增运算符,整数值增加 1
--	自减运算符,整数值减少 1

提醒: 取模运算的两侧的操作数必须为整数。两个整数进行除法运算,其结果仍为整数。如果整数与浮点数进行除法运算,则结果为浮点数。

双击桌面上的 Eclipse 快捷图标，就可以打开软件。选择 My2-java 中的"src"，然后单击鼠标右键，在弹出的右键菜单中单击"New/Class"命令，弹出"New Java Class"对话框，如图 2.18 所示。

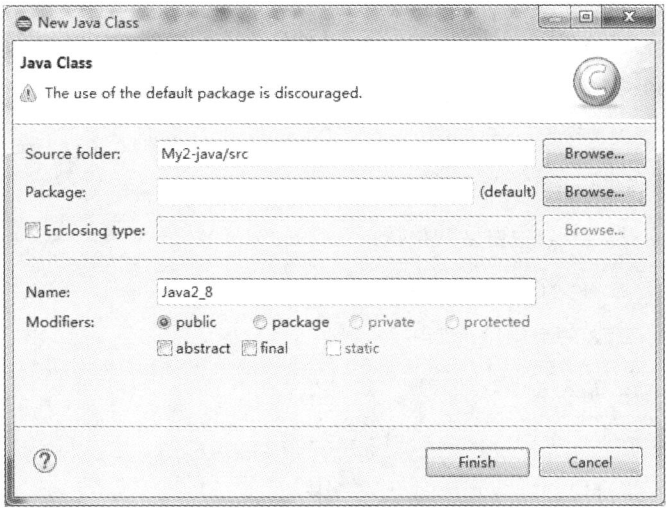

图 2.18　New Java Class 对话框

在这里设置类名为"Java2_8"，然后单击"Finish"按钮，就会生成 Java2_8.java文件，然后输入如下代码：

```java
import java.util.Scanner;
public class Java2_8
{
    public static void main(String[] args)
    {
        int x ,y ,z;
        System.out.print("请输入第一个整数：");
        // 创建一个 Scanner 类对象
        Scanner myinput = new Scanner(System.in);
        // 利用键盘输入一个整数，并赋值给变量 x
        x = myinput.nextInt() ;
        System.out.print("请输入第二个整数：");
        y = myinput.nextInt() ;
        System.out.println("第一个整数是："+x+"\t第二个整数是："+y) ;
        z = x + y ;
        System.out.println("两个数相加等于："+z) ;
        z = x - y ;
        System.out.println("两个数相减等于："+z) ;
        z= x * y ;
        System.out.println("两个数相乘等于："+z) ;
        z= x / y ;
        System.out.println("第一个数整除第二个数等于："+z) ;
        z= x % y ;
        System.out.println("第一个数除以第二个数的余数等于："+z) ;
        x++ ;
        System.out.println("x++ 后 x 的值等于："+x) ;
        y-- ;
        System.out.println("y-- 后 y 的值等于："+y) ;
    }
}
```

Java 从入门到精通

利用键盘动态输入内容，要调用 java.util.Scanner 类，所以首先导入该类，具体代码如下：

```
import java.util.Scanner;
```

要使用该类，还要创建该类的一个对象，具体代码如下：

```
Scanner myinput = new Scanner(System.in);
```

然后利用该对象调用不同方法实现输入不同的内容，具体如下：

nextInt()：输入一个整型的整数。

next.Byte()：输入一个字节型的整数。

nextShot()：输入一个短整型的整数。

nextLong()：输入一个长整型的整数。

nextFloat()：输入一个单精度型的浮点数。

nextDouble()：输入一个双精度型的浮点数。

nextLine()：输入字符串，读取到回车就结束。

next()：输入字符串，读取到空白符就结束。

单击菜单栏中的"Run/Run"命令（快捷键：Ctrl+F11），就可以编译并运行代码，提醒"请输入第一个整数"，如图 2.19 所示。

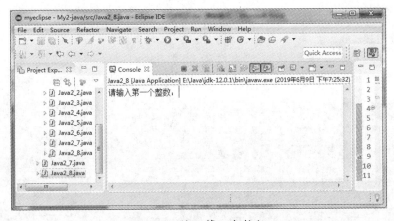

图 2.19　输入第一个整数

在这里输入 36，然后回车，提醒"请输入第二个整数"，在这里输入 8，然后回车，就可以看到这两个数以及这两个数的算术运算结果，如图 2.20 所示。

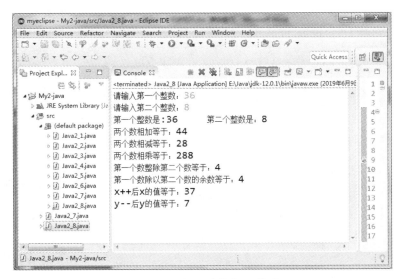

图 2.20　两个数的算术运算结果

2.4.2　赋值运算符

赋值运算符及意义如表 2.3 所示。

表 2.3　赋值运算符及意义

赋值运算符	意义
=	简单的赋值运算符
+=	加法赋值运算符
−=	减法赋值运算符
*=	乘法赋值运算符
/=	除法赋值运算符
%=	取模赋值运算符
<<=	左移且赋值运算符
>>=	右移且赋值运算符
&=	按位与且赋值运算符
^=	按位异或且赋值运算符
|=	按位或且赋值运算符

注意，后 5 种赋值运算符是按二进制方式来运算的赋值运算符，在讲解位运算符后，再实例讲解它们的运用。

双击桌面上的 Eclipse 快捷图标，就可以打开软件。选择 My2-java 中的 "src"，然后单击鼠标右键，在弹出的右键菜单中单击 "New/Class" 命令，弹出 "New Java Class" 对话框，如图 2.21 所示。

在这里设置类名为"Java2_9"，然后单击"Finish"按钮，就会生成 Java2_9.java 文件，然后输入如下代码：

```
public class Java2_9
{
    public static void main(String[] args)
    {
            /*定义两个整型变量并赋值*/
            int x1 = 36 ;
            int x2 = 27 ;
            System.out.println("x1="+x1+"\t x2="+x2) ;
            /*加法赋值运算符*/
            x2 += x1 ;
            System.out.println("x2 +=x1 后 x2 等于: "+x2) ;
            /*减法赋值运算符*/
            x2 -= x1 ;
            System.out.println("x2 -=x1 后 x2 等于: "+x2) ;
            /*乘法赋值运算符*/
            x2 *= x1 ;
            System.out.println("x2 *=x1 后 x2 等于: "+x2) ;
            /*除法赋值运算符*/
            x2 /= x1 ;
            System.out.println("x2 *=x1 后 x2 等于: "+x2) ;
            /*取模赋值运算符*/
            x2 %= x1 ;
            System.out.println("x2 %=x1 后 x2 等于: "+x2) ;
    }
}
```

单击菜单栏中的"Run/Run"命令（快捷键：Ctrl+F11），就可以编译并运行代码，程序运行效果如图 2.22 所示。

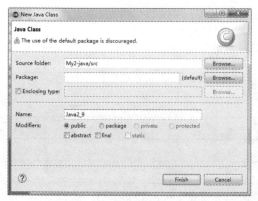

图 2.21 New Java Class 对话框

图 2.22 赋值运算符

2.4.3 位运算符

位运算符是把数字看作二进制来进行计算的。位运算符及意义如表 2.4 所示。

表 2.4　位运算符及意义

位运算符	意义
&	按位与运算符：参与运算的两个值，如果两个对应位都为 1，则该位的结果为 1，否则为 0
|	按位或运算符：只要对应的两个二进位有一个为 1 时，结果为 1
^	按位异或运算符：当两个对应的二进位相异时，结果为 1
~	按位取反运算符：对数据的每个二进制位取反，即把 1 变为 0，把 0 变为 1
<<	左移动运算符：运算数的各二进位全部左移若干位，由 "<<" 右边的数指定移动的位数，高位丢弃，低位补 0
>>	右移动运算符：把 ">>" 左边的运算数的各二进位全部右移若干位，">>" 右边的数指定移动的位数

在上述 6 种运算符中，除求反（单目运算）运算符外，都可以与赋值运算符组成复合赋值运算符。

位运算是针对数据的二进制位进行的运算，而 Java 中数据的表示形式只有三种，分别是八进制、十进制和十六进制。所以，在分析位运算的结果时，需要先将参与运算的数据转化为二进制，再进行相应的运算。运算的结果仍需按输出格式要求转换为相应的进制来表示。

在进行数制的转换时，要注意以 0 开头的整型常量是八进制，用 0x 开头的整型常量是十六进制数，不要一律按十进制去分析处理。

双击桌面上的 Eclipse 快捷图标，就可以打开软件。选择 My2-java 中的 "src"，然后单击鼠标右键，在弹出的右键菜单中单击 "New/Class" 命令，弹出 "New Java Class" 对话框，如图 2.23 所示。

在这里设置类名为 "Java2_10"，然后单击 "Finish" 按钮，就会生成 Java2_10.java 文件，然后输入如下代码：

```java
public class Java2_10
{
    public static void main(String[] args)
    {
        int a = 60  ;     /*60 = 0011 1100 */
        int b = 13  ;     /*13 = 0000 1101 */
        int c ;
        c = a & b ;       /*12 = 0000 1100 */
        System.out.println("a & b 的值是："+c);
        c = a | b ;       /*61 = 0011 1101 */
        System.out.println("a | b 的值是："+c);
        c = a ^ b ;       /*49 = 0011 0001 */
        System.out.println("a ^ b 的值是："+c);
        c = ~ a ;         /*-61 = 1100 0011 */
        System.out.println("~ a 的值是："+c);
        c = a << 2 ;      /*240 = 1111 0000 */
        System.out.println("a << 2 的值是："+c);
        c = a >> 2 ;      /*15 = 0000 1111*/
        System.out.println("a >> 2 的值是："+c);
    }
```

```
}
```

单击菜单栏中的"Run/Run"命令（快捷键：Ctrl+F11），就可以编译并运行代码，程序运行效果如图 2.24 所示。

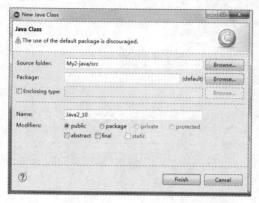

图 2.23　New Java Class 对话框

图 2.24　位运算符

在二进制转换时，一定要注意负数，具体注意事项如下：

第一，负数表示二进制原码时，符号位（最高位）为 1。

第二，负数在计算机内存中，是按照补码形式存储的。原码与补码的转换方法是：除符号位外，全部求反，尾部加 1。

第三，在补码的基础上进行运算，运算的结果还需要用上述方法还原成原码。

例如，-3 求反是多少？

首先按 3 转化为二进制，然后在最高位为 1，所以 -3 的原码如下：

1000 0011

再求原码的求反，注意符号位（最高位）不变，这样 -3 的反码如下：

1111 1100

再求补码，即尾部加 1，所以 -3 的补码如下：

1111 1101

在计算机中，负数是以补码的方式保存的，所以 -3 在计算机中，以 1111 1101 保存。

-3 求反，就是把 -3 的补码求反，这时二进制代码如下：

0000 0010

所以 -3 求反的值为 2。

再例如，3 求反是多少？

按 3 转化为二进制，所以 3 的原码如下：

0000 0011

接着求反，结果是：

1111 1100

需要注意的是，3 求反后最高位是 1，即符号位是 1，表示是负数。负数在计算机中以补码形式存在，所以 1111 1100 是负数的补码。

下面利用负数的补码，求原码。

补码：1111 1100

补码先减 1，再求反，就是原码了。

补码减 1，得到的是：1111 1011，再求反，注意最高位不变，所以原码是：1000 0100，把原码二进制转化为十进制，所以是 −4。

双击桌面上的 Eclipse 快捷图标，就可以打开软件。选择 My2-java 中的"src"，然后单击鼠标右键，在弹出的右键菜单中单击"New/Class"命令，弹出"New Java Class"对话框，如图 2.25 所示。

在这里设置类名为"Java2_11"，然后单击"Finish"按钮，就会生成 Java2_11.java 文件，然后输入如下代码：

```java
public class Java2_11
{
    public static void main(String[] args)
    {
        int a =-3 ;
        int b ;
        b = ~a ;
        System.out.println("-3 求反后的值是: "+b) ;
        int x = 3 ;
        int y ;
        y = ~ x ;
        System.out.println("3 求反后的值是: "+y) ;
    }
}
```

单击菜单栏中的"Run/Run"命令（快捷键：Ctrl+F11），就可以编译并运行代码，程序运行效果如图 2.26 所示。

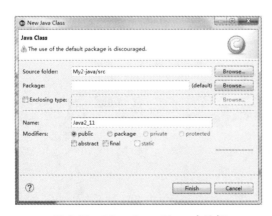

图 2.25　New Java Class 对话框

图 2.26　正负数求反

2.5 自增 (++) 和自减 (--)

一个整数类型的变量自身加 1，一般有两种写法，具体如下：

```
x = x + 1 ;
或
x  += 1 ;
```

但在 Java 编程中，还支持另外一种更加简洁的写法，具体如下：

```
x ++ ;
或
++ x ;
```

这种代码编写方法叫作自加或自增，意思很明确，就是每次自身加 1。

相应地，也有 x-- 和 --x，它们叫作自减，表示自身减 1。

自增自减只能针对变量，不能针对数字，例如 82++ 就是错误的。

需要注意的是，++ 在变量前面和后面是有区别的：

++ 在前面叫作前自增（例如，++x）。前自增先进行自增运算，再进行其他操作。

++ 在后面叫作后自增（例如，x++）。后自增先进行其他操作，再进行自增运算。

自减（--）也一样，有前自减和后自减之分。

双击桌面上的 Eclipse 快捷图标，就可以打开软件。选择 My2-java 中的 "src"，然后单击鼠标右键，在弹出的右键菜单中单击 "New/Class" 命令，弹出 "New Java Class" 对话框，如图 2.27 所示。

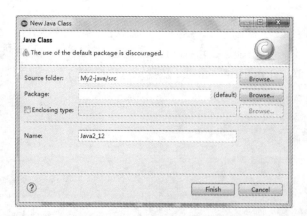

图 2.27 New Java Class 对话框

在这里设置类名为 "Java2_12"，然后单击 "Finish" 按钮，就会生成 Java2_12.java 文件，然后输入如下代码：

```
public class Java2_12
{
    public static void main(String[] args)
    {
```

```
        /* 同时定义多个变量, 并赋值 */
    int a = 100, b = 200, c = 300, d = 400;
    /* 变量自增 */
    int a1 = ++a ;
        int b1 = b++ ;
        /* 变量自减 */
        int c1 = --c ;
        int d1 = d-- ;
        System.out.println("a="+a+"\ta1="+a1) ;
        System.out.println("b="+b+"\tb1="+b1) ;
        System.out.println("c="+c+"\tc1="+c1) ;
        System.out.println("d="+d+"\td1="+d1) ;
    }
}
```

int a1 = ++a 代码,是先把变量 a 自加 1,然后再赋值给 a1,所以 a 为 100+1=101,a1 也是 101。

int b1 = b++ 代码,是先把变量 b 的值赋给 b1,然后变量 b 再自加 1,所以 b1 为 200,而变量 b 为 201。

int c1 = --c 代码,是先把变量 c 自减 1,然后再赋值给 c1,所以 c 为 300-1=299,c1 也是 299。

int d1 = d-- 代码,是先把变量 d 的值赋给 d1,然后变量 d 再自减 1,所以 d1 为 400,而变量 d 为 399。

单击菜单栏中的"Run/Run"命令(快捷键:Ctrl+F11),就可以编译并运行代码,程序运行效果如图 2.28 所示。

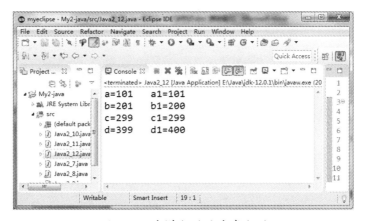

图 2.28　自增 (++) 和自减 (−−)

第 3 章
Java 程序设计的判断结构

选择结构是一种程序化设计的基本结构，它用于解决这样一类问题：可以根据不同的条件选择不同的操作。对选择条件进行判断只有两种结果，"条件成立"或"条件不成立"。在程序设计中通常用"真"表示条件成立，用"True"表示；用"假"表示条件不成立，用"False"表示；并称"真"和"假"为逻辑值。

本章主要内容包括：

➤ if 语句的一般格式

➤ 实例：任意输入两个数，显示两个数的大小关系

➤ if……else 语句的一般格式

➤ 实例：任意输入两个学生的成绩，显示成绩较高的学生成绩

➤ 实例：任意输入一个正数，判断奇偶性

➤ 多个 if……else 语句

➤ 实例：企业奖金发放系统

➤ 实例：每周计划系统

➤ 关系运算符及意义

➤ 实例：成绩评语系统

➤ 逻辑运算符及意义

➤ 实例：判断是否是闰年

➤ 实例：任意输入一个字母，判断是元音字母还是辅音字母

➤ 实例：剪刀、石头、布游戏

➤ 嵌套 if 语句的一般格式

➤ 实例：判断一个数是否是 5 或 7 的倍数

➤ 实例：用户登录系统

➤ 条件运算符和条件表达式

➤ switch 语句的一般格式

➤ 实例：根据输入的数显示相应的星期几

3.1 if 语句

if 语句是根据条件判断之后再做处理的一种语法结构。默认情况下，if 语句控制着下方紧跟的一条语句的执行。不过，通过语句块，if 语句可以控制多个语句。

3.1.1 if 语句的一般格式

在 Java 中，if 语句的一般格式如下：

```
if(判断条件)
{
    语句块 1
}
```

如果"判断条件"为 true，将执行"语句块 1"块语句；如果"判断条件"为 false，就不执行"语句块 1"语句，而直接执行语句块 1 后面的语句。

3.1.2 实例：任意输入两个数，显示两个数的大小关系

双击桌面上的 Eclipse 快捷图标，就可以打开软件，然后单击菜单栏中的"File/New/Java Project"命令，弹出"New Java Project"对话框，如图 3.1 所示。

在这里设置项目名为"My3-java"，然后单击"Finish"按钮，就可以创建 My3-java 项目。

选择 My3-java 中的"src"，然后单击鼠标右键，在弹出的右键菜单中单击"New/Class"命令，弹出"New Java Class"对话框，如图 3.2 所示。

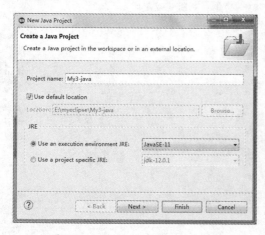

图 3.1　New Java Project 对话框

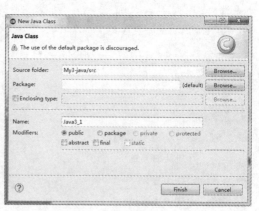

图 3.2　New Java Class 对话框

在这里设置类名为"Java3_1",然后单击"Finish"按钮,就会生成 Java3_1.java 文件,然后输入如下代码:

```
import java.util.Scanner;
public class Java3_1
{
    public static void main(String[] args)
    {
        int x,y ;
        Scanner myinput = new Scanner(System.in);
        System.out.print("请输入一个整数: ");
        // 利用键盘输入一个整数赋值给变量 x
        x = myinput.nextInt() ;
        System.out.print("请再输入一个整数: ");
        // 利用键盘输入一个整数赋值给变量 y
        y = myinput.nextInt() ;
        if (x>y)
                System.out.println("x="+x+"\ty="+y+"\tx 大于 y。");
        if (x==y)
                System.out.println("x="+x+"\ty="+y+"\tx 等于 y。");
        if (x<y)
                System.out.println("x="+x+"\ty="+y+"\tx 小于 y。");
    }
}
```

这里要动态输入整数,所以要先导入 Scanner 类。然后创建一个 Scanner 类对象,再调用该对象的 nextInt() 方法输入整数,分别赋值给变量 x 和 y,然后再利用 if 语句判断 x 和 y 的大小。

单击菜单栏中的"Run/Run"命令(快捷键: Ctrl+F11),就可以编译并运行代码,提醒"请输入一个整数",如图 3.3 所示。

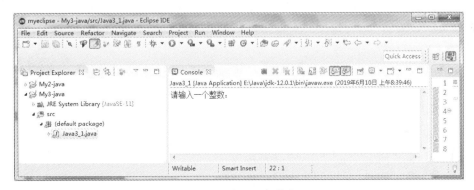

图 3.3　输入一个整数

在这里输入 18,然后回车,又提醒"再输入一个整数",在这里输入 49,然后回车,如图 3.4 所示。

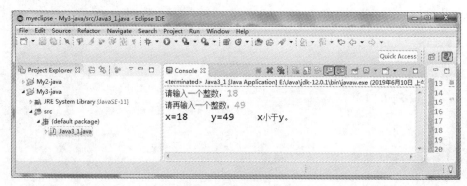

图 3.4 任意输入两个数，显示两个数的大小关系

3.2 if......else 语句

if......else 语句是指 Java 编程语言中用来判定所给定的条件是否满足，根据判定的结果（真或假）决定执行给出的两种操作之一。

3.2.1 if......else 语句的一般格式

在 Java 中，if......else 语句的一般格式如下：

```
if(判断条件)
{
    语句块1
}
else
{
    语句块2
}
```

if......else 语句的执行具体如下：

第一，如果"判断条件"为 true，将执行"语句块 1"语句，if 语句结束；

第二，如果"判断条件"为 false，将执行"语句块 2"语句，if 语句结束。

3.2.2 实例：任意输入两个学生的成绩，显示成绩较高的学生成绩

双击桌面上的 Eclipse 快捷图标，就可以打开软件。选择 My3-java 中的"src"，然后单击鼠标右键，在弹出的右键菜单中单击"New/Class"命令，弹出"New Java Class"对话框，如图 3.5 所示。

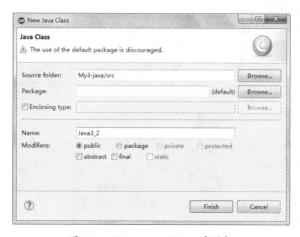

图 3.5　New Java Class 对话框

在这里设置类名为"Java3_2"，然后单击"Finish"按钮，就会生成 Java3_2.java
文件，然后输入如下代码：

```
import java.util.Scanner;
public class Java3_2
{
    public static void main(String[] args)
    {
        float x,y ;
        Scanner myinput = new Scanner(System.in);
        System.out.print("请输入一个学生的成绩：");
        // 利用键盘输入一个浮点数赋值给变量 x
        x = myinput.nextFloat() ;
        System.out.print("请再输入一个学生的成绩：");
        // 利用键盘输入一个浮点赋值给变量 y
        y = myinput.nextFloat() ;
        if (x>=y)
        {
            System.out.println("x="+x+"\ty="+y);
            System.out.println("成绩较高的学生成绩是："+x) ;
        }
        else
        {
            System.out.println("x="+x+"\ty="+y);
            System.out.println("成绩较高的学生成绩是："+y) ;
        }
    }
}
```

单击菜单栏中的"Run/Run"命令（快捷键：Ctrl+F11），就可以编译并运行代码，
提醒"输入一个学生的成绩"，在这里输入 89.6，然后回车，又提醒"再输入一个学生的
成绩"，在这里输入 96.5，然后回车，效果如图 3.6 所示。

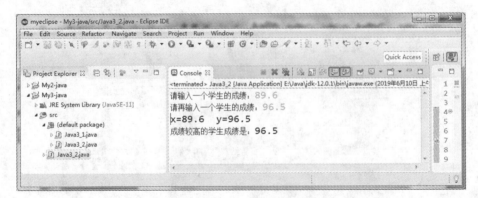

图 3.6　任意输入两个学生的成绩，显示成绩较高的学生成绩

3.2.3　实例：任意输入一个正数，判断奇偶性

双击桌面上的 Eclipse 快捷图标，就可以打开软件。选择 My3-java 中的"src"，然后单击鼠标右键，在弹出的右键菜单中单击"New/Class"命令，弹出"New Java Class"对话框，如图 3.7 所示。

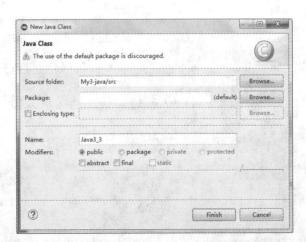

图 3.7　New Java Class 对话框

在这里设置类名为"Java3_3"，然后单击"Finish"按钮，就会生成 Java3_3.java 文件，然后输入如下代码：

```java
import java.util.Scanner;
public class Java3_3 {
    public static void main(String[] args)
    {
        int x ;
        Scanner myinput = new Scanner(System.in) ;
        System.out.println("请输入一个正整数：");
        x = myinput.nextInt() ;
        /* 下面利用 if 语句，判断输入的正数是奇数，还是偶数 */
        if  (x%2==1)
        {
```

```
                      /* 如果输入的数取模于 2，即除以 2 求余数，如果余数为 1，就是奇数 */
                      System.out.println(" 输入的正整数是: "+x);
                      System.out.println(x+" 是一个奇数! ");
              }
         else
         {
                      /* 如果输入的数取模于 2，即除以 2 求余数，如果余数不为 1，就是偶数 */
                      System.out.println(" 输入的正整数是: "+x);
                      System.out.println(x+" 是一个偶数! ");
              }
     }
}
```

上述代码首先利用键盘输入一个正整数，然后输入的数取模于 2，即除以 2 求余数，如果余数不为 1，就是偶数；如果余数为 1，就是奇数。

单击菜单栏中的"Run/Run"命令（快捷键：Ctrl+F11），就可以编译并运行代码，提醒"请输入一个正整数"，假如在这里输入"117"，然后回车，就可以判断显示 117 是奇数，还是偶数，如图 3.8 所示。

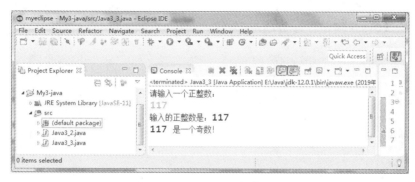

图 3.8　117 是一个奇数

假如在这里输入"66"，然后回车，就可以判断显示 66 是奇数，还是偶数，如图 3.9 所示。

图 3.9　66 是一个偶数

3.3 多个 if……else 语句

if……else 语句可以多个同时使用，构成多个分支。多个 if……else 语句的语法格式如下：

```
if ( 判断条件 1)
{
     语句块 1
}
else if ( 判断条件 2)
{
      语句块 2
}
……
else if ( 判断条件 n)
{
      语句块 n
}
else
{
      语句块 n+1
}
```

多个 if……else 语句的执行具体如下：

首先，如果"判断条件 1"为 True，将执行"语句块 1"块语句，if 语句结束；

其次，如果"判断条件 1"为 False，再看"判断条件 2"，如果其为 True，将执行"语句块 2"语句，if 语句结束。

……

如果"判断条件 n"为 True，将执行"语句块 n"语句，if 语句结束；如果"判断条件 n"为 False，将执行"语句块 n+1"语句，if 语句结束。

3.3.1 实例：企业奖金发放系统

企业发放奖金一般是根据利润提成来定的，具体规则如下：

第一，利润低于或等于 10 万元时，奖金可提 5%；

第二，利润高于 10 万元，低于 20 万元时，低于 10 万元的部分按 5% 提成，高于 10 万元的部分，可提成 8%；

第三，20 万元到 40 万元之间时，高于 20 万元的部分，可提成 10%；

第四，40 万元到 60 万元之间时，高于 40 万元的部分，可提成 15%；

第五，60 万元到 100 万元之间时，高于 60 万元的部分，可提成 20%；

第六，高于 100 万元时，超过 100 万元的部分按 25% 提成。

下面编写代码，实现动态输入员工的利润，算出员工的提成，即发放的奖金。

双击桌面上的 Eclipse 快捷图标，就可以打开软件。选择 My3-java 中的"src"，

然后单击鼠标右键，在弹出的右键菜单中单击"New/Class"命令，弹出"New Java Class"对话框，如图 3.10 所示。

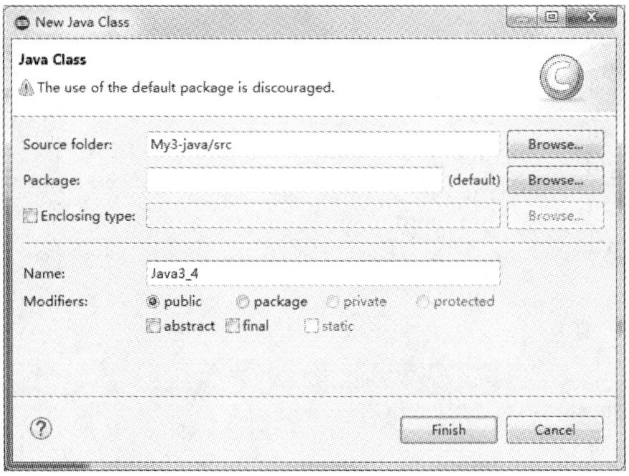

图 3.10　New Java Class 对话框

在这里设置类名为"Java3_4"，然后单击"Finish"按钮，就会生成 Java3_4.java 文件，然后输入如下代码：

```java
import java.util.Scanner;
public class Java3_4
{
    public static void main(String[] args)
    {
        float   gain ;                        /*用于存放动态输入的利润 */
        /*定义 7 个变量，分别是不同情况下的奖金提成及最终的奖金提成 */
        float   reward1,reward2,reward3,reward4,reward5,reward ;
        Scanner myinput = new Scanner(System.in) ;
        System.out.print("请输入你当前年的利润：");
        gain = myinput.nextFloat() ;
        /*根据不同的利润，编写不同的提成计算方法 */
        reward1 = 100000 * 0.05f ;
        reward2 = reward1 + 100000 * 0.08f ;
        reward3 = reward2 + 200000 * 0.1f ;
        reward4 = reward3 + 200000 * 0.15f ;
        reward5 = reward4  + 400000 * 0.2f ;
         /*利用 if 语句实现，根据输入利润的多少，计算出奖金提成来 */
         if (gain < 100000)
         {
              reward = gain * 0.05f ;
         }
         else if (gain<2000000)
         {
              reward = reward1 + (gain-100000) * 0.08f ;
         }
         else if (gain<4000000)
         {
              reward = reward2 + (gain-200000) * 0.1f ;
         }
         else if (gain<6000000)
         {
              reward = reward3 + (gain-400000) * 0.15f ;
         }
         else if (gain<10000000)
```

```
            {
                reward = reward4 + (gain-600000) * 0.2f ;
            }
            else
            {
                reward = reward5 + (gain- 1000000) * 0.25f ;
            }
            System.out.println(" 员工的利润是: "+gain +",\t 其奖金提成为: "+reward) ;
        }
    }
```

单击菜单栏中的"Run/Run"命令（快捷键：Ctrl+F11），就可以编译并运行代码，提醒"输入你当前年的利润"，在这里输入 156000，然后回车，就可以看到其奖金提成，如图 3.11 所示。

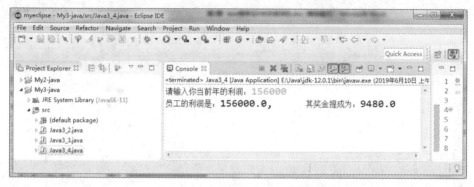

图 3.11　企业奖金发放系统

3.3.2　实例：每周计划系统

下面编写程序，实现星期一，即输入 1，显示"新的一周开始，开始努力工作！"；星期二到星期五，即输入 2~5 之间的任何整数，显示"努力工作中！"；星期六到星期天，即输入 6 或 7，显示"世界这么大，我要出去看看！"；如果输入 1~7 之外的数，会显示"兄弟，一周就七天，你懂的！"。

双击桌面上的 Eclipse 快捷图标，就可以打开软件。选择 My3-java 中的"src"，然后单击鼠标右键，在弹出的右键菜单中单击"New/Class"命令，弹出"New Java Class"对话框，如图 3.12 所示。

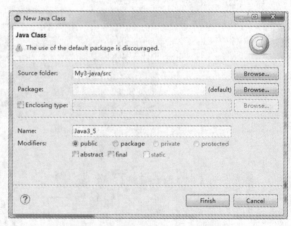

图 3.12　New Java Class 对话框

在这里设置类名为"Java3_5",然后单击"Finish"按钮,就会生成 Java3_5.java 文件,然后输入如下代码:

```java
import java.util.Scanner;
public class Java3_5
{
    public static void main(String[] args)
    {
        int myday ;
        Scanner myinput = new Scanner(System.in) ;
        System.out.print("请输入今天星期几: ") ;
        myday = myinput.nextInt();
        if (myday == 1)
        {
                System.out.println("新的一周开始,开始努力工作!") ;
        }
        else if (myday>=2 && myday<=5)
        {
                System.out.println("努力工作中!");
        }
        else if (myday==6 || myday==7)
        {
                System.out.println("世界这么大,我要出去看看!");
        }
        else
        {
                System.out.println("兄弟,一周就七天,你懂的!");
        }
    }
}
```

单击菜单栏中的"Run/Run"命令(快捷键:Ctrl+F11),就可以编译并运行代码,提醒"请输入今天星期几"假如输入 1,然后回车,如图 3.13 所示。

图 3.13　输入 1 的显示信息

如果输入的是 2 到 5 之间的任何一个数,就会显示"努力工作中!"。

如果输入的是 6 或 7,就会显示"世界这么大,我要出去看看!"。

如果输入的是 1 到 7 之外的数,就会显示"兄弟,一周就七天,你懂的!",如图 3.14 所示。

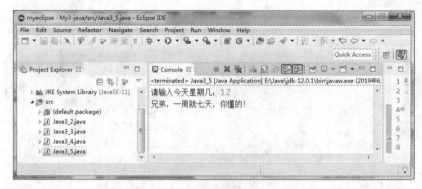

图 3.14　输入 1 到 7 之外的数的显示信息

3.4　关系运算符

关系运算用于对两个量进行比较。在 Java 中，关系运算符有 6 种关系，分别为小于、小于等于、大于、等于、大于等于、不等于。

3.4.1　关系运算符及意义

关系运算符及意义如表 3.1 所示。

表 3.1　关系运算符及意义

关系运算符	意义
==	等于，比较对象是否相等
!=	不等于，比较两个对象是否不相等
>	大于，返回 x 是否大于 y
<	小于，返回 x 是否小于 y。
>=	大于等于，返回 x 是否大于等于 y,
<=	小于等于，返回 x 是否小于等于 y,

在使用关系运算符时，要注意以下 3 点，具体如下：

第一，后 4 种关系运算符的优先级别相同，前两种也相同。后四种高于前两种。

第二，关系运算符的优先级低于算术运算符。

第三，关系运算符的优先级高于赋值运算符。

3.4.2　实例：成绩评语系统

现在学生的成绩分为 5 级，分别是 A、B、C、D、E。A 表示学生的成绩在全市或全区的前 10%；B 表示学生的成绩在全市或全区的前 10%~20%；C 表示学生的成绩在全市或全区的前 20%~50%；D 表示学生的成绩在全市或全区的 50%~80%；E 表示学生的成绩在全市或全区的后 20%。在一次期末考试成绩中，成绩大于等于 90 的，是 A；成绩大于等于 82 的是 B；成绩大于等于 75 的是 C；成绩大于等于 50 的是 D；成绩小于 50 的是 E，下面编程实现成绩评语系统。

双击桌面上的 Eclipse 快捷图标，就可以打开软件。选择 My3-java 中的 "src"，然后单击鼠标右键，在弹出的右键菜单中单击 "New/Class" 命令，弹出 "New Java Class" 对话框，如图 3.15 所示。

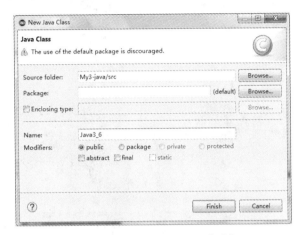

图 3.15　New Java Class 对话框

在这里设置类名为 "Java3_6"，然后单击 "Finish" 按钮，就会生成 Java3_6.java 文件，然后输入如下代码：

```java
import java.util.Scanner;
public class Java3_6
{
    public static void main(String[] args)
    {
        int score ;
        Scanner  myinput = new Scanner(System.in) ;
        System.out.print("请输入学生的成绩：");
        score = myinput.nextInt() ;
        if (score>100)
        {
            System.out.println("学生的成绩最高为100，不要开玩笑！");
        }
        else if (score==100)
        {
            System.out.println("你太牛了，满分，是A级！");
        }
        else if (score>=90)
        {
            System.out.println("你的成绩很优秀，是A级！");
        }
        else if (score>=82)
        {
            System.out.println("你的成绩优良，是B级，还要努力呀！");
        }
        else if (score>=75)
        {
            System.out.println("你的成绩中等，是C级，加油才行哦！");
        }
        else if (score>=50)
        {
```

```
                    System.out.println(" 你的成绩差，是 D 级，不要放弃，爱拼才会赢！");
            }
            else if (score>=0)
            {
                    System.out.println(" 你的成绩很差，是 E 级，只要努力，一定会有所
进步！");
            }
            else
            {
                    System.out.println(" 哈哈，你输错了吧，不可能 0 分以下！");
            }
        }
    }
```

首先定义一个整型变量，用于存放动态输入的学生，然后根据输入的成绩进行评语。

单击菜单栏中的"Run/Run"命令（快捷键：Ctrl+F11），就可以编译并运行代码，提醒"请输入学生的成绩"，如果输入的成绩大于 100，会显示"学生的成绩最高为 100，不要开玩笑！"，如图 3.16 所示。

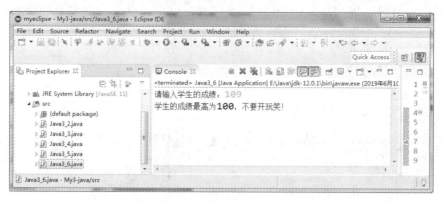

图 3.16　输入的成绩大于 100 的显示信息

程序运行后，如果输入的成绩为 100，会显示"你太牛了，满分，是 A 级！"，如图 3.17 所示。

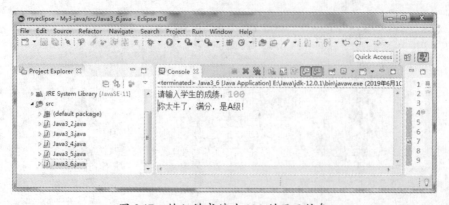

图 3.17　输入的成绩为 100 的显示信息

程序运行后，如果输入的成绩大于等于 90 而小于 100，会显示"你的成绩很优秀，

是 A 级！"。

程序运行后，如果输入的成绩大于等于82而小于90，会显示"你的成绩优良，是 B 级，还要努力呀！"。

程序运行后，如果输入的成绩大于等于75而小于82，会显示"你的成绩中等，是 C 级，加油才行哦！"。

程序运行后，如果输入的成绩大于等于50而小于75，会显示"你的成绩差，是 D 级，不要放弃，爱拼才会赢！"。

程序运行后，如果输入的成绩大于等于0而小于50，会显示"你的成绩很差，是 E 级，只要努力，一定会有所进步！"。

程序运行后，如果输入的成绩小于0，会显示"哈哈，你输错了吧，不可能0分以下！"，如图 3.18 所示。

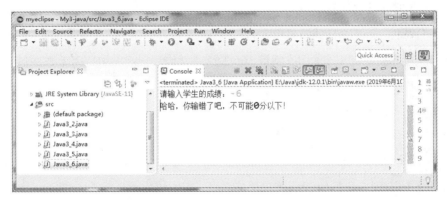

图 3.18　输入成绩小于 0 的显示信息

3.5　逻辑运算符

逻辑运算符可以把语句连接成更为复杂的复杂语句。在 Java 中，逻辑运算符有三个，分别是 &&、|| 和！。

3.5.1　逻辑运算符及意义

逻辑运算符及意义如表 3.2 所示。

表 3.2　逻辑运算符及意义

运算符	逻辑表达式	意义
&&	x && y	如果两个操作数都非零，则条件为真
‖	x ‖ y	如果两个操作数中有任意一个非零，则条件为真
!	! x	用来逆转操作数的逻辑状态。如果条件为真则逻辑非运算符将使其为假

在使用逻辑运算符时，要注意以下两点，具体如下：

第一，逻辑运算符的优先级低于关系运算符。

第二，当！、&&、‖ 在一起使用时，优先级为是！ >&&>‖。

3.5.2　实例：判断是否是闰年

闰年是为了弥补因人为历法规定造成的年度天数与地球实际公转周期的时间差而设立的，补上时间差的年份为闰年。

闰年分两种，分别是普通闰年和世纪闰年。

普通闰年是指能被 4 整除但不能被 100 整除的年份。例如，2012 年、2016 年是普通闰年，而 2017 年、2018 年不是普通闰年。

世纪闰年是指能被 400 整除的年份。例如，2000 年是世纪闰年，但 1900 不是世纪闰年。

下面编写程序实现，判断输入的年份是否是闰年。

双击桌面上的 Eclipse 快捷图标，就可以打开软件。选择 My3-java 中的"src"，然后单击鼠标右键，在弹出的右键菜单中单击"New/Class"命令，弹出"New Java Class"对话框，如图 3.19 所示。

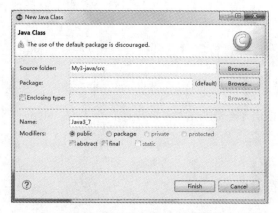

图 3.19　New Java Class 对话框

在这里设置类名为"Java3_7"，然后单击"Finish"按钮，就会生成 Java3_7.java 文件，然后输入如下代码：

```
import java.util.Scanner;
```

```
public class Java3_7
{
    public static void main(String[] args)
    {
        int year ;
        Scanner myinput = new Scanner(System.in);
        System.out.println("请输入一个年份: ");
        year = myinput.nextInt() ;
        if ((year % 400 ==0)|| (year % 4 ==0  && year % 100 !=0))
        {
                System.out.println("你输入的年份:"+year+"年,是闰年。") ;
        }
        else
        {
                System.out.println("你输入的年份:"+year+"年,不是闰年。") ;
        }
    }
}
```

单击菜单栏中的"Run/Run"命令(快捷键:Ctrl+F11),就可以编译并运行代码,提醒"请输入一个年份",假如输入 2016,然后回车,如图 3.20 所示。

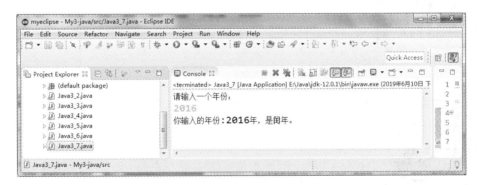

图 3.20　2016 年是闰年

假如输入 2019,然后回车,如图 3.21 所示。

图 3.21　2019 年不是闰年

3.5.3　实例:任意输入一个字母,判断是元音字母还是辅音字母

在英语中,共有 26 个字母,元音只包括 a、e、i、o、u 这五个字母,其余的都为辅音。

y 是半元音、半辅音字母，但在英语中都把它当作辅音。下面编写程序实现，判断输入的字母是元音字母还是辅音字母。

　　双击桌面上的 Eclipse 快捷图标，就可以打开软件。选择 My3-java 中的"src"，然后单击鼠标右键，在弹出的右键菜单中单击"New/Class"命令，弹出"New Java Class"对话框，如图 3.22 所示。

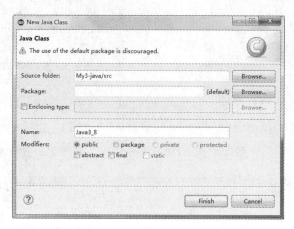

图 3.22　New Java Class 对话框

　　在这里设置类名为"Java3_8"，然后单击"Finish"按钮，就会生成 Java3_8.java 文件，然后输入如下代码：

```java
import java.util.Scanner;
public class Java3_8
{
    public static void main(String[] args)
    {
        char c;
        boolean myl, myu;
        Scanner myinput = new Scanner(System.in);
        System.out.print("请输入一个字母:");
        String s=myinput.nextLine();
        c = s.charAt(0) ;
        // 小写字母元音
        myl = (c == 'a' || c == 'e' || c == 'i' || c == 'o' || c == 'u');
        // 大写字母元音
        myu = (c == 'A' || c == 'E' || c == 'I' || c == 'O' || c == 'U');
        // if 语句判断
        if (myl || myu)
            {
                System.out.println(c+" 是一个元音字母。") ;
            }
            else
            {
            System.out.println(c+" 是一个辅音字母。") ;
            }
    }
}
```

　　注意：在 Java 中，要输入一个字母，需要先输入一个字符串，然后再利用 String 对象的 charAt() 方法获取第一个字母。

单击菜单栏中的"Run/Run"命令（快捷键：Ctrl+F11），就可以编译并运行代码，提醒"请输入一个字母"，假如输入 Y，然后回车，如图 3.23 所示。

图 3.23　Y 是一个辅音字母

假如输入 e，然后回车，如图 3.24 所示。

图 3.24　e 是一个元音字母

3.5.4　实例：剪刀、石头、布游戏

下面利用 Java 代码，实现剪刀、石头、布游戏，其中 1 表示布，2 表示剪刀、3 表示石头。

双击桌面上的 Eclipse 快捷图标，就可以打开软件。选择 My3-java 中的"src"，然后单击鼠标右键，在弹出的右键菜单中单击"New/Class"命令，弹出"New Java Class"对话框，如图 3.25 所示。

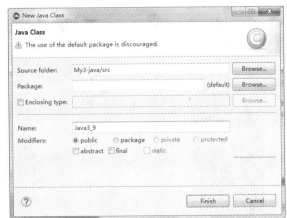

图 3.25　New Java Class 对话框

在这里设置类名为"Java3_9"，然后单击"Finish"按钮，就会生成 Java3_9.java 文件，然后输入如下代码：

```
import java.util.Scanner;
import java.util.Random;
public class Java3_9
{
    public static void main(String[] args)
    {
        int gamecomputer ;
        int gameplayer ;
         Scanner myinput = new Scanner(System.in);
         System.out.print("请输入你要出的拳，其中 1 表示布、2 表示剪刀、3 表示石头 :");
        gameplayer = myinput.nextInt();
        Random myr= new Random() ;
        //随机生成 1~3 的随机数并赋值给变量 gameplayer
        gamecomputer = myr.nextInt(3)+1 ;
            if ((gameplayer ==1 && gamecomputer == 3 ) || (gameplayer == 2 && gamecomputer == 1) || (gameplayer == 3 && gamecomputer == 2))
                {
                    System.out.println("你是高手，你赢了! ");
                }
            else if (gameplayer == gamecomputer)
                {
                    System.out.println("你和电脑一样厉害，平了! ");
                }
            else
                {
                    System.out.println("电脑就是厉害，电脑赢了! ");
                }
    }
}
```

这里要实现动态输入和随机数，所以要用到 Scanner 类和 Random 类，所以要先导入这两个类，具体代码如下：

```
import java.util.Scanner;
import java.util.Random;
```

要产生随机数，要先创建 Random 类的对象，然后调用该对象的 nextInt() 方法产生随机整数，具体代码如下：

```
Random myr= new Random() ;
//随机生成 1~3 的随机数并赋值给变量 gameplayer
gamecomputer = myr.nextInt(3)+1 ;
myr.nextInt(3) 产生的随机数是 0、1、2，所以加上 1，就是 1、2、3.
```

单击菜单栏中的"Run/Run"命令（快捷键：Ctrl+F11），就可以编译并运行代码，提醒输入您要出的拳，如果你输入 1，即布，这时电脑随机产生一个数，然后进行条件判断，效果如图 3.26 所示。

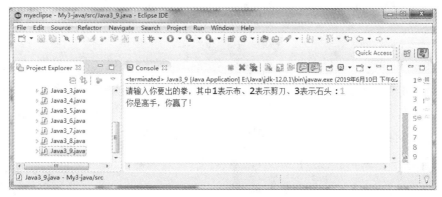

图 3.26　剪刀、石头、布游戏

3.6　嵌套 if 语句

在嵌套 if 语句中，可以把 if...else 结构放在另外一个 if...else 结构中。

3.6.1　嵌套 if 语句的一般格式

嵌套 if 语句的一般格式如下：

```
if   (判断条件 1)
{
    语句块 1
    if ( 判断条件 2)
    {
        语句块 2
    }
    else if   (判断条件 3)
        {
语句块 3
}
    else
      {
          语句块 4
      }
}
else if ( 判断条件 4)
{
    语句块 5
}
else:
{
    语句块 6
}
```

嵌套 if 语句的执行具体如下：

如果"判断条件 1"为 True，将执行"语句块 1"，并判断"判断条件 2"；如果"判断条件 2"为 True 将执行"语句块 2"；如果"判断条件 2"为 False，将判断"判断条件 3"，如果"判断条件3"为True将执行"语句块3"。如果"判断条件3"为False，将执行"语句块4"。

如果"判断条件1"为False，将判断"判断条件4"，如果"判断条件4"为True将执行"语句块5"；如果"判断条件4"为False，将执行"语句块6"。

3.6.2 实例：判断一个数是否是5或7的倍数

双击桌面上的 Eclipse 快捷图标，就可以打开软件。选择 My3-java 中的"src"，然后单击鼠标右键，在弹出的右键菜单中单击"New/Class"命令，弹出"New Java Class"对话框，如图 3.27 所示。

在这里设置类名为"Java3_10"，然后单击"Finish"按钮，就会生成 Java3_10.java 文件，然后输入如下代码：

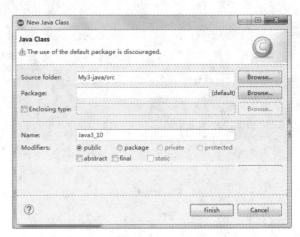

图 3.27　New Java Class 对话框

```java
import java.util.Scanner;
public class Java3_10
{
    public static void main(String[] args)
    {
        int num ;
        Scanner myinput = new Scanner(System.in);
        System.out.print("请输入一个数：");
        num = myinput.nextInt();
        if (num % 5 == 0)
        {
            if (num % 7 == 0)
            {
                System.out.println("输入的数是："+num+"，可以整除5，也可以整除7") ;
            }
            else
            {
                System.out.println("输入的数是："+num+"，可以整除5，不能整除7") ;
            }
        }
        else
        {
            if (num % 7 == 0)
            {
                System.out.println("输入的数是："+num+"，不能整除5，可以整除7") ;
            }
        }
```

```
                else
                {
                    System.out.println("输入的数是："+num+"，不能整除 5，也
不能整除 7")；
                }
            }
        }
    }
```

单击菜单栏中的"Run/Run"命令（快捷键：Ctrl+F11），就可以编译并运行代码，
提醒你输入一个数，如果你输入 35，就会显示"输入的数是：35，可以整除 5，也可以
整除 7"；如图你输入 38，就会显示"输入的数是：38，不能整除 5，也不能整除 7"。
在这里输入 25，显示"输入的数是：25，可以整除 5，不能整除 7"，如图 3.28 所示。

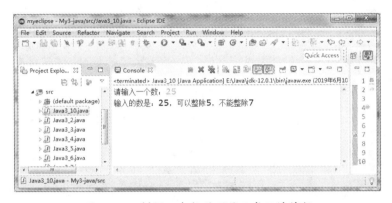

图 3.28　判断一个数是否是 5 或 7 的倍数

3.6.3　实例：用户登录系统

双击桌面上的 Eclipse 快捷图标，就可以打开软件。选择 My3-java 中的"src"，
然后单击鼠标右键，在弹出的右键菜单中单击"New/Class"命令，弹出"New Java
Class"对话框，如图 3.29 所示。

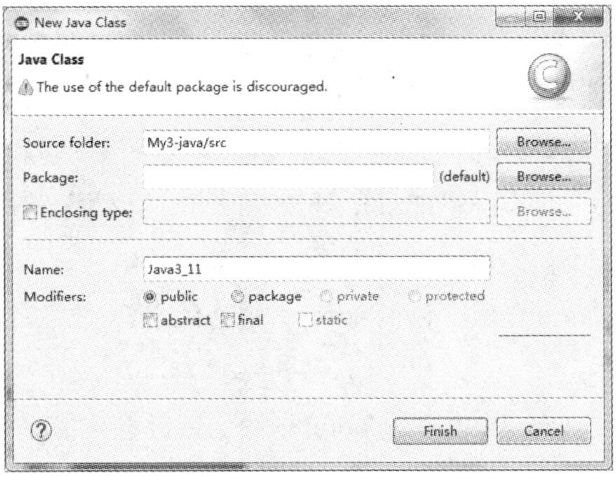

图 3.29　New Java Class 对话框

在这里设置类名为"Java3_11"，然后单击"Finish"按钮，就会生成 Java3_11.java 文件，然后输入如下代码：

```
import java.util.Scanner;
public class Java3_11
{
    public static void main(String[] args)
    {
        String  myname,mypwd ;
        Scanner myinput = new Scanner(System.in);
        System.out.print("请输入用户名: ");
        myname = myinput.nextLine() ;
        System.out.print("请输入密码: ");
        mypwd = myinput.nextLine() ;
        if (myname.equals("admin"))
        {
            if (mypwd.equals("admin888"))
            {
                System.out.println("输入的用户名是: "+myname+"\t 输入的密码是: "+mypwd) ;
                System.out.println("用户名和密码都正确,可以成功登录! ") ;
            }
            else
            {
                System.out.println("输入的用户名是: "+myname+"\t 输入的密码是: "+mypwd) ;
                System.out.println("用户名正确,密码不正确,请重新输入! ") ;
            }
        }
        else
        {
            if (mypwd.equals("admin888"))
            {
                System.out.println("输入的用户名是: "+myname+"\t 输入的密码是: "+mypwd) ;
                System.out.println("用户名不正确,密码正确,请重新输入! ") ;
            }
            else
            {
                System.out.println("输入的用户名是: "+myname+"\t 输入的密码是: "+mypwd) ;
                System.out.println("用户名和密码都不正确,请重新输入! ") ;
            }
        }
    }
}
```

在这里需要注意的是，字符串的比较使用的是 String 对象的 equals() 方法。

单击菜单栏中的"Run/Run"命令（快捷键：Ctrl+F11），就可以编译并运行代码，提醒"输入用户名"，如果输入"admin"，然后回车，又提醒"输入密码"，如果输入"admin888"，然后回车，效果如图 3.30 所示。

如果用户名是"admin"，密码不是"admin888"，就会显示"用户名正确,密码不正确,请重新输入！"。

如果用户名不是"admin"，密码是"admin888"，就会显示"用户名不正确,密码正确,请重新输入！"。

如果用户名不是"admin"，密码不是"admin888"，就会显示"用户名和密码都不正确，请重新输入！"。

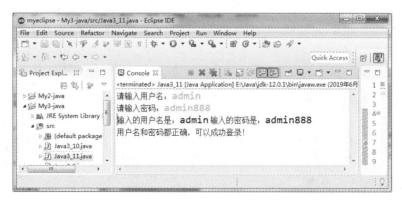

图 3.30　用户名和密码都正确

3.7　条件运算符和条件表达式

在 Java 中，把"？："称为条件运算符。由条件运算符构成的表达式称为表达式，其语法格式如下：

表达式 1 ？ 表达式 2 ： 表达式 3

其求值规则为：如果表达式 1 的值为真，则以表达式 2 的值作为整个条件表达式的值，否则以表达式 3 的值作为整个条件表达式的值。条件表达式通常用于赋值语句之中。

下面利用条件表达式实现，任意输入 4 个数，显示这个 4 数中的最大数。

双击桌面上的 Eclipse 快捷图标，就可以打开软件。选择 My3-java 中的"src"，然后单击鼠标右键，在弹出的右键菜单中单击"New/Class"命令，弹出"New Java Class"对话框，如图 3.31 所示。

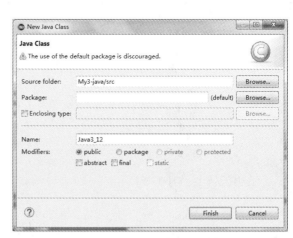

图 3.31　New Java Class 对话框

在这里设置类名为"Java3_12"，然后单击"Finish"按钮，就会生成 Java3_12.java 文件，然后输入如下代码：

```
import java.util.Scanner;
public class Java3_12
{
    public static void main(String[] args)
    {
        int a, b, c, d, m, n,z;
        Scanner myinput = new Scanner(System.in);
        System.out.println(" 请输入 4 个整数：");
        a = myinput.nextInt() ;
        b = myinput.nextInt() ;
        c = myinput.nextInt() ;
        d = myinput.nextInt() ;
        //m 为 a 和 b 中的大数
        m = a > b ? a : b;
        //n 为 c 和 d 中的大数
        n = c > d ? c : d;
        //z 为 m 和 n 中的大数，所以 z 是 4 个数中的最大数
        z = m > n ? m : n;
        System.out.println(" 输入的 4 个整数是："+a+"\t"+b+"\t"+c+"\t"+d);
        System.out.println(" 这 4 个数中最大的数是："+z) ;
    }
}
```

单击菜单栏中的 "Run/Run" 命令（快捷键：Ctrl+F11），就可以编译并运行代码，提醒 "请输入 4 个整数"，在这里分别输入 12、56、118、36，然后回车，这时效果如图 3.32 所示。

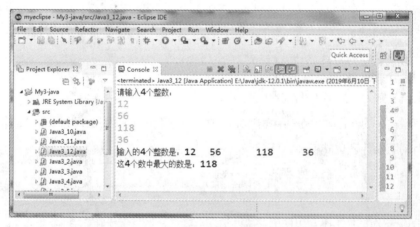

图 3.32　条件运算符和条件表达式

3.8　switch 语句

switch 语句是另外一种选择结构的语句，用来代替简单的、拥有多个分支的 if...else 语句。

3.8.1　switch 语句的一般格式

switch 语句可以构成多分支选择结构，其语法格式如下：

```
switch(表达式){
    case 整型数值1: 语句 1;
    case 整型数值2: 语句 2;
    ......
    case 整型数值n: 语句 n;
    default: 语句 n+1;
}
```

switch 语句的执行过程是：

第一，计算"表达式"的值，假设为 m。

第二，从第一个 case 开始，比较"整型数值 1"和 m，如果它们相等，就执行冒号后面的所有语句，也就是从"语句 1"一直执行到"语句 n+1"，而不管后面的 case 是否匹配成功。

第三，如果"整型数值 1"和 m 不相等，就跳过冒号后面的"语句 1"，继续比较第二个 case、第三个 case……一旦发现和某个整型数值相等了，就会执行后面所有的语句。假设 m 和"整型数值 5"相等，那么就会从"语句 5"一直执行到"语句 n+1"。

第四，如果直到最后一个"整型数值 n"都没有找到相等的值，那么就执行 default 后的"语句 n+1"。

3.8.2　实例：根据输入的数显示相应的星期几

如果你输入"1"，就会显示"星期一"；如果你输入"2"，就会显示"星期二"……如果输入"7"，显示星期日。

双击桌面上的 Eclipse 快捷图标，就可以打开软件。选择 My3-java 中的"src"，然后单击鼠标右键，在弹出的右键菜单中单击"New/Class"命令，弹出"New Java Class"对话框，如图 3.33 所示。

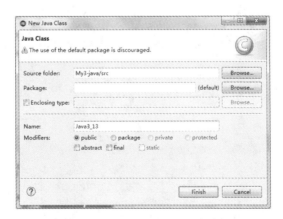

图 3.33　New Java Class 对话框

在这里设置类名为"Java3_13",然后单击"Finish"按钮,就会生成 Java3_13.java 文件,然后输入如下代码:

```
import java.util.Scanner;
public class Java3_13
{
    public static void main(String[] args)
    {
        int week;
        Scanner myinput = new Scanner(System.in);
        System.out.print("请输入 1~7 之间的任意一个整数:");
        week = myinput.nextInt() ;
        switch(week)
        {
        case 1: System.out.println("星期一"); break ;
        case 2: System.out.println("星期二"); break ;
        case 3: System.out.println("星期三"); break ;
        case 4: System.out.println("星期四"); break ;
        case 5: System.out.println("星期五"); break ;
        case 6: System.out.println("星期六"); break ;
        case 7: System.out.println("星期日"); break ;
        default:System.out.println("输入的数,不在1~7之间,请重新输入! ");
break ;
        }
    }
}
```

单击菜单栏中的"Run/Run"命令(快捷键:Ctrl+F11),就可以编译并运行代码,提醒请输入 1~7 之间的任意一个数,如果输入"5",然后回车,如图 3.34 所示。

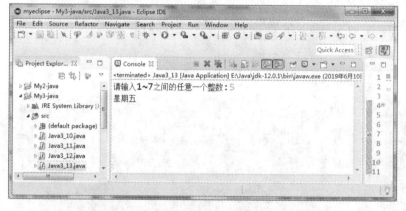

图 3.34 根据输入的数显示相应的星期几

第4章
Java 程序设计的循环结构

在程序设计中，循环是指从某处开始有规律地反复执行某一块语句的现象，我们将复制执行的块语句称为循环体。使用循环体可以简化程序，节约内存、提高效率。

本章主要内容包括:

- while 循环的一般格式
- 实例: 利用 while 循环显示 100 之内的自然数
- 实例: 利用 while 循环显示 26 个大写字母
- 实例: 随机产生 10 个随机数，并显示最大的数
- 实例: 猴子吃桃问题
- do-while 循环的一般格式
- 实例: 计算 1+2+3+······+100 的和
- 实例: 阶乘求和
- for 循环的一般格式

- 实例: 利用 for 循环显示 100 之内的偶数
- 实例: 小球反弹的高度
- foreach 循环的一般格式
- 实例: 显示学生姓名信息
- 实例: 分解质因数
- 实例: 绘制 # 号的菱形
- 实例: 杨辉三角
- 实例: 弗洛伊德三角形
- break 语句
- continue 语句

4.1　while 循环

while 循环是计算机的一种基本循环模式，当满足条件时进入循环，进入循环后，当条件不满足时，跳出循环。

4.1.1　while 循环的一般格式

在 Java 中，while 循环的一般格式如下：

```
while(表达式)
{
    语句块
}
```

while 循环的具体运行是，先计算"表达式"的值，当值为真时，执行"语句块"；执行完"语句块"，再次计算表达式的值，如果为真，继续执行"语句块"……这个过程会一直重复，直到表达式的值为假，就退出循环，执行 while 后面的代码。

4.1.2　实例：利用 while 循环显示 100 之内的自然数

双击桌面上的 Eclipse 快捷图标，就可以打开软件，然后单击菜单栏中的"File/New/Java Project"命令，弹出"New Java Project"对话框，如图 4.1 所示。

在这里设置项目名为"My4-java"，然后单击"Finish"按钮，就可以创建 My4-java 项目。

选择 My4-java 中的"src"，然后单击鼠标右键，在弹出的右键菜单中单击"New/Class"命令，弹出"New Java Class"对话框，如图 4.2 所示。

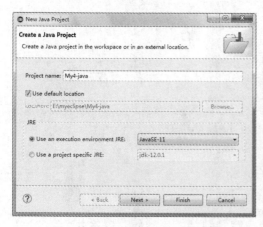

图 4.1　New Java Project 对话框

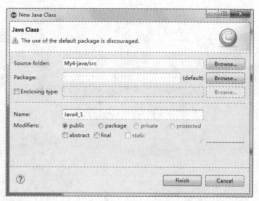

图 4.2　New Java Class 对话框

在这里设置类名为"Java4_1"，然后单击"Finish"按钮，就会生成 Java4_1.java
文件，然后输入如下代码：

```java
public class Java4_1
{
    public static void main(String[] args)
    {
        int x=1 ;
        System.out.println(" 利用 while 循环显示 100 之内的自然数") ;
        while (x<=100)
        {
            System.out.print(x+"\t") ;
            if (x%10==0)
            {
                System.out.println() ;
            }
            x++ ;
        }
    }
}
```

这里利用 if 语句实现每显示 10 个数就换行。单击菜单栏中的"Run/Run"命令（快
捷键：Ctrl+F11），就可以编译并运行代码，效果如图 4.3 所示。

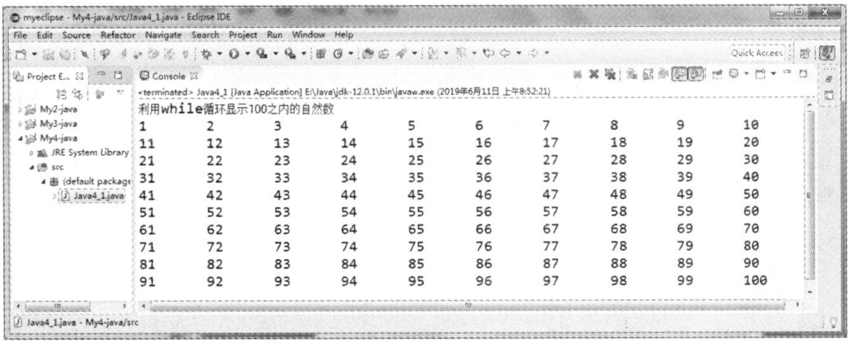

图 4.3　利用 while 循环显示 100 之内的自然数

4.1.3　实例：利用 while 循环显示 26 个大写字母

双击桌面上的 Eclipse 快捷图
标，就可以打开软件。选择 My4-
java 中的"src"，然后单击鼠标右
键，在弹出的右键菜单中单击"New/
Class" 命 令，弹 出"New Java
Class"对话框，如图 4.4 所示。

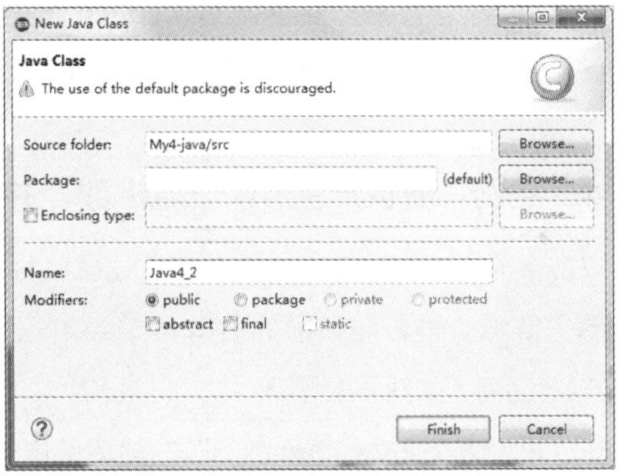

图 4.4　New Java Class 对话框

在这里设置类名为"Java4_2",然后单击"Finish"按钮,就会生成 Java4_2.java 文件,然后输入如下代码:

```
public class Java4_2
{
    public static void main(String[] args)
    {
        char myc ;
        myc = 'A' ;
        int i=1 ;
        System.out.println(" 利用 while 循环显示 26 个大写字母 ");
        while (myc<='Z')
        {
            System.out.print(myc+"\t") ;
            if (i%6==0)
            {
                System.out.println();
            }
            myc++ ;
            i++ ;
        }
    }
}
```

单击菜单栏中的"Run/Run"命令(快捷键:Ctrl+F11),就可以编译并运行代码,效果如图 4.5 所示。

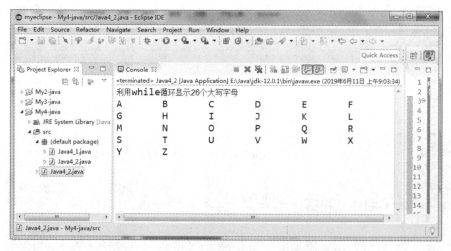

图 4.5　利用 while 循环显示 26 个大写字母

4.1.4　实例:随机产生 10 个随机数,并显示最大的数

双击桌面上的 Eclipse 快捷图标,就可以打开软件。选择 My4-java 中的"src",然后单击鼠标右键,在弹出的右键菜单中单击"New/Class"命令,弹出"New Java Class"对话框,如图 4.6 所示。

在这里设置类名为"Java4_3",然后单击"Finish"按钮,就会生成 Java4_3.java 文件,然后输入如下代码:

```
import java.util.Random;
public class Java4_3
{
    public static void main(String[] args)
    {
        int max=0 ;                              // 定义变量，存放随机数中的最大数
        int i, t ;
        i = 0 ;
        Random myr= new Random() ;
        while (i<10)
        {
            t = myr.nextInt(1000)+1 ;            /* 在 1~1000 之间随机产生一个数 */
            i = i+1 ;
            System.out.println(" 第 "+i+" 随机数是: "+t);
                                                 /* 显示第几个随机数是几 */
            if (t>max)
            {
                max = t ;                        /* 把随机数中的最大数放到 max 中 */
            }
        }
        System.out.println("\n 这 10 个数中，最大的数是: "+max) ;
    }
}
```

单击菜单栏中的"Run/Run"命令（快捷键：Ctrl+F11），就可以编译并运行代码，效果如图 4.7 所示。

图 4.6　New Java Class 对话框

图 4.7　随机产生 10 个随机数并显示最大的数

4.1.5　实例：猴子吃桃问题

猴子第一天摘下若干个桃子，当即吃了一半，还不过瘾，又多吃了一个；第二天早上又将剩下的桃子吃掉一半，又多吃了一个。以后每天早上都吃了前一天剩下的一半多一个，到第 10 天早上想再吃时，只剩下一个桃子了。求第一天共摘了多少个桃子。

这里采用逆向思维，从后往前推，具体如下：

假设 x1 为前一天桃子数，设 x2 为第二天桃子数，则：

x2=x1/2−1，x1=(x2+1)*2

x3=x2/2−1，x2=(x3+1)*2

以此类推: x 前 =(x 后 +1)*2

这样, 从第 10 天可以类推到第 1 天, 是一个循环过程, 利用 while 循环来实现。

双击桌面上的 Eclipse 快捷图标, 就可以打开软件。选择 My4-java 中的 "src", 然后单击鼠标右键, 在弹出的右键菜单中单击 "New/Class" 命令, 弹出 "New Java Class" 对话框, 如图 4.8 所示。

在这里设置类名为 "Java4_4", 然后单击 "Finish" 按钮, 就会生成 Java4_4.java 文件, 然后输入如下代码:

```java
public class Java4_4
{
    public static void main(String[] args)
    {
        int day, x1 = 0, x2;
        day=9 ;
        x2=1;
        System.out.println("第 10 天的桃数为: 1") ;
        while(day>0)
        {
            x1 =(x2+1)*2 ;   /* 第一天的桃子数是第 2 天桃子数加 1 后的 2 倍 */
            x2 = x1 ;
            System.out.println("第 "+day+" 天的桃数为: "+x1) ;
            day-- ;
        }
    }
}
```

单击菜单栏中的 "Run/Run" 命令(快捷键: Ctrl+F11), 就可以编译并运行代码, 效果如图 4.9 所示。

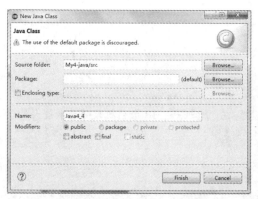

图 4.8 New Java Class 对话框

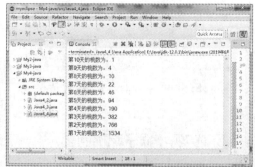

图 4.9 猴子吃桃问题

4.2 do-while 循环

除了 while 循环, 在 Java 语言中还有一种 do-while 循环。

4.2.1　do-while 循环的一般格式

在 Java 语言中，do-while 循环的一般格式如下：

```
do
{
    语句块
}
while(表达式);
```

do-while 循环与 while 循环的不同之处在于：它会先执行"语句块"，然后再判断表达式是否为真，如果为真则继续循环；如果为假，则终止循环。因此，do-while 循环至少要执行一次"语句块"。

4.2.2　实例：计算 1+2+3+……+100 的和

双击桌面上的 Eclipse 快捷图标，就可以打开软件。选择 My4-java 中的"src"，然后单击鼠标右键，在弹出的右键菜单中单击"New/Class"命令，弹出"New Java Class"对话框，如图 4.10 所示。

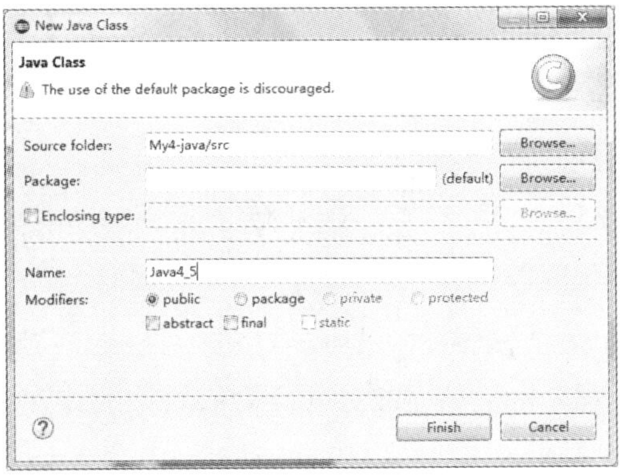

图 4.10　New Java Class 对话框

在这里设置类名为"Java4_5"，然后单击"Finish"按钮，就会生成 Java4_5.java 文件，然后输入如下代码：

```
public class Java4_5
{
    public static void main(String[] args)
    {
        int mysum , num ;
        mysum = 0 ;
        num = 1 ;
        do {
            mysum= mysum + num  ;
            num +=1 ;
        } while (num<=100) ;
        System.out.println("1 加到 100 的和为："+mysum) ;
    }
}
```

单击菜单栏中的"Run/Run"命令（快捷键：Ctrl+F11），就可以编译并运行代码，就可以计算 1+2+3+……+100 的和，如图 4.11 所示。

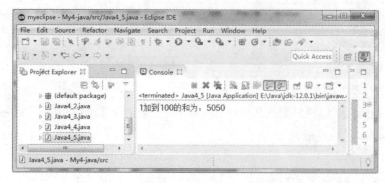

图 4.11　计算 1+2+3+……+100 的和

4.2.3　实例：阶乘求和

阶乘是基斯顿·卡曼（Christian Kramp，1760 ~ 1826）于 1808 年发明的运算符号，是数学术语。

一个正整数的阶乘是所有小于及等于该数的正整数的积，并且 0 的阶乘为 1。自然数 n 的阶乘写作 n!，其计算公式如下：

$n!=1 \times 2 \times 3 \times \cdots \times n$

下面编写 Java 语言代码，求出 1！ +2！ +……+10！ 之和。

双击桌面上的 Eclipse 快捷图标，就可以打开软件。选择 My4-java 中的"src"，然后单击鼠标右键，在弹出的右键菜单中单击"New/Class"命令，弹出"New Java Class"对话框，如图 4.12 所示。

在这里设置类名为"Java4_6"，然后单击"Finish"按钮，就会生成 Java4_6.java 文件，然后输入如下代码：

```
public class Java4_6
{
    public static void main(String[] args)
    {
        int n, t ;
        float  s ;
        n = 0 ;                  /*定义整型变量，用于统计循环次数*/
        t = 1 ;                  /*定义整型变量，用于计算每个数的阶乘*/
        s = 0.0f  ;              /*定义整型变量，用于计算阶乘之和*/
        do {
            n = n +1 ;           /*变量 n 加 1*/
            t = t * n ;          /*每个数的阶乘*/
            s = s + t ;          /*阶乘之和*/
        } while(n<10) ;
        System.out.println("1!+2!+……+10! ="+s) ;
    }
}
```

单击菜单栏中的"Run/Run"命令（快捷键：Ctrl+F11），就可以编译并运行代码，就可以计算出 1！+2！+……+10！之和，如图 4.13 所示。

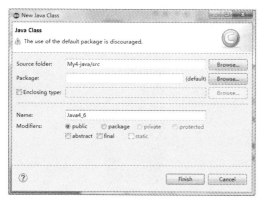

图 4.12　New Java Class 对话框

图 4.13　阶乘求和

4.3　for 循环

除了 while 循环，Java 语言中还有 for 循环，它的使用更加灵活。

4.3.1　for 循环的一般格式

在 Java 语言中，for 循环的一般格式如下：

```
for( 表达式 1; 表达式 2; 表达式 3)
{
    语句块
}
```

for 循环的运行过程如下：

第一，先执行"表达式 1"。

第二，再执行"表达式 2"，如果它的值为真，则执行循环体，否则结束循环。

第三，执行完循环体后，再执行"表达式 3"。

第四，重复执行第二和第三，直到"表达式 2"的值为假，就结束循环。

4.3.2　实例：利用 for 循环显示 100 之内的偶数

双击桌面上的 Eclipse 快捷图标，就可以打开软件。选择 My4-java 中的"src"，然后单击鼠标右键，在弹出的右键菜单中单击"New/Class"命令，弹出"New Java Class"对话框，如图 4.14 所示。

在这里设置类名为"Java4_7"，然后单击"Finish"按钮，就会生成 Java4_7.java 文件，然后输入如下代码：

```java
public class Java4_7
{
    public static void main(String[] args)
    {
            int i;
            System.out.println(" 利用 for 循环显示 100 之内的偶数 \n") ;
            for(i = 1; i <= 100; i++)
            {
                if(i%2 == 0)
                    System.out.print(i+"\t");
                if (i%10==0)
                    System.out.println();
            }
    }
}
```

单击菜单栏中的"Run/Run"命令（快捷键：Ctrl+F11），就可以编译并运行代码，就可以看到 100 之内的偶数，如图 4.15 所示。

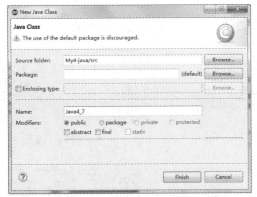

图 4.14　New Java Class 对话框

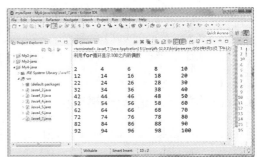

图 4.15　显示 100 之内的偶数

4.3.3　实例：小球反弹的高度

一个小球从 300 米高度自由落下，每次落地后反跳回原高度的一半；再落下，求它在第 15 次落地时，共经过多少米?

双击桌面上的 Eclipse 快捷图标，就可以打开软件。选择 My4-java 中的"src"，然后单击鼠标右键，在弹出的右键菜单中单击"New/Class"命令，弹出"New Java Class"对话框，如图 4.16 所示。

在这里设置类名为"Java4_8"，然后单击"Finish"按钮，就会生成 Java4_8.java 文件，然后输入如下代码：

```java
public class Java4_8
{
    public static void main(String[] args)
```

```
        {
            int i ;
            float h,s;   // 定义两个浮点型变量，分别用来存放每次反弹的高度和一共反弹的高度
        h=s=300;
        h=h/2;           // 第一次反弹高度
        System.out.println(" 第 1 次反弹的高度是: " +h+" 米! ");
        for ( i=2 ; i<= 15 ; i++ )
        {
            s=s+2*h;
            h=h/2;
            System.out.println(" 第 " +i+" 次反弹的高度是:"+h+" 米! ");
        }
        System.out.println("\n 第 15 次落地时，一共反弹"+s+" 米! ");
        }
}
```

单击菜单栏中的"Run/Run"命令（快捷键：Ctrl+F11），就可以编译并运行代码，就可以看到每次小球反弹的高度及第 15 次落地时，一共反弹多少米，如图 4.17 所示。

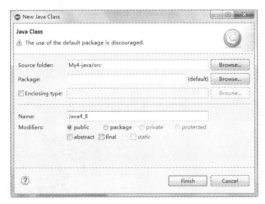

图 4.16　New Java Class 对话框

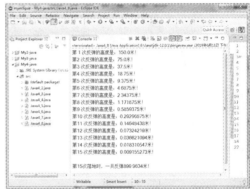

图 4.17　小球反弹的高度

4.4　foreach 循环

在 Java 中，还增加 foreach 循环语句。在遍历数组、集合方面，foreach 循环语句为我们提供了极大的方便。

4.4.1　foreach 循环的一般格式

在 Java 语言中，foreach 循环的一般格式如下：

```
for ( 类型 变量名 : 集合 )
{
    语句块；
}
```

"类型"为集合元素的类型，"变量名"表示集合中的每一个元素，"集合"是被遍

历的集合对象或数组。每执行一次循环语句，循环变量就读取集合中的一个元素。

4.4.2 实例：显示学生姓名信息

双击桌面上的 Eclipse 快捷图标，就可以打开软件。选择 My4-java 中的 "src"，然后单击鼠标右键，在弹出的右键菜单中单击 "New/Class" 命令，弹出 "New Java Class" 对话框，如图 4.18 所示。

在这里设置类名为 "Java4_9"，然后单击 "Finish" 按钮，就会生成 Java4_9.java 文件，然后输入如下代码：

```java
public class Java4_9
{
    public static void main(String[] args)
    {
        String[]  mys = {"王平","张亮","周远","赵化红","李可海"      } ;
        System.out.println("显示学生姓名信息");
        // 使用 foreach 循环语句遍历数组
        for(String myname : mys)
        {
            System.out.println(myname);
        }
    }
}
```

单击菜单栏中的 "Run/Run" 命令（快捷键：Ctrl+F11），就可以编译并运行代码，就可以看到学生姓名信息，如图 4.19 所示。

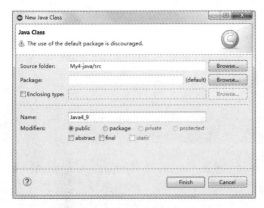

图 4.18　New Java Class 对话框

图 4.19　显示学生姓名信息

4.5　循环嵌套

while 循环、do-while 循环和 for 循环，这三种形式的循环可以互相嵌套，构成多层次的复杂循环结构，从而解决一些实际生活中的问题。但需要注意的是，每一层循环在逻辑上必须是完整的。另外，采用按层缩进的格式书写多层次循环有利于阅读程序和发现程序中的问题。

4.5.1 实例：分解质因数

每个合数都可以写成几个质数相乘的形式，其中每个质数都是这个合数的因数，把一个合数用质因数相乘的形式表示出来，叫作分解质因数。如 30=2×3×5 。分解质因数只针对合数，合数是指除 1 和它本身外，还有因数的数。下面编写程序代码，实现分解质因数。

双击桌面上的 Eclipse 快捷图标，就可以打开软件。选择 My4-java 中的 "src"，然后单击鼠标右键，在弹出的右键菜单中单击 "New/Class" 命令，弹出 "New Java Class" 对话框，如图 4.20 所示。

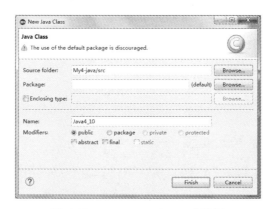

图 4.20　New Java Class 对话框

在这里设置类名为 "Java4_10"，然后单击 "Finish" 按钮，就会生成 Java4_10.java 文件，然后输入如下代码：

```java
import java.util.Scanner;
public class Java4_10
{
    public static void main(String[] args)
    {
        int n,i;
        Scanner myinput = new Scanner(System.in) ;
        System.out.print("请输入一个合数：");
        n = myinput.nextInt() ;
        System.out.print("合数分解质因数是："+n+"=");
         /* 利用 for 循环让合数分别短除 2 到 n*/
        for(i=2;i<=n;i++)
        {
        /* 利用 while 循环让合数取模 i，余数为 0，则显示 */
        while(n%i==0)
        {
            System.out.print(i);
        n/=i;    /*n 为 n 除以 i 的商 */
            if(n!=1) System.out.print("*");  /* 一直到 n 等于 1，退出 while 循环，
如果不等于 1，则显示乘号 */
            }
```

```
        }
    }
}
```

这里是一个循环嵌套，即 for 循环中嵌套 while 循环，从而实现合数分解质因数。

单击菜单栏中的"Run/Run"命令（快捷键：Ctrl+F11），就可以编译并运行代码，提醒请输入一个合数，在这里输入"720"，然后回车，就可以看到 720 的分解质因数，如图 4.21 所示。

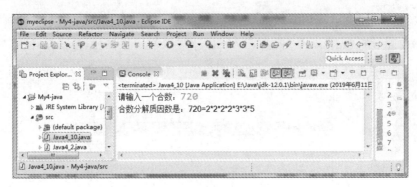

图 4.21　分解质因数

4.5.2　实例：绘制 # 号的菱形

下面编写 Java 代码，绘制 # 号的菱形。双击桌面上的 Eclipse 快捷图标，就可以打开软件。选择 My4-java 中的"src"，然后单击鼠标右键，在弹出的右键菜单中单击"New/Class"命令，弹出"New Java Class"对话框，如图 4.22 所示。

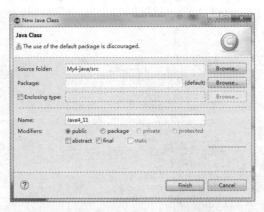

图 4.22　New Java Class 对话框

在这里设置类名为"Java4_11"，然后单击"Finish"按钮，就会生成 Java4_11.java 文件，然后输入如下代码：

```
public class Java4_11
{
```

```
public static void main(String[] args)
{
    int i,j,k;
    // 绘制菱形的上半部分，利用 i 控制显示？的行数
    for(i=0;i<=10;i++) {
        // 利用 j 控制显示每行空格的个数
        for(j=0;j<=9-i;j++) {
            System.out.print(" ");
        }
        // 利用 k 控制显示每行？的个数
        for(k=0;k<=2*i;k++) {
            System.out.print("#");
        }
        // 换行
        System.out.println();
    }
    // 同理，利用 for 嵌套绘制菱形的下半部分
    for(i=0;i<=9;i++) {
        for(j=0;j<=i;j++) {
            System.out.print(" ");
        }
        for(k=0;k<=18-2*i;k++) {
            System.out.print("#");
        }
        System.out.println();
    }
}
}
```

单击菜单栏中的"Run/Run"命令（快捷键：Ctrl+F11），就可以编译并运行代码，就可以看到绘制的 # 号菱形，如图 4.23 所示。

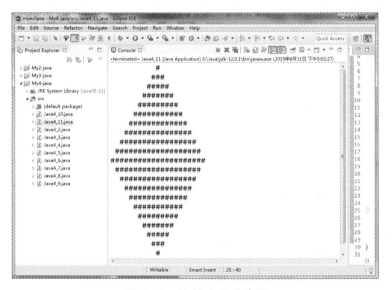

图 4.23　绘制 # 号的菱形

4.5.3　实例：杨辉三角

杨辉三角，是二项式系数在三角形中的一种几何排列。在欧洲，这个表叫作帕斯卡三

角形。帕斯卡是在 1654 年发现这一规律的，比杨辉要晚 393 年。杨辉三角是中国古代数学的杰出研究成果之一，它把二项式系数图形化，把组合数内在的一些代数性质直观地从图形中体现出来，是一种离散型的数与形的结合，如图 4.24 所示。

```
                        1
                      1   1
                    1   2   1
                  1   3   3   1
                1   4   6   4   1
              1   5   10  10  5   1
            1   6   15  20  15  6   1
          1   7   21  35  35  21  7   1
        1   8   28  56  70  56  28  8   1
      1   9   36  84  126 126 84  36  9   1
    1   10  45  120 210 252 210 120 45  10  1
  1   11  55  165 330 462 462 330 165 55  11  1
1   12  66  220 495 792 924 792 495 220 66  12  1
  ...
```

图 4.24　杨辉三角

杨辉三角的特点如下：

第一，每行端点与结尾的数为 1。

第二，每个数等于它上方两数之和。

第三，每行数字左右对称，由 1 开始逐渐变大。

第四，第 n 行的数字有 n 项。

第五，第 n 行的 m 个数可表示为 C(n−1，m−1)，即为从 n−1 个不同元素中取 m−1 个元素的组合数。

第六，第 n 行的第 m 个数和第 n−m+1 个数相等，为组合数性质之一。

双击桌面上的 Eclipse 快捷图标，就可以打开软件。选择 My4-java 中的"src"，然后单击鼠标右键，在弹出的右键菜单中单击"New/Class"命令，弹出"New Java Class"对话框，如图 4.25 所示。

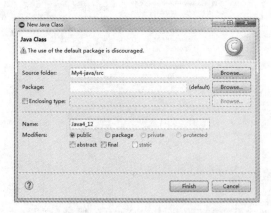

图 4.25　New Java Class 对话框

在这里设置类名为"Java4_12",然后单击"Finish"按钮,就会生成 Java4_12.java
文件,然后输入如下代码:

```java
import java.util.Scanner;
public class Java4_12
{
    public static void main(String[] args)
    {

        int rows, coef = 1, space, i, j;
        Scanner myinput = new Scanner(System.in) ;
        System.out.print("请输入要显示杨辉三角的行数: ");
        rows = myinput.nextInt() ;
         // 利用 i 控制杨辉三角的行数
     for(i=0; i<rows; i++)
     {
         // 利用 space 控制每行的空格数
         for(space=1; space <= rows-i; space++)
             System.out.print("  ");
             // 利用 j 控制每行要显示的杨辉三角
         for(j=0; j <= i; j++)
         {
             if (j==0 || i==0)
                 coef = 1;
             else
                 coef = coef*(i-j+1)/j;
             System.out.print(" "+coef+" ");
         }
         System.out.println() ;
     }
    }
}
```

单击菜单栏中的"Run/Run"命令(快捷键:Ctrl+F11),就可以编译并运行代码,
提醒"请输入要显示杨辉三角的行数",假如在这里输入"12",然后回车,就可以看到
杨辉三角的 12 行数据,如图 4.26 所示。

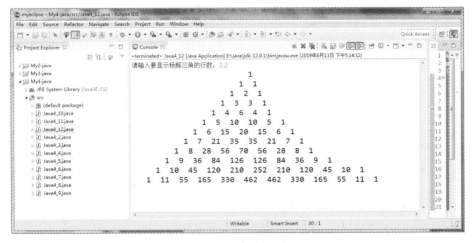

图 4.26　杨辉三角

Java 从入门到精通

4.5.4　实例：弗洛伊德三角形

弗洛伊德三角形是一组直角三角形自然数，用于计算机科学教育。它是以罗伯特·弗洛伊德的名字命名的。它的定义是用连续的数字填充三角形的行，从左上角的 1 开始。

双击桌面上的 Eclipse 快捷图标，就可以打开软件。选择 My4-java 中的"src"，然后单击鼠标右键，在弹出的右键菜单中单击"New/Class"命令，弹出"New Java Class"对话框，如图 4.27 所示。

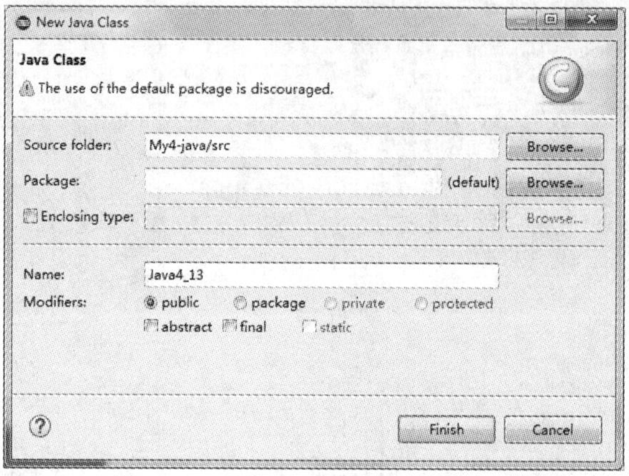

图 4.27　New Java Class 对话框

在这里设置类名为"Java4_13"，然后单击"Finish"按钮，就会生成 Java4_13.java 文件，然后输入如下代码：

```java
import java.util.Scanner;
public class Java4_13
{
    public static void main(String[] args)
    {
        int i,j,l,n;
        Scanner myinput = new Scanner(System.in) ;
        System.out.print("请输入要显示弗洛伊德三角形的行数：");
        n = myinput.nextInt() ;
        // 利用 i 控制行数
        for(i=1,j=1;i<=n;i++)
        {
            // 利用 l 控制每行有多个数，利用 j 输入每行的具体数值
            for(l=1;l<i+1;l++,j++)
                System.out.print(" "+j+" ");
            // 换行
            System.out.println() ;
        }
    }
}
```

单击菜单栏中的"Run/Run"命令（快捷键：Ctrl+F11），就可以编译并运行代码，提醒"请输入要显示弗洛伊德三角形的行数"，假如在这里输入"12"，然后回车，就可以看到弗洛伊德三角形的 12 行数据，如图 4.28 所示。

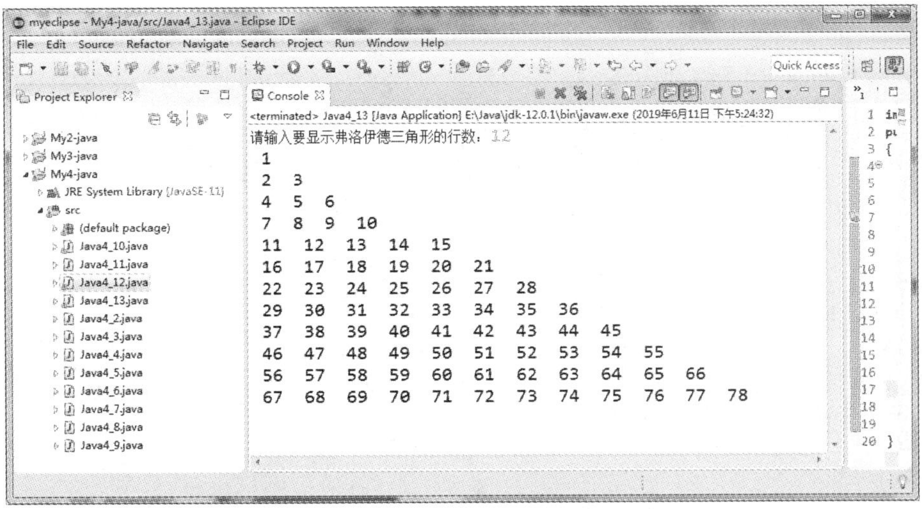

图 4.28 弗洛伊德三角形

4.6 break 语句

使用 break 语句可以使流程跳出 while 或 for 的本层循环，特别是在多层次循环结构中，利用 break 语句可以提前结束内层循环。

双击桌面上的 Eclipse 快捷图标，就可以打开软件。选择 My4-java 中的 "src"，然后单击鼠标右键，在弹出的右键菜单中单击 "New/Class" 命令，弹出 "New Java Class" 对话框，如图 4.29 所示。

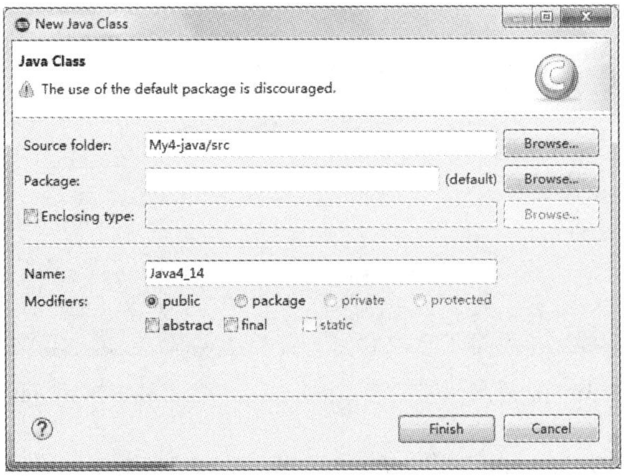

图 4.29 New Java Class 对话框

在这里设置类名为 "Java4_14"，然后单击 "Finish" 按钮，就会生成 Java4_14.java

文件，然后输入如下代码：

```
public class Java4_14
{
    public static void main(String[] args)
    {
        int a = 5;
        while( a <= 20 )
        {
            System.out.println("整型变量a的值： "+a);
            a++;
            if( a > 13)
            {
                /* 使用 break 语句终止循环 */
                break;
            }
        }
    }
}
```

如果不使用 break 语句，程序的输入是从 5 到 20；使用 break 语句后，程序的输入是从 5 到 13。

单击菜单栏中的"Run/Run"命令（快捷键：Ctrl+F11），就可以编译并运行代码，如图 4.30 所示。

还要注意，switch 语句内的 break 语句，只使流程跳出所在的 switch 语句，不影循环体中的流程。

双击桌面上的 Eclipse 快捷图标，就可以打开软件。选择 My4-java 中的"src"，然后单击鼠标右键，在弹出的右键菜单中单击"New/Class"命令，弹出"New Java Class"对话框，如图 4.31 所示。

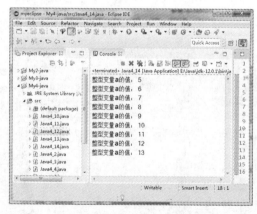

图 4.30　break 语句

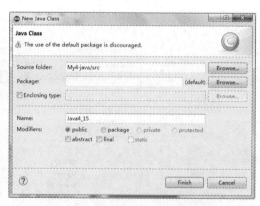

图 4.31　New Java Class 对话框

在这里设置类名为"Java4_15"，然后单击"Finish"按钮，就会生成 Java4_15.java 文件，然后输入如下代码：

```
import java.util.Scanner;
public class Java4_15
```

```
{
    public static void main(String[] args)
    {
        int week;
        Scanner myinput = new Scanner(System.in) ;
        System.out.println("输入数字判断是星期几, 输入 888 结束程序! ");
        while (true)
        {
            System.out.print("请输入 1~7 之间的任意一个数: ");
            week = myinput.nextInt() ;
            if (week ==888)
            {
                System.out.print("程序结束! ");
                break ;
            }

            switch(week)
            {
            case 1: System.out.println("星期一"); break ;
            case 2: System.out.println("星期二"); break ;
            case 3: System.out.println("星期三"); break ;
            case 4: System.out.println("星期四"); break ;
            case 5: System.out.println("星期五"); break ;
            case 6: System.out.println("星期六"); break ;
            case 7: System.out.println("星期日"); break ;
            default:System.out.println("输入的数, 不在 1~7 之间, 请重新输入!
"); break ;
            }
        }

    }
}
```

注意, while(true) 无论在什么状态下, 条件都是成立的, 所以循环一直在运行, 所以又称死循环。这里退出 while 循环的条件是, 当 week==888 时, break 跳出循环, 结束程序。

注意: switch 语句内的 break 语句不会结束 while 循环, 只会跳出所在的 switch 语句。

单击菜单栏中的 "Run/Run" 命令 (快捷键: Ctrl+F11), 就可以编译并运行代码, 输入 "1", 回车, 就会显示 "星期一"; 输入 "5" 回车, 显示 "星期五"; 输入 "6" 回车, 显示 "星期六", 输入 "9" 回车, 显示 "输入的数, 不在 1~7 之间, 请重新输入! ", 只有输入 "888", 然后回车, 程序才会结束运行, 如图 4.32 所示。

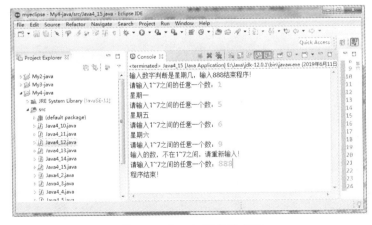

图 4.32　break 语句的应用

4.7 continue 语句

continue 语句被用来告诉 Java 跳过当前循环块中的剩余语句，然后继续进行下一轮循环，下面通过实例来说明一下。

双击桌面上的 Eclipse 快捷图标，就可以打开软件。选择 My4-java 中的"src"，然后单击鼠标右键，在弹出的右键菜单中单击"New/Class"命令，弹出"New Java Class"对话框，如图 4.33 所示。

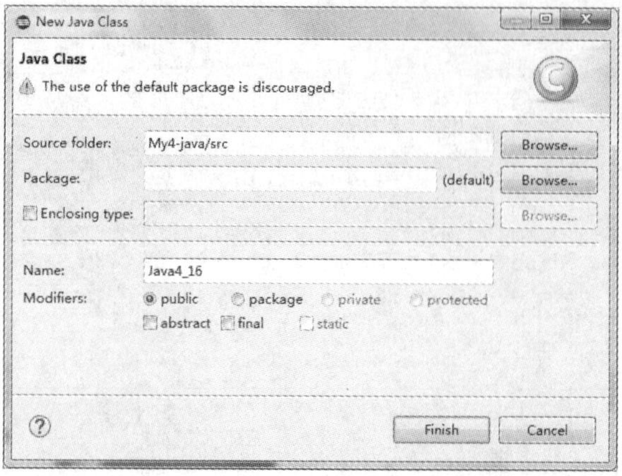

图 4.33 New Java Class 对话框

在这里设置类名为"Java4_16"，然后单击"Finish"按钮，就会生成 Java4_16.java 文件，然后输入如下代码：

```
public class Java4_16
{
    public static void main(String[] args)
    {
        int a = 6;
        while( a < 20 )
        {
            a++;
            if( a == 8 || a==10 || a==12 ||a==14 || a==16 || a==18)
            {
                /* 使用 continue 语句跳出本次循环 */
                continue ;
            }

            System.out.println("整型变量 a 的值: "+a);
        }
    }
}
```

如果没有加 continue 语句，会显示 7~20 之间的整数，包括 7 和 20。在这里加上 continue 语句，就不会显示 7~20 之间整数中的 8、10、12、14、16 和 18。

单击菜单栏中的"Run/Run"命令（快捷键：Ctrl+F11），就可以编译并运行代码，效果如图 4.34 所示。

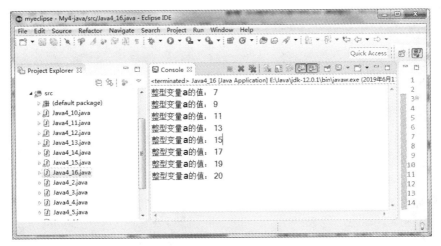

图 4.34　continue 语句

第5章

Java 程序设计的数组应用

数组是有序的元素序列，对于每一门编程语言来说都是重要的数据结构之一，当然不同语言对数组的实现及处理也不尽相同。

本章主要内容包括：

➤ 数组的定义和初始化

➤ 为数组的分配空间

➤ 实例：利用数组元素的索引显示矩阵内容

➤ 实例：利用循环语句显示数组中的元素

➤ 实例：利用随机数为数组赋值并显示

➤ 实例：动态输入学生成绩信息并显示统计信息

➤ 二维数组的定义和初始化

➤ 显示二维数组中的元素值

➤ 实例：利用随机数为二维数据赋值并显示

➤ 实例：显示二维数组中整行数据

➤ 实例：显示二维数组中整列数据

➤ Arrays 类的 equals() 方法、fill() 方法、sort() 方法

5.1　初识数组

Java 支持数组数据结构，它可以存储一个固定大小的相同类型元素的顺序集合，即数组是用来存储一系列数据，但这一系列数据应具有相同的数据类型。

数组的定义并不是声明一个单独的变量，比如 num0、num1、……、num99，而是声明一个数组变量，比如 nums，然后使用 nums[0]、nums[1]、……、nums[99] 来代表一个单独的变量。

5.1.1　数组的定义

在 Java 中，要定义一个数组，需要指定元素的类型，其语法格式如下：

```
dataType[] arrayRefVar;                    // 首选的方法
或
dataType arrayRefVar[];                     // 效果相同，但不是首选方法
```

以上两种格式都可以定义一个数组，其中的 dataType 既可以是基本数据类型，也可以是引用数据类型。数组名可以是任意合法的变量名。定义数组就是要告诉计算机该数组中的数据类型是什么，具体如下：

```
int[] stunum;                              // 存储学生的学号，类型为整型
String[]  stuname;                         // 存储学生的姓名，类型为字符串型
double[]  stuscore;                        // 存储学生的成绩，类型为浮点型
```

需要注意的是，在定义数组时，不能设置数据的长度。

5.1.2　为数组的分配空间

分配空间就是要告诉电脑在内存中为它分配几个连续的位置来存储数据。在 Java 中可以使用 new 关键字来给数组分配空间，其语法格式如下：

```
arrayRefVar = new  dataType[length] ;
```

其中 length 为数组的长度，注意数据的长度一定要大于 0。另外，还需要注意的是，数组中的元素下标是从 0 开始计算的。为数组的分配空间代码如下：

```
stunum = new  int[8] ;
stuname = new  String[30] ;
stuscore = new double[10] ;
```

还可以在定义数组时，直接给数组分配空间，具体代码如下：

```
String[]  stusex =  new String[15] ;
```

5.1.3　数组的初始化

在 Java 中，初始化数组有 3 种方法，分别是使用 new 指定数组大小后进行初始化、使用 new 指定数组元素的值、直接指定数组元素的值。

1. 使用 new 指定数组大小后进行初始化

使用 new 指定数组大小后进行初始化，具体代码如下：

```
int[]  stunum = new  int[3] ;
stunum[0]=11 ;
stunum[1]=12 ;
stunum[2]=13 ;
```

2. 使用 new 指定数组元素的值

使用 new 指定数组元素的值，具体代码如下：

```
int[]  stunum = new  int[] {11, 12, 13};
```

数组元素的值由 { } 包围，各个值之间以 "，" 分隔。

3. 直接指定数组元素的值

直接指定数组元素的值，具体代码如下：

```
int[]  stunum = {11, 12, 13};
```

5.2　数组元素的访问

数组定义和初始化后，就可以访问数组元素了。数组元素可以通过数组名称加索引进行访问。元素的索引是放在方括号内，跟在数组名称的后边。

5.2.1　实例：利用数组元素的索引显示矩阵内容

双击桌面上的 Eclipse 快捷图标，就可以打开软件，然后单击菜单栏中的 "File/New/Java Project" 命令，弹出 "New Java Project" 对话框，如图 5.1 所示。

在这里设置项目名为 "My5-java"，然后单击 "Finish" 按钮，就可以创建 My5-java 项目。

选择 My5-java 中的 "src"，然后单击鼠标右键，在弹出的右键菜单中单击 "New/Class" 命令，弹出 "New Java Class" 对话框，如图 5.2 所示。

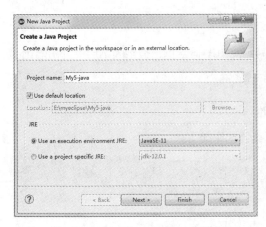

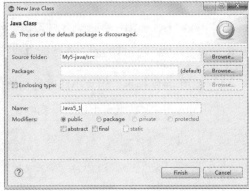

图 5.1　New Java Project 对话框　　　　　图 5.2　New Java Class 对话框

在这里设置类名为"Java5_1"，然后单击"Finish"按钮，就会生成 Java5_1.java
文件，然后输入如下代码：

```
public class Java5_1
{
    public static void main(String[] args)
    {
        int[] a1 = {12,14,16,18,20} ;
        int[] a2 = {6,12,18,20,50} ;
        int[] a3 = {5,15,25,25,45} ;
        int[] a4 = {17,27,37,47,57} ;
        System.out.println("利用数组元素的索引显示矩阵内容");
    System.out.println(a1[0]+"\t"+a1[1]+"\t"+a1[2]+"\t"+a1[3]+"\t"+a1[4]) ;
    System.out.println(a2[0]+"\t"+a2[1]+"\t"+a2[2]+"\t"+a2[3]+"\t"+a2[4]) ;
    System.out.println(a3[0]+"\t"+a3[1]+"\t"+a3[2]+"\t"+a3[3]+"\t"+a3[4]) ;
    System.out.println(a4[0]+"\t"+a4[1]+"\t"+a4[2]+"\t"+a4[3]+"\t"+a4[4]) ;
    }
}
```

单击菜单栏中的"Run/Run"命令（快捷键：Ctrl+F11），就可以编译并运行代码，
效果如图 5.3 所示。

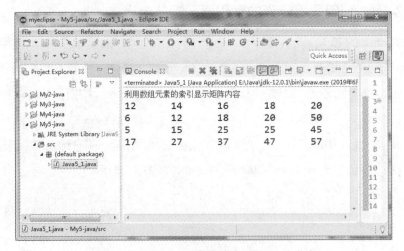

图 5.3　利用数组元素的索引显示矩阵内容

5.2.2　实例：利用循环语句显示数组中的元素

双击桌面上的 Eclipse 快捷图标，就可以打开软件。选择 My5-java 中的"src"，然后单击鼠标右键，在弹出的右键菜单中单击"New/Class"命令，弹出"New Java Class"对话框，如图 5.4 所示。

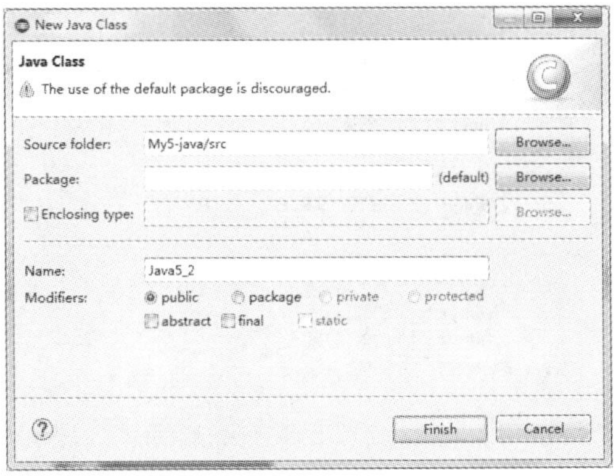

图 5.4　New Java Class 对话框

在这里设置类名为"Java5_2"，然后单击"Finish"按钮，就会生成 Java5_2.java 文件，然后输入如下代码：

```java
public class Java5_2
{
    public static void main(String[] args)
    {
        int x=0,y ;
        int[] mya= new int[] {1001,1002,1003,1004} ;
        double[] myb = {98.5,89.6,78.9,86.3,68.5,58.6} ;
        String[] myc = new String[] {"李平","周远","张亮","赵红"} ;
        // 利用 while 循环显示数组中的值
        while (x<mya.length)
        {
            System.out.println(" 数组 mya["+x+"] 中的值 :"+mya[x]) ;
            x++ ;
        }
        System.out.println("\n");
        // 利用 for 循环显示数组中的值
        for(y=0;y<myb.length;y++)
        {
            System.out.println(" 数组 myb["+y+"] 中的值 :"+myb[y]) ;
        }
        System.out.println("\n");
        // 利用 foreach 循环显示数组中的值
        for(String a:myc)
        {
            System.out.println(" 数组 myc[] 中的值 :"+a) ;
        }
    }
}
```

在这里利用数组对象的 length() 方法获利数组中元素的个数。单击菜单栏中的"Run/Run"命令（快捷键：Ctrl+F11），就可以编译并运行代码，效果如图 5.5 所示。

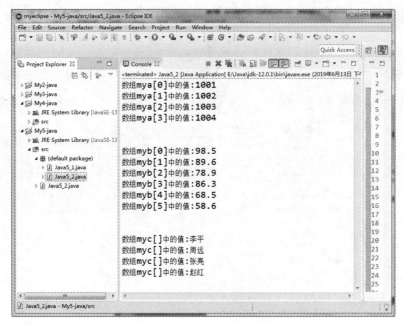

图 5.5 利用循环语句显示数组中的元素

5.2.3 实例：利用随机数为数组赋值并显示

双击桌面上的 Eclipse 快捷图标，就可以打开软件。选择 My5-java 中的"src"，然后单击鼠标右键，在弹出的右键菜单中单击"New/Class"命令，弹出"New Java Class"对话框，如图 5.6 所示。

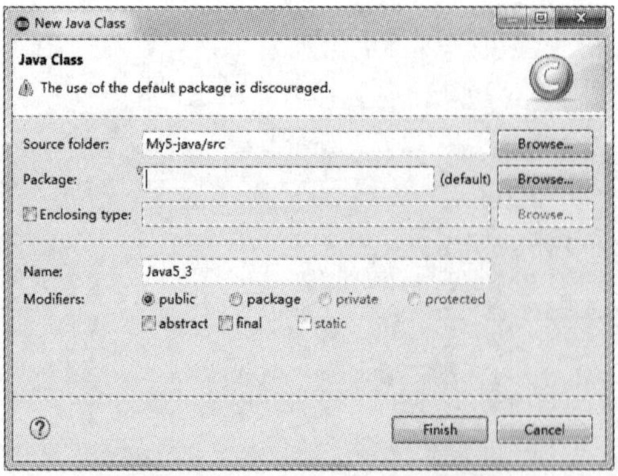

图 5.6 New Java Class 对话框

在这里设置类名为"Java5_3"，然后单击"Finish"按钮，就会生成 Java5_3.java文件，然后输入如下代码：

```
import java.util.Random;
public class Java5_3
{
```

```
public static void main(String[] args)
{
        int i ,j ;
        j=0 ;
        int[] mya = new int[10] ;
        Random myr= new Random() ;
        for (i=0; i<10; i++)
        {
                mya[i] = myr.nextInt(1000)+1 ;   /* 在 1~1000 之间随机产生一
个数 */
        }
        System.out.println(" 显示数组中的 10 个随机数") ;
        while(j<10)
        {
                System.out.println(" 数据 mya["+j+"] 中的值：" +mya[j]) ;
                j++ ;
        }
    }
}
```

要产生随机数，先要导入 java.util.Random 类。单击菜单栏中的"Run/Run"命令（快捷键：Ctrl+F11），就可以编译并运行代码，效果如图 5.7 所示。

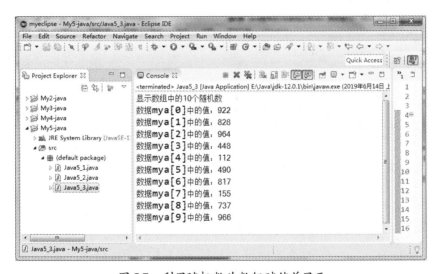

图 5.7　利用随机数为数组赋值并显示

5.2.4　实例：动态输入学生成绩信息并显示统计信息

双击桌面上的 Eclipse 快捷图标，就可以打开软件。选择 My5-java 中的"src"，然后单击鼠标右键，在弹出的右键菜单中单击"New/Class"命令，弹出"New Java Class"对话框，如图 5.8 所示。

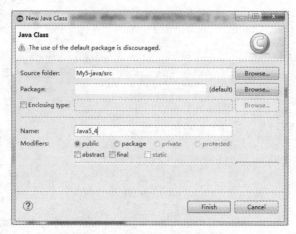

图 5.8 New Java Class 对话框

在这里设置类名为"Java5_4",然后单击"Finish"按钮,就会生成 Java5_4.java 文件,然后输入如下代码:

```java
import java.util.Scanner;
public class Java5_4
{
    public static void main(String[] args)
    {
        int  i ;
        double[] sturesults = new double[6] ;
        double  stusum=0.0, stuavg,stuh,stul ;
        Scanner myinput = new Scanner(System.in);
        System.out.println("请输入6个学生的成绩: ");
        for(i=0;i<6;i++)
        {
            sturesults[i]= myinput.nextDouble() ;
        }
        stuh = sturesults[0] ;                  //假设最高成绩为第一个元素
        stul = sturesults[0] ;                  //假设最低成绩为第六个元素
        for(i=0;i<6;i++)
        {
            stusum = stusum +sturesults[i] ;
            if (sturesults[i]>stuh)
            {
                //stuh 为最高成绩
                stuh= sturesults[i] ;
            }
            if (sturesults[i]<stul)
            {
                //stul 为最低成绩
                stul = sturesults[i] ;
            }
        }
        //平均成绩 = 总成绩 / 学生个数
        stuavg = stusum /6 ;
        System.out.println("学生的总成绩: "+stusum) ;
        System.out.println("学生的平均成绩: "+stuavg) ;
        System.out.println("学生的最高成绩: "+stuh) ;
        System.out.println("学生的最低成绩: "+stul) ;
    }
}
```

要动态输入学生成绩，先要导入 java.util.Scanner 类。单击菜单栏中的"Run/Run"命令（快捷键：Ctrl+F11），就可以编译并运行代码，提醒"输入 6 个学生的成绩"，如图 5.9 所示。

正确输入 6 个学生的成绩后，回车，就可以看到学生的统计信息，如图 5.10 所示。

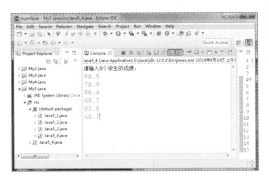

图 5.9　输入 6 个学生的成绩

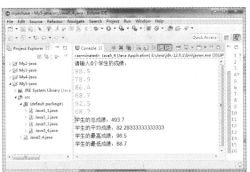

图 5.10　学生的统计信息

5.3　二维数组

为了方便组织各种信息，电脑一般将信息以表的形式进行组织，然后再以行和列的形式呈现出来。二维数组的结构决定了其能非常方便地表示计算机中的表，以第一个下标表示元素所在的行，第二个下标表示元素所在的列。

5.3.1　二维数组的定义

定义二维数组的语法格式如下：

```
dataType[][] arrayRefVar;                    // 首选的方法
或
dataType arrayRefVar[][];                     // 效果相同，但不是首选方法
```

以上两种格式都可以定义一个二维数组，其中的 dataType 既可以是基本数据类型，也可以是引用数据类型。数组名可以是任意合法的变量名。

5.3.2　二维数组的初始化

在 Java 中，二维数组的初始化有两种方法，分别是使用 new 指定数组大小后进行初始化、直接指定数组元素的值。

1. 使用 new 指定数组大小后进行初始化

使用 new 指定数组大小后进行初始化，具体代码如下：

```
int[][] a ;
a =new int[][]
{
        {0, 1, 2, 3} ,              /*  初始化索引号为 0 的行 */
        {4, 5, 6, 7},              /*  初始化索引号为 1 的行 */
        {8, 9, 10, 11}             /*  初始化索引号为 2 的行 */
};
```

2. 直接指定数组元素的值

直接指定数组元素的值，具体代码如下：

```
int[][] a = {{0,1,2,3},{4,5,6,7},{8,9,10,11}};
```

5.3.3　显示二维数组中的元素值

二维数组中的元素是通过使用下标（即数组的行索引和列索引）来访问的，下面举例说明。

双击桌面上的 Eclipse 快捷图标，就可以打开软件。选择 My5-java 中的"src"，然后单击鼠标右键，在弹出的右键菜单中单击"New/Class"命令，弹出"New Java Class"对话框，如图 5.11 所示。

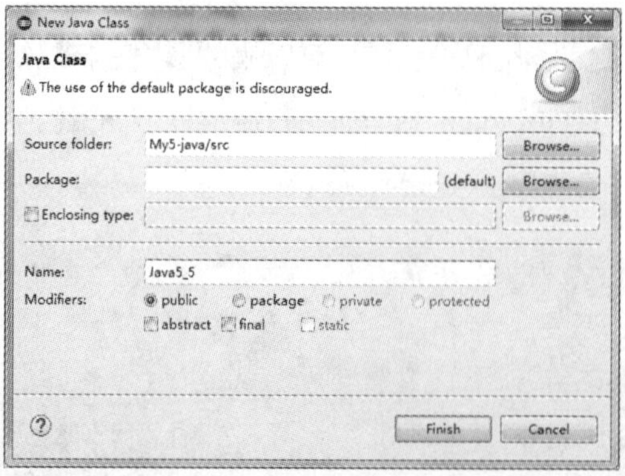

图 5.11　New Java Class 对话框

在这里设置类名为"Java5_5"，然后单击"Finish"按钮，就会生成 Java5_5.java 文件，然后输入如下代码：

```
public class Java5_5
{
    public static void main(String[] args)
    {
        int[][] a = {{0,1,2,3},{4,5,6,7},{8,9,10,11}};
        int i,j ;
        System.out.println(" 显示二维数组中每个元素的值 ");
    for ( i = 0; i < 3; i++ )
    {
        for ( j = 0; j < 4; j++ )
```

```
            {
            System.out.println("a["+i+"]["+j+"] = "+a[i][j]);
            }
        }
    }
}
```

单击菜单栏中的"Run/Run"命令（快捷键：Ctrl+F11），就可以编译并运行代码，效果如图 5.12 所示。

图 5.12　显示二维数组中的元素值

5.3.4　实例：利用随机数为二维数据赋值并显示

双击桌面上的 Eclipse 快捷图标，就可以打开软件。选择 My5-java 中的"src"，然后单击鼠标右键，在弹出的右键菜单中单击"New/Class"命令，弹出"New Java Class"对话框，如图 5.13 所示。

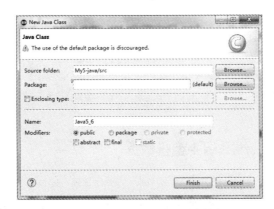

图 5.13　New Java Class 对话框

在这里设置类名为"Java5_6"，然后单击"Finish"按钮，就会生成 Java5_6.java

文件，然后输入如下代码：

```java
import java.util.Random;
public class Java5_6
{
    public static void main(String[] args)
    {
            int i , j ;
            int[][] a = new int[4][6] ;
            Random myr= new Random() ;
            for(i=0;i<a.length;i++)
            {
                    for(j=0;j<a[i].length;j++)
                    {
                            a[i][j] = myr.nextInt(100)+1 ;   /* 在 1~100 之间随机产生
一个数 */
                    }
            }
            System.out.println(" 显示二维数组中的随机数 ");
            for(i=0;i<a.length;i++)
            {
                    for(j=0;j<a[i].length;j++)
                    {
                            System.out.print(a[i][j]+"\t") ;
                    }
                    System.out.println() ;
            }
    }
}
```

单击菜单栏中的"Run/Run"命令（快捷键：Ctrl+F11），就可以编译并运行代码，效果如图 5.14 所示。

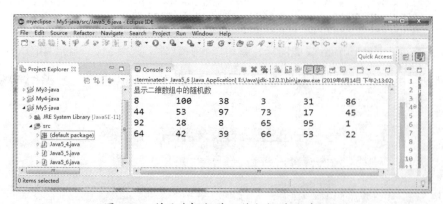

图 5.14　利用随机数为二维数据赋值并显示

5.3.5　实例：显示二维数组中整行数据

双击桌面上的 Eclipse 快捷图标，就可以打开软件。选择 My5-java 中的"src"，然后单击鼠标右键，在弹出的右键菜单中单击"New/Class"命令，弹出"New Java Class"对话框，如图 5.15 所示。

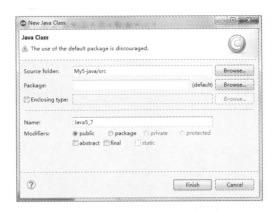

图 5.15　New Java Class 对话框

在这里设置类名为"Java5_7"，然后单击"Finish"按钮，就会生成 Java5_7.java 文件，然后输入如下代码：

```
import java.util.Scanner;
public class Java5_7
{
    public static void main(String[] args)
    {
        int i ,num ;
        int[][] a = {{10,13,25,38},{40,35,66,77},{88,99,100,109}};
        Scanner myinput = new Scanner(System.in);
        System.out.print(" 当前二维数组的行数是：  "+a.length+"\t请输入你要显示的
行数: ");
        num = myinput.nextInt() ;
        for(i=0;i<a[num-1].length;i++)
        {
            System.out.println(" 第 "+num+" 行 的 第 ["+i+"] 个 元 素 的 值 是："
+a[num-1][i]);
        }
    }
}
```

单击菜单栏中的"Run/Run"命令（快捷键：Ctrl+F11），就可以编译并运行代码，提醒"当前二维数组的行数是多少行，请输入你要显示的行数数据"，在这里输入 2，回车，就可以显示第二行的所有数据，如图 5.16 所示。

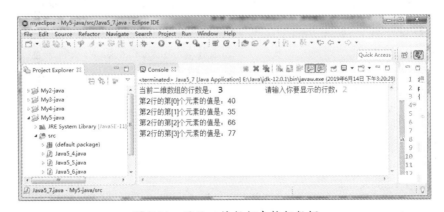

图 5.16　显示二维数组中整行数据

5.3.6 实例：显示二维数组中整列数据

双击桌面上的 Eclipse 快捷图标，
就可以打开软件。选择 My5-java 中
的 "src"，然后单击鼠标右键，在弹
出的右键菜单中单击 "New/Class"
命令，弹出"New Java Class"对话框，
如图 5.17 所示。

在这里设置类名为 "Java5_8"，
然后单击 "Finish" 按钮，就会生
成 Java5_8.java 文件，然后输入如下
代码：

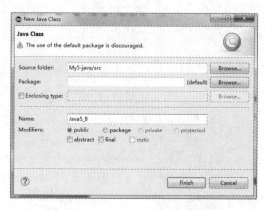

图 5.17　New Java Class 对话框

```java
import java.util.Scanner;
public class Java5_8 {
    public static void main(String[] args)
    {
        int i ,num ;
        int[][] a = {{10,13,25,38},{40,35,66,77},{88,99,100,109}};
        Scanner myinput = new Scanner(System.in);
        System.out.print(" 请输入你要显示的列数: ");
        num = myinput.nextInt() ;
        for(i=0;i<a.length;i++)
        {
            System.out.println(" 第  "+(i+1)+"  行的第 ["+num+"] 个元素的值是 "+a[i][num]);
        }
    }
}
```

单击菜单栏中的 "Run/Run" 命令（快捷键：Ctrl+F11），就可以编译并运行代码，
提醒 "请输入你要显示的列数"，在这里输入3，回车，就可以显示第3列的所有数据，
如图 5.18 所示。

图 5.18　显示二维数组中整列数据

5.4　Arrays 类

利用 java.util.Arrays 类可以方便地操作数组，下面讲解一下该类的常用方法，即
equals() 方法、fill() 方法、sort() 方法。

5.4.1　equals() 方法

数组相等的条件不仅要求数组元素的个数必须相等，而且要求对应位置的元素也相等。
Arrays 类的 equals() 方法的语法格式如下：

```
Arrays.equals(数组1, 数组2);
```

双击桌面上的 Eclipse 快捷图标，
就可以打开软件。选择 My5-java 中
的"src"，然后单击鼠标右键，在弹
出的右键菜单中单击"New/Class"
命令，弹出"New Java Class"对话框，
如图 5.19 所示。

在这里设置类名为"Java5_9"，
然后单击"Finish"按钮，就会生
成 Java5_9.java 文件，然后输入如下
代码：

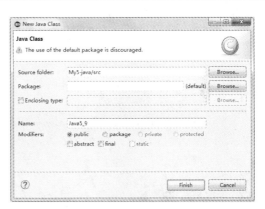

图 5.19　New Java Class 对话框

```java
import java.util.Arrays;
public class Java5_9
{
    public static void main(String[] args)
    {
        String[] mystr1 = {"admin","admin888"};
        String[] mystr2 = new String[]{"admin","admin999"};
        String[] mystr3 = new String[2]  ;
        mystr3[0] = "admin";
        mystr3[1] = "admin888";
        if (Arrays.equals(mystr1, mystr2))
        {
            System.out.println("mystr1 数组和 mystr2 数组相同！") ;
        }
        else
        {
            System.out.println("mystr1 数组和 mystr2 数组不相同！") ;
        }
        if (Arrays.equals(mystr1, mystr3))
        {
            System.out.println("mystr1 数组和 mystr3 数组相同！") ;
        }
        else
        {
            System.out.println("mystr1 数组和 mystr3 数组不相同！") ;
```

```
        }
    }
}
```

这里要用到 Arrays 类，所以要先导入 Arrays 类，具体代码如下：

```
import java.util.Arrays;
```

单击菜单栏中的"Run/Run"命令（快捷键：Ctrl+F11），就可以编译并运行代码，效果如图 5.20 所示。

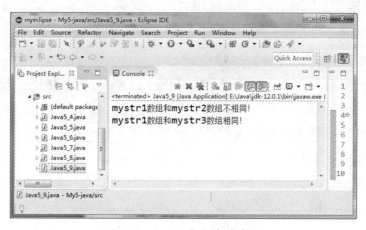

图 5.20　equals() 方法的应用

5.4.2　fill() 方法

利用 Arrays 类的 fill() 方法可以为数组在指定位置进行数值填充，其语法格式如下：

```
Arrays.fill(数组，填充的值);
```

双击桌面上的 Eclipse 快捷图标，就可以打开软件。选择 My5-java 中的"src"，然后单击鼠标右键，在弹出的右键菜单中单击"New/Class"命令，弹出"New Java Class"对话框，如图 5.21 所示。

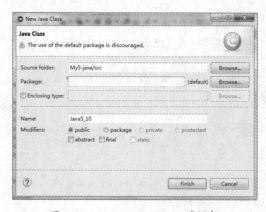

图 5.21　New Java Class 对话框

在这里设置类名为"Java5_10",然后单击"Finish"按钮,就会生成 Java5_10.java 文件,然后输入如下代码:

```java
import java.util.Arrays;
public class Java5_10
{
    public static void main(String[] args)
    {
        int[] mya = new int[8] ;
        int i ;
        for(i=0;i<mya.length;i++)
        {
            Arrays.fill(mya, 3*i+16);
            System.out.println(" 数组 mya["+i+"]="+mya[i]);
        }
    }
}
```

单击菜单栏中的"Run/Run"命令(快捷键:Ctrl+F11),就可以编译并运行代码,效果如图 5.22 所示。

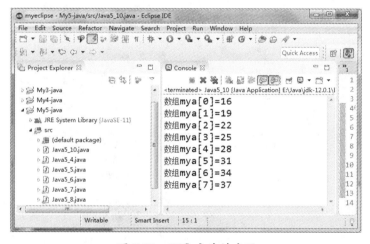

图 5.22　fill() 方法的应用

5.4.3　sort() 方法

利用 Arrays 类的 sort() 方法可以对数组进行排序,其语法格式如下:

```
Arrays.sort( 数组 );
```

利用 Arrays 类的 sort() 方法排序是从小到大,即升序。

双击桌面上的 Eclipse 快捷图标,就可以打开软件。选择 My5-java 中的"src",然后单击鼠标右键,在弹出的右键菜单中单击"New/Class"命令,弹出"New Java Class"对话框,如图 5.23 所示。

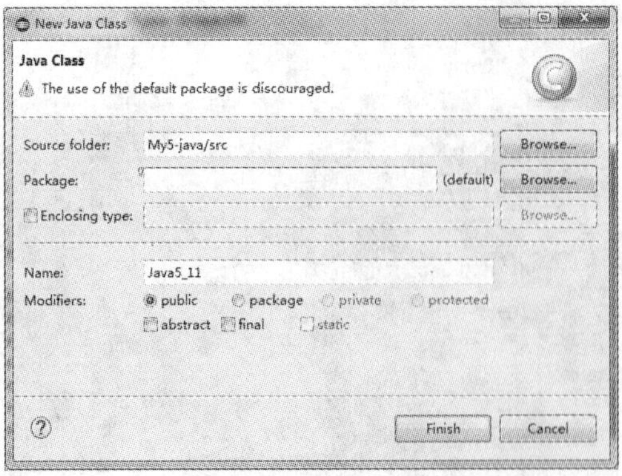

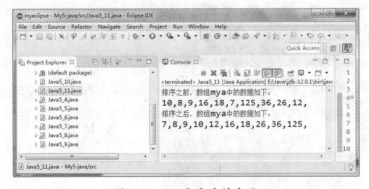

图 5.23　New Java Class 对话框

在这里设置类名为"Java5_11"，然后单击"Finish"按钮，就会生成 Java5_11.java 文件，然后输入如下代码：

```java
import java.util.Arrays;
public class Java5_11
{
    public static void main(String[] args)
    {
        int i ;
        int[] mya = {10,8,9,16,18,7,125,36,26,12} ;
        System.out.println(" 排序之前，数组 mya 中的数据如下：") ;
        for(i=0;i<mya.length ;i++)
        {
            System.out.print(mya[i]+",") ;
        }
        // 对数组进行排序
        Arrays.sort(mya);
        System.out.println("\n 排序之后，数组 mya 中的数据如下：") ;
        for(i=0;i<mya.length ;i++)
        {
            System.out.print(mya[i]+",") ;
        }
    }
}
```

单击菜单栏中的"Run/Run"命令（快捷键：Ctrl+F11），就可以编译并运行代码，效果如图 5.24 所示。

图 5.24　sort() 方法的应用

第6章

Java 程序设计的字符串应用

字符串广泛应用在 Java 编程中，在 Java 中字符串属于对象。Java 提供了 String 类和 StringBuffer 类来创建和操作字符串。

本章主要内容包括：

➤ 字符串的定义、连接和长度

➤ 字符串的大小写转换

➤ 删除字符串的首尾空格

➤ 从字符串中获取部分字符串

➤ 分割字符串

➤ 字符串的比较、查找和替换

➤ 向 StringBuffer 类中添加内容

➤ 反转字符串和替换字符串

➤ 字符串的删除

➤ 如何使用正则表达式来操作字符串

➤ 实例：动态输入正确的电话号码

6.1　String 类

下面来讲解一下如何利用 String 类创建和操作字符串。

6.1.1　定义字符串

定义字符串有两种方法，分别是直接定义字符串和使用 String 类定义字符串。

1. 直接定义字符串

直接定义字符串是指使用双引号表示字符串中的内容，具体代码如下

```
String   mys1 = "我喜欢 Java 编程！" ;
或
String   mys2 ;
mys2 = "Java 编程功能强大！" ;
```

2. 使用 String 类定义字符串

使用 String 类定义字符串，具体代码如下：

```
String   str1 = new   String("I like Java!") ;
String   str2 = new   String(str1) ;                    //str1 和 str2 相同
```

还可以把字符数组变成字符串，具体代码如下：

```
char[] myc = {'h', 'e', 'l', 'l', 'o'};
String mys = new String(myc);
```

6.1.2　字符串的连接

字符串的连接有两种方法，分别是 "+" 和 concat() 方法。

"+" 运算符是最简单也是使用最多的字符串连接方式。双击桌面上的 Eclipse 快捷图标，就可以打开软件，然后单击菜单栏中的 "File/New/Java Project" 命令，弹出 "New Java Project" 对话框，如图 6.1 所示。

在这里设置项目名为 "My6-java"，然后单击 "Finish" 按钮，就可以创建 My6-java 项目。

选择 My6-java 中的 "src"，然后单击鼠标右键，在弹出的右键菜单中单击 "New/Class" 命令，弹出 "New Java Class" 对话框，如图 6.2 所示。

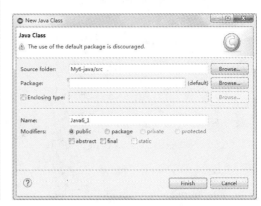

图 6.1　New Java Project 对话框　　　图 6.2　New Java Class 对话框

在这里设置类名为 "Java6_1"，然后单击 "Finish" 按钮，就会生成 Java6_1.java 文件，然后输入如下代码：

```java
public class Java6_1
{
    public static void main(String[] args)
    {
        int i ;
        int[] wno = new int[] {1001,1002,1003,1004,1005} ;
        String[] wname = new String[] {"李平","赵亮","张红","周科江","王佳"} ;
        String[] wsex = {"女","男","女","男","女"} ;
        double[] wages = new double[] {5897.65,3456,7892.6,6587.2,9456.12} ;
        System.out.println(" 职工信息如下：");
        // 循环遍历数组，连接字符串
        for(i=0;i<wno.length;i++)
        {
            System.out.println(" 职工号："+wno[i]+"\t 职工姓名："+wname[i]+"\t 职工性别："+wsex[i]+"\t 职工工资："+wages[i]);
        }
    }
}
```

单击菜单栏中的 "Run/Run" 命令（快捷键：Ctrl+F11），就可以编译并运行代码，效果如图 6.3 所示。

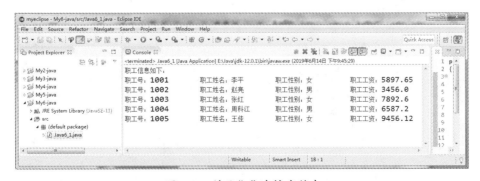

图 6.3　利用 "+" 连接字符串

在 Java 中，String 类的 concat() 方法实现了将一个字符串连接到另一个字符串的后面。concat() 方法语法格式如下：

```
mystr1.concat(mystr2);
```

执行结果是mystr2被连接到 mystr1 后面，形成新的字符串。

双击桌面上的Eclipse快捷图标，就可以打开软件。选择 My6-java 中的"src"，然后单击鼠标右键，在弹出的右键菜单中单击"New/Class"命令,弹出"New Java Class"对话框，如图 6.4 所示。

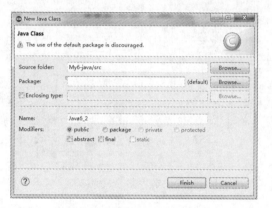

在这里设置类名为"Java6_2"，

图 6.4   New Java Class 对话框

然后单击"Finish"按钮，就会生成 Java6_2.java 文件，然后输入如下代码：

```java
public class Java6_2
{
    public static void main(String[] args)
    {
        String mystr1 = "Java" ;
        mystr1 = mystr1.concat("、C") ;
        mystr1 = mystr1.concat("、C++") ;
        mystr1 = mystr1.concat("、Python!") ;
        System.out.println(" 我喜欢的编程语言是: "+mystr1) ;
    }
}
```

单击菜单栏中的"Run/Run"命令（快捷键：Ctrl+F11），就可以编译并运行代码，效果如图 6.5 所示。

图 6.5   利用 String 类的 concat() 方法连接字符串

6.1.3　字符串的长度

利用 String 类的 length() 方法可以获取字符串的长度，其语法格式如下：

```
mystr1.length();
```

双击桌面上的 Eclipse 快捷图标，就可以打开软件。选择 My6-java 中的"src"，然后单击鼠标右键，在弹出的右键菜单中单击"New/Class"命令，弹出"New Java Class"对话框，如图 6.6 所示。

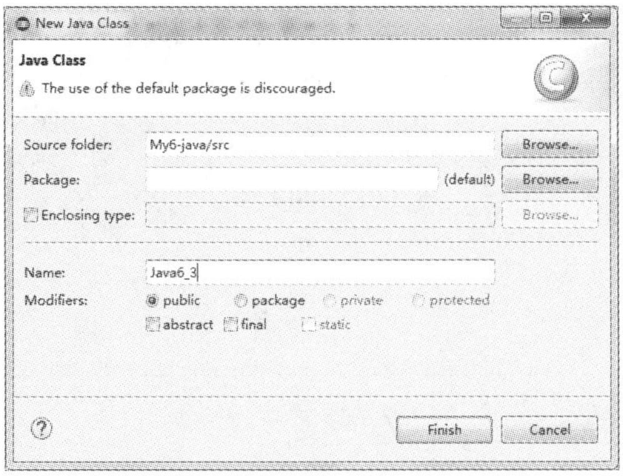

图 6.6　New Java Class 对话框

在这里设置类名为"Java6_3"，然后单击"Finish"按钮，就会生成 Java6_3.java 文件，然后输入如下代码：

```java
import java.util.Scanner;
public class Java6_3
{
    public static void main(String[] args)
    {
        System.out.println("欢迎使用客户信息查询系统") ;
        System.out.println();
        Scanner myinput = new Scanner(System.in) ;
        System.out.println("请设置一个密码，密码长度在 8~12 位之间！") ;
        String  mypwd = myinput.next(); // 动态输入密码
        int  mynum = mypwd.length() ;   // 获取密码的长度
        if (mynum<8)
        {
            System.out.println("设置的密码长度太短！") ;
        }
        else if (mynum>12)
        {
            System.out.println("设置的密码长度太长！") ;
        }
        else
        {
            System.out.println("设置的密码长度正好，密码已生效，请牢记！");
        }
    }
}
```

单击菜单栏中的"Run/Run"命令（快捷键：Ctrl+F11），就可以编译并运行代码，提醒"请设置一个密码，密码长度在 8~12 位之间"。如果输入的密码长度小于 8，则会显示"设置的密码长度太短";如果输入的密码长度大于 12,则会显示"设置的密码长度太长";如果输入的密码长度在 8~12 之间,则会显示"设置的密码长度正好,密码已生效,请牢记",如图 6.7 所示。

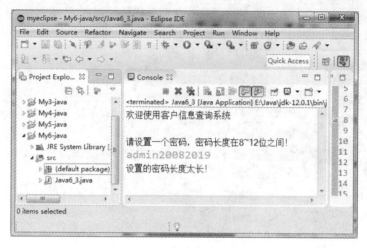

图 6.7　字符串的长度

6.1.4　字符串的大小写转换

利用 String 类的 toUpperCase() 方法可以将字符串中的所有字符全部转换成大写,其语法格式如下:

```
mystr1.toUpperCase();
```

利用 String 类的 toLowerCase() 方法可以将字符串中的所有字符全部转换成小写,其语法格式如下:

```
mystr1.toLowerCase();
```

双击桌面上的 Eclipse 快捷图标,就可以打开软件。选择 My6-java 中的"src",然后单击鼠标右键,在弹出的右键菜单中单击"New/Class"命令,弹出"New Java Class"对话框,如图 6.8 所示。

在这里设置类名为"Java6_4",然后单击"Finish"按钮,就会生成 Java6_4.java 文件,然后输入如下代码:

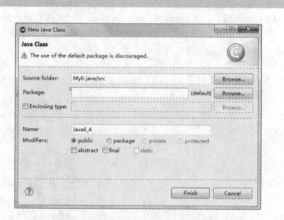

图 6.8　New Java Class 对话框

```
import java.util.Scanner;
public class Java6_4
{
    public static void main(String[] args)
    {
        Scanner myinput = new Scanner(System.in) ;
        System.out.println("请输入你喜欢的编程语言: ");
        String mylike = myinput.nextLine() ;
        System.out.println("喜欢的编程语言是: "+mylike) ;
        System.out.println("所有字母都转化为大写字母: "+mylike.toUpperCase()) ;
        System.out.println("所有字母都转化为小写字母: "+mylike.toLowerCase()) ;
    }
}
```

单击菜单栏中的"Run/Run"命令（快捷键：Ctrl+F11），就可以编译并运行代码，提醒"请输入你喜欢的编程语言"，在这里输入"Java、C++、Python、Julia、C、C#"，然后回车，如图 6.9 所示。

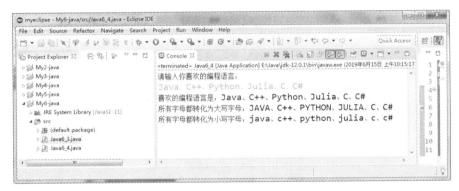

图 6.9　字符串的大小写转换

6.1.5　删除字符串的首尾空格

利用 String 类的 trim() 方法可以删除字符串的首尾空格，其语法格式如下：

```
mystr1.trim();
```

双击桌面上的 Eclipse 快捷图标，就可以打开软件。选择 My6-java 中的"src"，然后单击鼠标右键，在弹出的右键菜单中单击"New/Class"命令，弹出"New Java Class"对话框，如图 6.10 所示。

在这里设置类名为"Java6_5"，然后单击"Finish"按钮，就会生成 Java6_5.java 文件，然后输入如下代码：

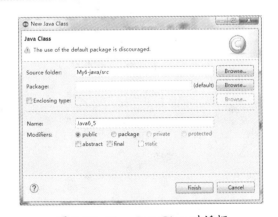

图 6.10　New Java Class 对话框

```
public class Java6_5
{
    public static void main(String[] args)
    {
        String  mya = "   I like Java!   " ;
        System.out.println("字符串mya的长度为："+mya.length());
        System.out.println("字符串mya删除首尾空格后的长度为："+mya.trim().
length());
    }
}
```

单击菜单栏中的"Run/Run"命令（快捷键：Ctrl+F11），就可以编译并运行代码，如图 6.11 所示。

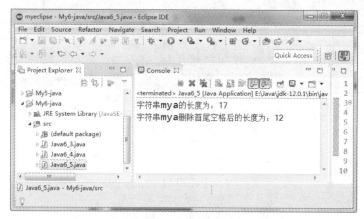

图 6.11　删除字符串的首尾空格

6.1.6　从字符串中获取部分字符串

利用 String 类的 substring() 方法可以从字符串中获取部分字符串，其语法格式如下：

```
mystr1.substring(int beginIndex);
或
mystr1.substring(int beginIndex, int endIndex);
```

如果只有一个参数，就是指定获取字符串的开始位置，结束位置为字符串中的最后一个字符。

如果有两个参数，第一个参数指定获取字符串的开始位置；第二个参数指定获取字符串的结束位置。

双击桌面上的 Eclipse 快捷图标，就可以打开软件。选择 My6-java 中的"src"，然后单击鼠标右键，在弹出的右键菜单中单击"New/Class"命令，弹出"New Java Class"对话框，如图 6.12 所示。

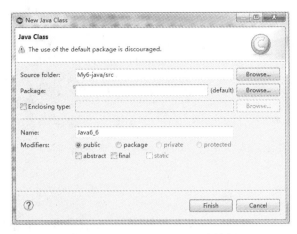

图 6.12　New Java Class 对话框

在这里设置类名为"Java6_6"，然后单击"Finish"按钮，就会生成 Java6_6.java 文件，然后输入如下代码：

```java
public class Java6_6
{
    public static void main(String[] args)
    {
        String mya = "http://www.163.com" ;
        System.out.println("substring(0) 结果: "+mya.substring(0));
        System.out.println("substring(7) 结果: "+mya.substring(7));
        System.out.println("substring(7) 结果: "+mya.substring(11));
        System.out.println("substring(7) 结果: "+mya.substring(15));
        System.out.println("substring(0,7) 结果: "+mya.substring(0,7));
        System.out.println("substring(0,7) 结果: "+mya.substring(7,15));
    }
}
```

单击菜单栏中的"Run/Run"命令（快捷键：Ctrl+F11），就可以编译并运行代码，如图 6.13 所示。

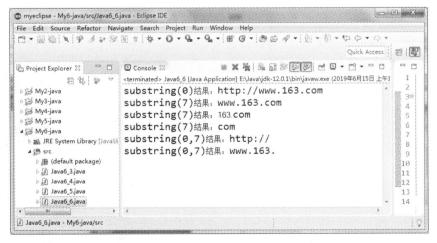

图 6.13　从字符串中获取部分字符串

6.1.7 分割字符串

利用 String 类的 spilt() 方法可以分割字符串，其语法格式如下：

```
mystr1.spilt(String sign);
或
mystr1.substring(String sign, int limit);
```

mystr1 为需要分割的目标字符串；sign 为指定的分割符，可以是任意字符串；limit 表示分割后生成的字符串的限定个数，如果不指定，则表示不限定，直到将整个目标字符串完全分割为止。

双击桌面上的 Eclipse 快捷图标，就可以打开软件。选择 My6-java 中的"src"，然后单击鼠标右键，在弹出的右键菜单中单击"New/Class"命令，弹出"New Java Class"对话框，如图 6.14 所示。

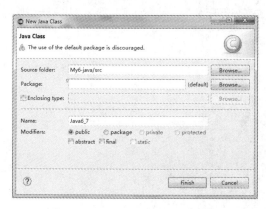

图 6.14　New Java Class 对话框

在这里设置类名为"Java6_7"，然后单击"Finish"按钮，就会生成 Java6_7.java 文件，然后输入如下代码：

```java
public class Java6_7
{
    public static void main(String[] args)
    {
        String Colors="Red,Black,White,Yellow,Blue";
        String[] arr1=Colors.split(",");                // 不限定元素个数
        String[] arr2=Colors.split(",",4);              // 限定元素个数为 3
        System.out.println(" 不限定元素个数后的分割结果如下：");
        for(int i=0;i<arr1.length;i++)
        {
            System.out.println(arr1[i]);
        }
        System.out.println(" 限定元素个数后的分割结果如下：");
        for(int j=0;j<arr2.length;j++)
        {
            System.out.println(arr2[j]);
        }
    }
}
```

单击菜单栏中的"Run/Run"命令（快捷键：Ctrl+F11），就可以编译并运行代码，

如图 6.15 所示。

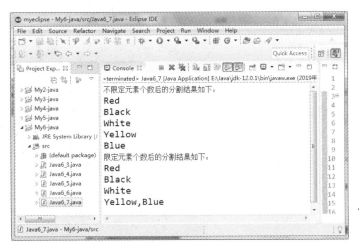

图 6.15　分割字符串

6.1.8　字符串的比较

在 Java 中，字符串的比较常用的方法有两种，分别是 equals() 方法、equalsIgnoreCase() 方法。

equals() 方法，其语法格式如下：

```
mystr1.equals(mystr2);
```

equalsIgnoreCase() 方法，其语法格式如下：

```
mystr1.equalsIgnoreCase(mystr2);
```

需要注意的是，两个方法的区别是，equals() 方法在比较字符串时区分大小写；而 equalsIgnoreCase() 方法在比较字符串时不区分大小写。

双击桌面上的 Eclipse 快捷图标，就可以打开软件。选择 My6-java 中的 "src"，然后单击鼠标右键，在弹出的右键菜单中单击 "New/Class" 命令，弹出 "New Java Class" 对话框，如图 6.16 所示。

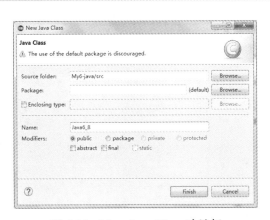

图 6.16　New Java Class 对话框

在这里设置类名为 "Java6_8"，然后单击 "Finish" 按钮，就会生成 Java6_8.java 文件，然后输入如下代码：

```
import java.util.Scanner;
public class Java6_8
{
    public static void main(String[] args)
    {
            String myname="Admin" ;
            String mypwd = "admin888" ;
            Scanner  myinput = new Scanner(System.in);
            System.out.print("请输入用户名: ") ;
            String iname =myinput.next() ;
            System.out.print("请输入密码: ") ;
            String ipwd = myinput.next();
            if (myname.equals(iname))
            {
                    System.out.println("用户名正确（大小写也一样）！");
            }
            else
            {
                    System.out.println("用户名不正确（可能因为大小写不一样）！");
            }
            if(mypwd.equalsIgnoreCase(ipwd))
            {
                    System.out.println("密码正确（不区分大小写）！");
            }
            else
            {
                    System.out.println("密码不正确！");
            }
    }
}
```

单击菜单栏中的"Run/Run"命令（快捷键：Ctrl+F11），就可以编译并运行代码，
提醒"请输入用户名"，只要输入"Admin"，才是正确的，否则都会显示"用户名不正
确"，注意用户名是区分大小写的。

输入用户名后，回车，又提醒"请输入密码"，密码为"admin888"，注意密码的
比较不区分大小写。在这里用户名输入"admin"，密码输入"ADMIN888"，然后回车，
效果如图 6.17 所示。

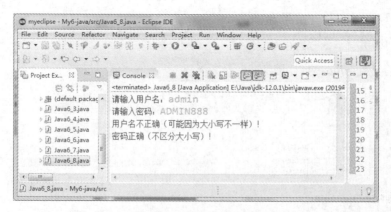

图 6.17　字符串的比较

6.1.9　字符串的查找

字符串的查找有两个方式，分别是在字符串中获取匹配字符（串）的索引值、在字符串中获取指定索引位置的字符。

1. 在字符串中获取匹配字符（串）的索引值

在字符串中获取匹配字符（串）的索引值，有两个方法，分别是 indexOf() 方法和 lastIndexOf() 方法。

indexOf() 方法用于返回字符（串）在指定字符串中首次出现的索引位置，如果能找到，则返回索引值，否则返回 −1，其语法格式如下：

mystr1.indexOf(value)

```
mystr1.indexOf(value,int fromIndex)
```

其中，mystr1 表示指定字符串；value 表示待查找的字符（串）；fromIndex 表示查找时的起始索引，如果不指定 fromIndex，则默认从指定字符串中的开始位置（即 fromIndex 默认为 0）开始查找。

lastIndexOf() 方法用于返回字符（串）在指定字符串中最后一次出现的索引位置，如果能找到则返回索引值，否则返回 −1，其语法格式如下：

```
mystr1.lastIndexOf(value)
mystr1.lastIndexOf(value,int fromIndex)
```

lastIndexOf() 方法的查找策略是从右往左查找，如果不指定起始索引，则默认从字符串的末尾开始查找。

双击桌面上的 Eclipse 快捷图标，就可以打开软件。选择 My6-java 中的 "src"，然后单击鼠标右键，在弹出的右键菜单中单击 "New/Class" 命令，弹出 "New Java Class" 对话框，如图 6.18 所示。

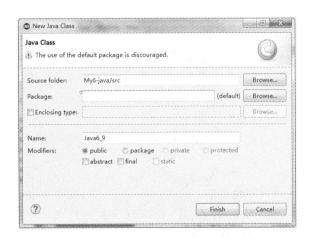

图 6.18　New Java Class 对话框

在这里设置类名为"Java6_9",然后单击"Finish"按钮,就会生成 Java6_9.java 文件,然后输入如下代码:

```java
public class Java6_9
{
    public static void main(String[] args)
    {
            String myw = "twenty,thirty,forty,fifty,sixty";
            System.out.println(" 初始字符串是: "+myw) ;
            System.out.println("indexOf(\"ty\") 的值: "+myw.indexOf("ty"));
            System.out.println("indexOf(\"ty\",7) 的值: "+myw.indexOf("ty",7));
            System.out.println("indexOf(\"t\") 的值: "+myw.indexOf("t"));
            System.out.println("indexOf(\"t\",12) 的值: "+myw.indexOf("t",12));
            System.out.println("lastIndexOf(\"ty\") 的 值: "+myw.lastIndexOf
("ty"));
            System.out.println("lastIndexOf(\"ty\",7) 的 值: "+myw.lastIndexOf
("ty",7));
            System.out.println("lastIndexOf(\"f\") 的值: "+myw.lastIndexOf("f"));
            System.out.println("lastIndexOf(\"f\",18) 的 值: "+myw.lastIndexOf
("f",18));
    }
}
```

单击菜单栏中的"Run/Run"命令(快捷键:Ctrl+F11),就可以编译并运行代码,如图 6.19 所示。

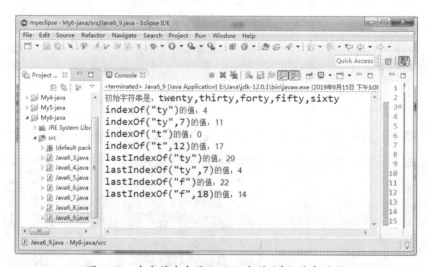

图 6.19　在字符串中获取匹配字符(串)的索引值

2. 在字符串中获取指定索引位置的字符

利用 String 类的 charAt() 方法可以在字符串中获取指定索引位置的字符,其语法格式如下:

```java
mystr1.charAt(int index);
```

双击桌面上的 Eclipse 快捷图标,就可以打开软件。选择 My6-java 中的"src",然后单击鼠标右键,在弹出的右键菜单中单击"New/Class"命令,弹出"New Java Class"对话框,如图 6.20 所示。

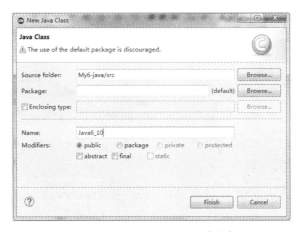

图 6.20   New Java Class 对话框

在这里设置类名为"Java6_10"，然后单击"Finish"按钮，就会生成 Java6_10.java 文件，然后输入如下代码：

```
import java.util.Scanner;
public class Java6_10
{
    public static void main(String[] args)
    {
        Scanner  myinput = new Scanner(System.in) ;
        System.out.print("请输入要保存的 word 文件名：") ;
        String  filename = myinput.next();
        int myx = filename.indexOf('.') ;  // 获取 "." 所在的位置
        if (myx!=-1 && filename.charAt(myx+1)=='d'
                        && filename.charAt(myx+2)=='o'
                        && filename.charAt(myx+3)=='c')
        {
            System.out.println("文件名后缀正确，可以保存文件！") ;
        }
        else
        {
            System.out.println("文件名后缀不正确，后缀应该是 doc，请重新输入！") ;
        }
    }
}
```

要保存 word 文件，后缀就必须是 .doc，即"."后面的三个字符必须是 doc。在这里利用 indexOf() 函数获取"."所在的位置，然后再判断其后三个字符是否是 doc。

单击菜单栏中的"Run/Run"命令（快捷键：Ctrl+F11），就可以编译并运行代码，提醒"输入要保存的 word 文件名"。如果输入的文件名后缀是 .doc，就会显示"文件名后缀正确，可以保存文件！"；如果输入的文件名后缀不是 .doc，就会显示"文件名后缀不正确，后缀应该是 doc，请重新输入！"，如图 6.21 所示。

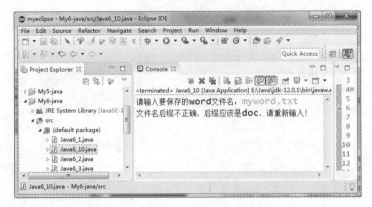

图 6.21　String 类的 charAt() 方法

6.1.10　字符串的替换

在 Java 中，字符串的替换主要有两个方法，分别是 replace() 方法和 replaceFirst() 方法。

replace() 方法可以将目标字符串中的指定字符（串）替换成新的字符（串），其语法格式如下：

```
mystr1.replace(String oldChar, String newChar) ;
```

replaceFirst() 方法可以将目标字符串中指定的第一个字符（串）替换成新的字符（串），其语法格式如下：

```
mystr1.replaceFirst(String oldChar, String newChar) ;
```

双击桌面上的 Eclipse 快捷图标，就可以打开软件。选择 My6-java 中的"src"，然后单击鼠标右键，在弹出的右键菜单中单击"New/Class"命令，弹出"New Java Class"对话框，如图 6.22 所示。

在这里设置类名为"Java6_11"，然后单击"Finish"按钮，就会生成 Java6_11.java 文件，然后输入如下代码：

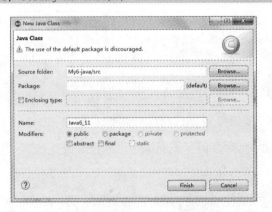

图 6.22　New Java Class 对话框

```
public class Java6_11
{
    public static void main(String[] args)
    {
            String  mytext = "按应用范围来分，Java 可分为 3 个体系，分别是 Java SE、
Java EE 和 Java ME.";
```

```
                System.out.println(" 初始的字符串内容: \n"+mytext+"\n\n") ;
                System.out.println(" 利用 replaceFirst() 方法只替换第一个字符或字符串:
\n"+mytext.replaceFirst("Java", "Python")) ;
                System.out.println("\n\n 利用 replace() 方法替换字符或字符串: \n"+mytext.
replace("Java", "Python")) ;
        }
    }
```

单击菜单栏中的"Run/Run"命令（快捷键：Ctrl+F11），就可以编译并运行代码，如图 6.23 所示。

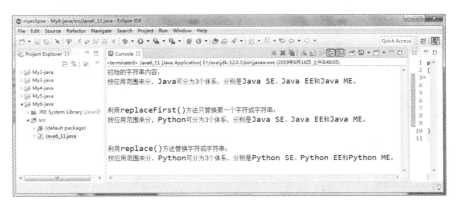

图 6.23　字符串的替换

6.2　StringBuffer 类

StringBuffer 类是可变字符串类，创建 StringBuffer 类的对象后可以随意修改字符串的内容，所以 StringBuffer 类可以比 String 类更高效地处理字符串。

> 提醒：每个 StringBuffer 类的对象都能够存储指定容量的字符串，如果字符串的长度超过了 StringBuffer 类对象的容量，则该对象的容量会自动扩大。

6.2.1　向 StringBuffer 类中添加内容

利用 StringBuffer 类的 append() 方法可以向已定义的字符串中添加内容，其语法格式如下：

```
    mybuffer.append(String  mystr) ;
```

在 mybuffer 字符串末尾添加 mystr 内容，与字符串的连接相似。

双击桌面上的 Eclipse 快捷图标，就可以打开软件。选择 My6-java 中的"src"，然后单击鼠标右键，在弹出的右键菜单中单击"New/Class"命令，弹出"New Java Class"对话框，如图 6.24 所示。

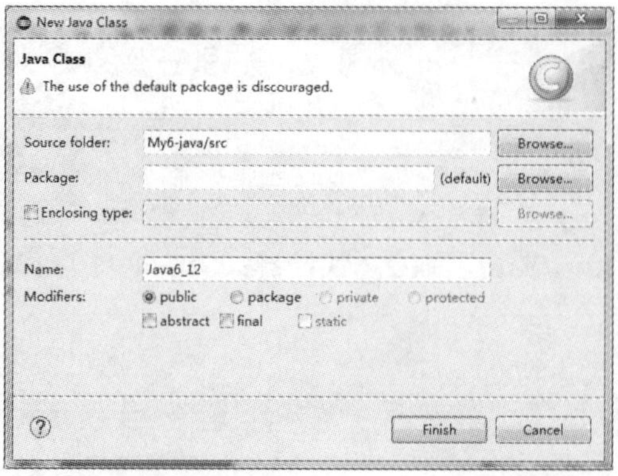

图 6.24　New Java Class 对话框

在这里设置类名为"Java6_12"，然后单击"Finish"按钮，就会生成 Java6_12.java 文件，然后输入如下代码：

```
import java.util.Scanner;
public class Java6_12
{
    public static void main(String[] args)
    {
        StringBuffer  mybuffer = new StringBuffer() ;
        Scanner myinput = new Scanner(System.in) ;
        System.out.println("请输入你喜欢的 4 种编程语言：") ;
        String iname = "" ;
        for(int i=0;i<4;i++)
        {
            iname = myinput.next() ;
            mybuffer.append(iname+"\t");
        }
        System.out.println("你喜欢的 4 种编程语言："+mybuffer) ;
    }
}
```

单击菜单栏中的"Run/Run"命令（快捷键：Ctrl+F11），就可以编译并运行代码，提醒"请输入你喜欢的 4 种编程语言"，在这里输入 Java、C、C++、Python，然后回车，如图 6.25 所示。

图 6.25　向已定义的字符串中添加内容

6.2.2　反转字符串和替换字符串

利用 StringBuffer 类的 reverse() 方法可以反转字符串，其语法格式如下：

```
mybuffer.reverse() ;
```

利用 StringBuffer 类的 setCharAt() 方法可以在字符串的指定索引位置替换一个字符，其语法格式如下：

```
mybuffer.setCharAt(int index, char ch);
```

双击桌面上的 Eclipse 快捷图标，就可以打开软件。选择 My6-java 中的"src"，然后单击鼠标右键，在弹出的右键菜单中单击"New/Class"命令，弹出"New Java Class"对话框，如图 6.26 所示。

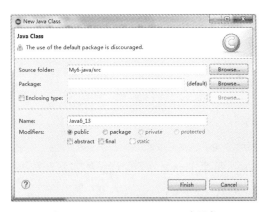

图 6.26　New Java Class 对话框

在这里设置类名为"Java6_13"，然后单击"Finish"按钮，就会生成 Java6_13.java 文件，然后输入如下代码：

```
public class Java6_13
{
    public static void main(String[] args)
    {
        StringBuffer  mybuffer = new StringBuffer("hello,java") ;
        System.out.println("字符串mybuffer的初始内容: "+mybuffer) ;
        //修改第一个字符为大字
        mybuffer.setCharAt(0,'H');
        System.out.println("修改字符串mybuffer后: "+mybuffer) ;
        //反转字符串
        mybuffer.reverse() ;
        System.out.println("反转字符串mybuffer后: "+mybuffer) ;
    }
}
```

单击菜单栏中的"Run/Run"命令（快捷键：Ctrl+F11），就可以编译并运行代码，如图 6.27 所示。

Java 从入门到精通

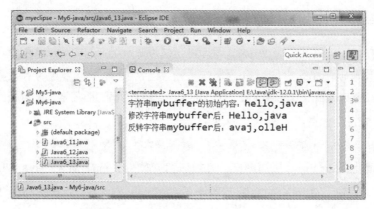

图 6.27　反转字符串和替换字符串

6.2.3　字符串的删除

在 Java 中，字符串的删除主要有两个方法，分别是 deleteCharAt() 方法和 delete() 方法。

deleteCharAt() 方法可以删除字符串中指定位置的字符，其语法格式如下：

```
mybuffer.deleteCharAt(int index);
```

delete() 方法可以删除字符串中一个或多个连续的字符，其语法格式如下：

```
mybuffer.delete(int start,int end);
```

其中，start 表示要删除字符的起始索引值（包括索引值所对应的字符），end 表示要删除字符串的结束索引值（不包括索引值所对应的字符）。

双击桌面上的 Eclipse 快捷图标，就可以打开软件。选择 My6-java 中的"src"，然后单击鼠标右键，在弹出的右键菜单中单击"New/Class"命令，弹出"New Java Class"对话框，如图 6.28 所示。

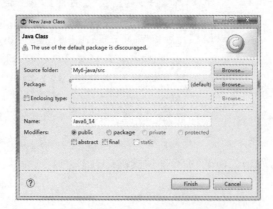

图 6.28　New Java Class 对话框

在这里设置类名为"Java6_14"，然后单击"Finish"按钮，就会生成 Java6_14.java

134 .

文件，然后输入如下代码：

```
public class Java6_14
{
    public static void main(String[] args)
    {
        StringBuffer  mybuffer = new StringBuffer("hello,java") ;
        System.out.println("字符串 mybuffer 的初始内容: "+mybuffer) ;
        //删除第一个字符
        mybuffer.deleteCharAt(0);
        System.out.println("利用 deleteCharAt() 方法删除字符后: "+mybuffer) ;
        //删除第 5 到第 7 个字符
        mybuffer.delete(5, 8);
        System.out.println("利用 delete() 方法删除字符后: "+mybuffer) ;
    }
}
```

单击菜单栏中的"Run/Run"命令（快捷键：Ctrl+F11），就可以编译并运行代码，如图 6.29 所示。

图 6.29　字符串的删除

6.3　如何使用正则表达式来操作字符串

正则表达式，又称规则表达式，是一种可以用于模式匹配和替换的规则，一个正则表达式就是由普通的字符（如字符 a~z）以及特殊字符（元字符）组成的文字模式，它用于描述在查找文字主体时待匹配的一个或多个字符串。

6.3.1　元字符

元字符就是指那些在正则表达式中具有特殊意义的专用字符，可以用来规定其前导字符（即位于元字符前面的字符）在目标对象中的出现模式。例如，"\\d"表示 0~9 的任何一个数字，"\d"就是元字符。正则表达式中有多种元字符，常用的元字符如表 6.1 所示。

表 6.1　常用的元字符

元字符	正则表达式的写法	意义
.	". "	代表任意一个字符
\d	"\\d"	代表 0~9 的任何一个数字
\D	"\\D"	代表任何一个非数字字符
\s	"\\s"	代表空白字符，如 "\t" 和 "\n"
\S	"\\S"	代表非空白字符
\W	"\\W"	代表不可用于标识符的字符
\p {Lower}	\\p {Lower}	代表小写字母 {a~z}
\p {Upper}	\\p {Upper}	代表大写字母 {A~Z}
\p {ASCII}	\\p {ASCII}	ASCII 字符
\p {Alpha}	\\p {Alpha}	字母字符
\p {Digit}	\\p {Digit}	十进制数字，即 [0~9]
\p {Alnum}	\\p {Alnum}	数字或字母字符
\p {Punct}	\\p {Punct}	标点符号
\p {Graph}	\\p {Graph}	可见字符
\p {Print}	\\p {Print}	可打印字符
\p {Blank}	\\p {Blank}	空格或制表符：[\t]
\p {Cntrl}	\\p {Cntrl}	控制字符：[\x00-\x1F\x7F]

在正则表达式中，可以使用方括号括起来若干个字符来表示一个元字符。这个元字符可以代表方括号中的任何一个字符，例如字符串 "reg= "a6"" "reg= "b6"" 和 "reg= "c6"" 都是与 "reg= "[abc]6"" 匹配的字符串。

6.3.2　限定符

限定符用来指定正则表达式的一个给定组件必须要出现多少次才能满足匹配。限定符共有 6 种，具体如下：

?：表示前面的子表达式出现 0 次或者 1 次，例如 ro(s)?t，可以匹配 rot、rost、roster 等。ro(s)t 相当于是 /rot/ 和 /rost/，即包含 rot 或者 rost 的字符串都能匹配。

*：表示前面的子表达式出现 0 次或者 1 次或者多次，例如 ro*t，可以匹配 rot、root、roat、roost 等。

+：表示前面的子表达式出现一次或者多次，例如 abc+，可以匹配 abc123、abcabc123。

{n}：表示前面的子表达式出现 n 次。

{n,}：表示前面的子表达式至少出现 n 次。

{n,m}：表示前面的子表达式至少出现 n 次，至多出现 m 次。

6.3.3 实例：动态输入正确的电话号码

双击桌面上的 Eclipse 快捷图标，就可以打开软件。选择 My6-java 中的"src"，
然后单击鼠标右键，在弹出的右键菜单中单击"New/Class"命令，弹出"New Java
Class"对话框，如图 6.30 所示。

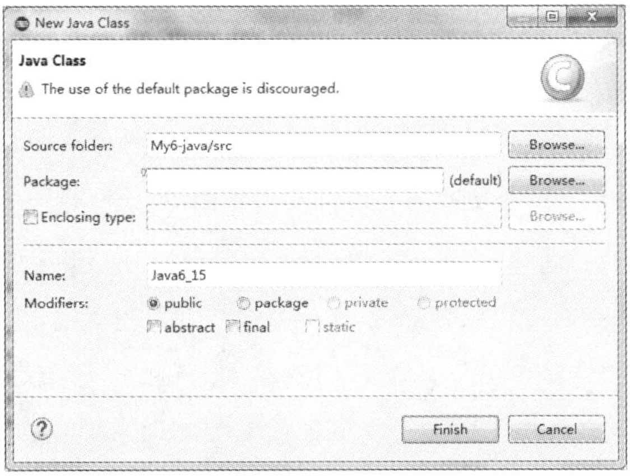

图 6.30　New Java Class 对话框

在这里设置类名为"Java6_15"，然后单击"Finish"按钮，就会生成 Java6_15.java
文件，然后输入如下代码：

```java
import java.util.Scanner;
import java.util.regex.Pattern;
import java.util.regex.Matcher;
public class Java6_15
{
    public static void main(String[] args)
    {
        String myr="0\\d{2,3}[-]?\\d{7,8}|0\\d{2,3}\\s?\\d{7,8}";
        String answer="y";
    Scanner myinput=new Scanner(System.in);
        do
        {
        System.out.print("请输入你的固定联系方式：");
        String myphone = myinput.next();           // 动态输入的电话号码
        Pattern myp = Pattern.compile(myr);         // 编译正则表达式
        Matcher mym = myp.matcher(myphone);
                        // 创建给定输入模式的匹配器
        boolean bool= mym.matches();
        if(bool)
        { // 如果验证通过
            System.out.println("输入的电话号码格式正确！");
        }
        else
        {
            System.out.println("输入的电话号码无效，格式不正确！");
        }
        System.out.print("是否继续输入？（Y/N 或者 y/n）");
```

```
                answer=myinput.next();
        }while(answer.equalsIgnoreCase("y"));
        System.out.println(" 程序结束! ");
    }
}
```

要编译正则表达式，需要使用 java.util.regex.Pattern 类；要创建给定输入模式的匹配器，需要使用 java.util.regex.Matcher 类；要实现动态输入，需要使用 java.util.Scanner 类，所以要导入这三个类。

下面再来看一下编写的正则表达式，具体如下：

```
String myr="0\\d{2,3}[-]?\\d{7,8}|0\\d{2,3}\\s?\\d{7,8}";
```

区号是以 0 开头的，后面是 2~3 位数，因此在匹配区号的时候可以使用正则表达式 0\\d{2,3}。

固定电话号码由 7~8 位数字组成，因此可以使用表达式 \\d{7,8} 来进行匹配。固定电话的组合方式可能是"区号 – 号码"或者是"区号号码"，因此匹配固定电话号码时，可以使用"0\\d{2,3}[-]?\\d{7,8}|0\\d{2,3}\\s?\\d{7,8}"表达式。

单击菜单栏中的"Run/Run"命令（快捷键：Ctrl+F11），就可以编译并运行代码，提醒"请输入你的固定联系方式"，在这里假如输入 0532-86673509，然后回车，如图 6.31 所示。

图 6.31　输入你的固定联系方式

由于输入的电话号码符合正则表达式，所以显示"输入的电话号码格式正确"，然后又提醒"是否继续输入？（Y/N 或者 y/n）"，如果输入 y 或 Y，然后回车，可以继续输入电话号码。输入电话号码后，回车，就可以判断电话号码格式是否正确，然后又提醒"是否继续输入？（Y/N 或者 y/n）"，如果输入 y 或 Y，然后回车，可以继续输入电话号码。就这样，可以反复输入电话号码并进行判断，如图 6.32 所示。

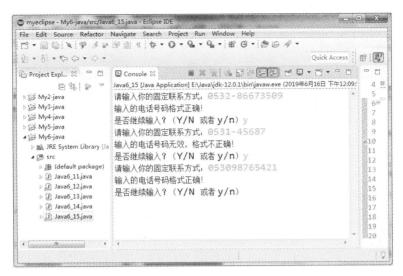

图 6.32　反复输入电话号码并进行判断

如果输入 n 或 N，然后回车，就会结束程序。

第 7 章

Java 程序设计的数字和日期应用

在 Java 中，Math 类包含了用于执行基本数学运算的属性和方法，如指数、对数、平方根和三角方法；Date 类和 Calendar 类用于操作日期时间。

本章主要内容包括：

➤ Math 类的两个属性

➤ Math 类的常用数学运算方法

➤ Math 类的三角运算方法

➤ Math 类的 random() 方法

➤ Math 类的指数运算方法

➤ 时间戳

➤ Date 类的两个构造方法

➤ Date 类的常用方法

➤ 使用 SimpleDateFormat 格式化

➤ Calendar 类

7.1　Math 类

Math 类的方法都被定义为 static 形式，通过 Math 类可以在主方法中直接调用。

7.1.1　Math 类的两个属性

Math 类的两个属性分别是 E 和 PI，其中 E 用于记录 e 的常量，而 PI 用于记录圆周率的值。

双击桌面上的 Eclipse 快捷图标，就可以打开软件，然后单击菜单栏中的"File/New/Java Project"命令，弹出"New Java Project"对话框，如图 7.1 所示。

在这里设置项目名为"My7-java"，然后单击"Finish"按钮，就可以创建 My7-java 项目。

选择 My7-java 中的"src"，然后单击鼠标右键，在弹出的右键菜单中单击"New/Class"命令，弹出"New Java Class"对话框，如图 7.2 所示。

图 7.1　New Java Project 对话框

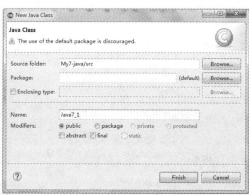

图 7.2　New Java Class 对话框

在这里设置类名为"Java7_1"，然后单击"Finish"按钮，就会生成 Java7_1.java 文件，然后输入如下代码：

```
public class Java7_1
{
    public static void main(String[] args)
    {
        System.out.println("Math 类的两个属性，具体如下：") ;
        System.out.println("e 的常量值："+Math.E);
        System.out.println("pi 的常量值："+Math.PI);
```

```
    }
}
```

单击菜单栏中的"Run/Run"命令（快捷键：Ctrl+F11），就可以编译并运行代码，效果如图 7.3 所示。

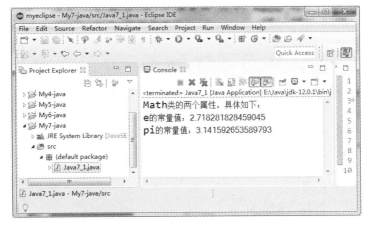

图 7.3　Math 类的两个属性

7.1.2　Math 类的常用数学运算方法

Math 类的常用数学运算方法，具体如下：

1. abs() 方法

利用 Math 类的 abs() 方法可以得到参数的绝对值，参数可以是 int、float、double、long 等类型，该方法的语法格式如下：

```
double abs(double d)
float abs(float f)
int abs(int i)
long abs(long lng)
```

2. max() 方法

利用 Math 类的 max() 方法可以得到两个参数中的最大值，该方法的语法格式如下：

```
double max(double arg1, double arg2)
float max(float arg1, float arg2)
int max(int arg1, int arg2)
long max(long arg1, long arg2)
```

3. min() 方法

利用 Math 类的 min() 方法可以得到两个参数中的最小值，该方法的语法格式如下：

```
double min(double arg1, double arg2)
float min(float arg1, float arg2)
int min(int arg1, int arg2)
long min(long arg1, long arg2)
```

4. ceil() 方法

Math 类的 ceil() 方法可以对一个浮点数进行上舍入，返回值大于或等于给定的参数，该方法的语法格式如下：

```
double ceil(double d)
double ceil(float f)
```

5. floor() 方法

Math 类的 floor() 方法可以对一个浮点数进行下舍入，返回值小于或等于给定的参数，该方法的语法格式如下：

```
double floor(double d)
double floor(float f)
```

6. rint() 方法

Math 类的 rint() 方法可以返回最接近参数的整数值。如果有两个同样接近的整数，则结果取偶数，该方法的语法格式如下：

```
double rint(double d)
```

7. round() 方法

Math 类的 round() 方法可以返回一个最接近的 int、long 型值，四舍五入，该方法的语法格式如下：

```
long round(double d)
int round(float f)
```

双击桌面上的 Eclipse 快捷图标，就可以打开软件。选择 My7-java 中的 "src"，然后单击鼠标右键，在弹出的右键菜单中单击 "New/Class" 命令，弹出 "New Java Class" 对话框，如图 7.4 所示。

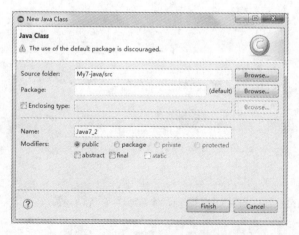

图 7.4　New Java Class 对话框

在这里设置类名为 "Java7_2"，然后单击 "Finish" 按钮，就会生成 Java7_2.java

文件，然后输入如下代码：

```
public class Java7_2
{
    public static void main(String[] args)
    {
            System.out.println("Math.max(12.5, 18.9)="+Math.max(12.5, 18.9));
        System.out.println("Math.min(12.5, 18.9)="+Math.min(12.5, 18.9));
        System.out.println("Math.abs(-16)= "+Math.abs(-16));
        System.out.println("Math.ceil(5.6)= "+Math.ceil(5.6));
        System.out.println("Math.floor(5.6)= "+Math.floor(5.6));
        System.out.println("Math.round(5.6)= "+Math.round(5.6));
        System.out.println("Math.rint(5.6)= "+Math.rint(5.6));
    }
}
```

单击菜单栏中的"Run/Run"命令（快捷键：Ctrl+F11），就可以编译并运行代码，效果如图 7.5 所示。

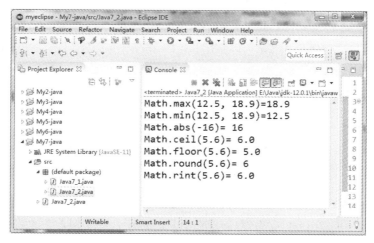

图 7.5　Math 类的常用数学运算方法

7.1.3　Math 类的三角运算方法

Math 类的三角运算方法，具体如下：

1. sin() 方法

Math 类的 sin() 方法可以返回指定 double 类型参数的正弦值，其语法格式如下：

```
double sin(double d)
```

2. cos() 方法

Math 类的 cos() 方法可以返回指定 double 类型参数的余弦值，其语法格式如下：

```
double cos(double d)
```

3. tan() 方法

Math 类的 tan() 方法可以返回指定 double 类型参数的正切值，其语法格式如下：

```
double tan(double d)
```

4. asin() 方法

Math 类的 asin() 方法可以返回指定 double 类型参数的反正弦值，其语法格式如下：

```
double asin(double d)
```

5. acos() 方法

Math 类的 acos() 方法可以返回指定 double 类型参数的反余弦值，其语法格式如下：

```
double acos(double d)
```

6. atan() 方法

Math 类的 atan() 方法可以返回指定 double 类型参数的反正切值，其语法格式如下：

```
double atan(double d)
```

7. toDegrees() 方法

Math 类的 toDegrees() 方法可以将用弧度表示的角转换为近似相等的用角度表示的角，其语法格式如下：

```
double toDegrees(double d)
```

8. toRadians() 方法

Math 类的 toRadians() 方法可以将用角度表示的角转换为近似相等的用弧度表示的角，其语法格式如下：

```
double toRadians(double d)
```

双击桌面上的 Eclipse 快捷图标，就可以打开软件。选择 My7-java 中的"src"，然后单击鼠标右键，在弹出的右键菜单中单击"New/Class"命令，弹出"New Java Class"对话框，如图 7.6 所示。

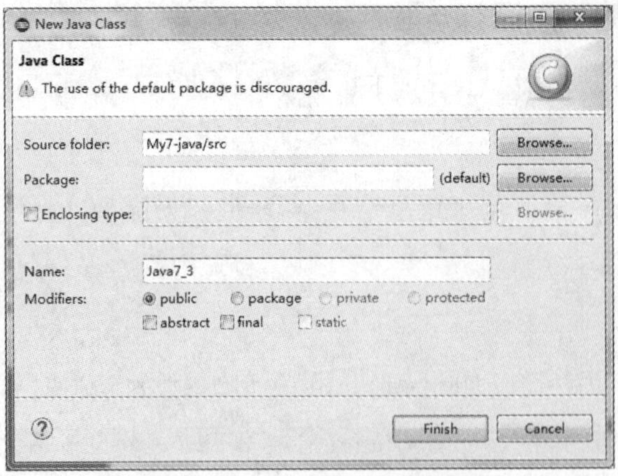

图 7.6　New Java Class 对话框

在这里设置类名为"Java7_3",然后单击"Finish"按钮,就会生成 Java7_3.java 文件,然后输入如下代码:

```
public class Java7_3
{
    public static void main(String[] args)
    {
            double degrees = 30.0;
            // 把度数转化为弧度
        double radians = Math.toRadians(degrees);
            System.out.println("30度的正弦值: "+Math.sin(radians));
            System.out.println("30度的余弦值: "+Math.cos(radians));
            System.out.println("30度的正切值: "+Math.tan(radians));
            System.out.println("0.5的反正弦值: "+Math.asin(0.5));
            System.out.println("0.5的反余弦值: "+Math.acos(0.5));
            System.out.println("0.5的反正切值: "+Math.atan(0.5));
            System.out.println("0.5弧度转化为角度是: "+Math.toDegrees(0.5));
    }
}
```

单击菜单栏中的"Run/Run"命令(快捷键:Ctrl+F11),就可以编译并运行代码,效果如图 7.7 所示。

图 7.7　Math 类的三角运算方法

7.1.4　Math 类的 random() 方法

利用 Math 类的 random() 方法可以产生一个 0~1 之间的随机数,注意可以为 0,但不能为 1,其语法格式如下:

```
static double random()
```

双击桌面上的 Eclipse 快捷图标,就可以打开软件。选择 My7-java 中的"src",然后单击鼠标右键,在弹出的右键菜单中单击"New/Class"命令,弹出"New Java Class"对话框,如图 7.8 所示。

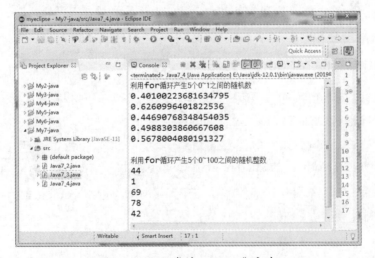

图 7.8　New Java Class 对话框

在这里设置类名为"Java7_4"，然后单击"Finish"按钮，就会生成 Java7_4.java 文件，然后输入如下代码：

```java
public class Java7_4
{
    public static void main(String[] args)
    {
        System.out.println(" 利用 for 循环产生 5 个 0~1 之间的随机数 ");
        for(int i=0;i<5;i++)
        {
            System.out.println(Math.random()) ;
        }
    System.out.println("\n 利用 for 循环产生 5 个 0~100 之间的随机整数 ");
        for(int i=0;i<5;i++)
        {
            System.out.println((int)(Math.random()*100)) ;
        }
    }
}
```

单击菜单栏中的"Run/Run"命令（快捷键：Ctrl+F11），就可以编译并运行代码，效果如图 7.9 所示。

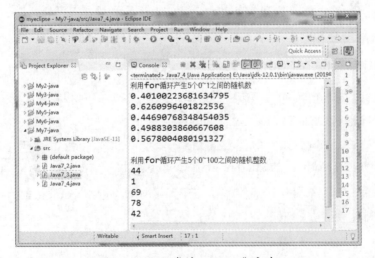

图 7.9　Math 类的 random() 方法

7.1.5　Math 类的指数运算方法

Math 类的指数运算方法，具体如下：

1. exp() 方法

Math 类的 exp() 方法返回自然数底数 e 的参数次方，其语法格式如下：

```
double exp(double d)
```

2. pow() 方法

Math 类的 pow() 方法返回第一个参数的第二个参数次方，其语法格式如下：

```
double pow(double base, double exponent)
```

3. sqrt() 方法

Math 类的 sqrt() 方法返回参数的算术平方根，其语法格式如下：

```
double sqrt(double d)
```

4. cbrt() 方法

Math 类的 cbrt() 方法返回参数的算术立方根，其语法格式如下：

```
double cbrt(double d)
```

5. log() 方法

Math 类的 log() 方法返回参数的自然对数，其语法格式如下：

```
double log(double d)
```

6. log10() 方法

Math 类的 log10() 方法返回以 10 为底参数的对数，其语法格式如下：

```
double log10(double d)
```

双击桌面上的 Eclipse 快捷图标，就可以打开软件。选择 My7-java 中的"src"，然后单击鼠标右键，在弹出的右键菜单中单击"New/Class"命令，弹出"New Java Class"对话框，如图 7.10 所示。

在这里设置类名为"Java7_5"，然后单击"Finish"按钮，就会生成 Java7_5.java 文件，然后输入如下代码：

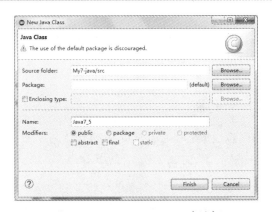

图 7.10　New Java Class 对话框

```
public class Java7_5
{
```

```
        public static void main(String[] args)
        {
                System.out.println(" 自然数底数 e 的 3 次方是: "+Math.exp(3));
                System.out.println("2 的 3 次方是: "+Math.pow(2,3));
                System.out.println("16 的平方根是: "+Math.sqrt(16));
                System.out.println("27 的立方根是: "+Math.cbrt(27));
                System.out.println("100 的自然对数是: "+Math.log(100));
                System.out.println(" 以 10 为底 100 的对数是: "+Math.log10(100));
        }
}
```

单击菜单栏中的"Run/Run"命令（快捷键：Ctrl+F11），就可以编译并运行代码，效果如图 7.11 所示。

图 7.11　Math 类的指数运算方法

7.2　Date 类

在 Java 中，Date 类封装了当前系统的日期和时间。需要注意，Java 中的日期和时间是用时间戳表示的。

7.2.1　时间戳

时间戳是指格林尼治时间 1970 年 1 月 1 日 00 时 00 分 00 秒（北京时间 1970 年 1 月 1 日 08 时 00 分 00 秒）起至现在的总秒数。通俗地讲，时间戳是能够表示一份数据在一个特定时间点已经存在的完整的可验证的数据。它的提出主要是为用户提供一份电子证据，以证明用户的某些数据的产生时间。在实际应用上，它可以使用在包括电子商务、金融活动的各个方面，尤其可以用来支持公开密钥基础设施的"不可否认"服务。

7.2.2 Date 类的两个构造方法

Date 类提供两个构造方法来实例化 Date 对象。第一个构造方法使用当前日期和时间来初始化对象，具体代码如下：

```
Date( );
```

第二个构造方法接收一个参数，该参数是从 1970 年 1 月 1 日起的毫秒数，具体代码如下：

```
Date(long millisec)
```

双击桌面上的 Eclipse 快捷图标，就可以打开软件。选择 My7-java 中的"src"，然后单击鼠标右键，在弹出的右键菜单中单击"New/Class"命令，弹出"New Java Class"对话框，如图 7.12 所示。

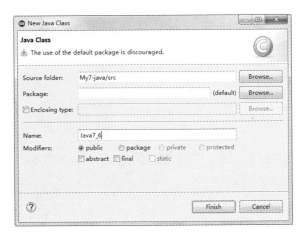

图 7.12　New Java Class 对话框

在这里设置类名为"Java7_6"，然后单击"Finish"按钮，就会生成 Java7_6.java 文件，然后输入如下代码：

```
import java.util.Date;
public class Java7_6
{
    public static void main(String[] args)
    {
            Date mynow = new Date();
            System.out.println(" 当前的日期和时间是: "+mynow) ;
    }
}
```

要使用 Date 类，就要导入 java.util.Date 类。当前的日期和时间，显示的顺序为星期、月、日、小时、分、秒、年。

单击菜单栏中的"Run/Run"命令（快捷键：Ctrl+F11），就可以编译并运行代码，效果如图 7.13 所示。

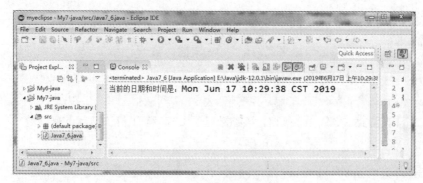

图 7.13　Date 类的构造方法

7.2.3　Date 类的常用方法

Date 类的常用方法，具体如下：

1. after() 方法

利用 Date 类的 after() 方法，可以判断参数日期是否在指定日期之后，其语法格式如下：

```
mydate1.after(mydate2) ;
```

2. before() 方法

利用 Date 类的 before() 方法，可以判断参数日期是否在指定日期之前，其语法格式如下：

```
mydate1.before(mydate2) ;
```

3. getTime() 方法

利用 Date 类的 getTime() 方法，可以获取自 1970 年 1 月 1 日 00：00：00 GMT 以来此 Date 对象表示的毫秒数，其语法格式如下：

```
mydate1.getTime() ;
```

4. toString( ) 方法

利用 Date 类的 toString( ) 方法，可以把 Date 对象转换为以下形式的 String：dow mon dd hh:mm:ss zzz yyyy。其中 dow 是一周中的某一天。toString( ) 方法的语法格式如下：

```
mydate1.toString( ) ;
```

5. equals( ) 方法

利用 Date 类的 equals( ) 方法，可以比较两个日期的相等性，其语法格式如下：

```
mydate1.equals(mydate2) ;
```

6. compareTo() 方法

利用 Date 类的 compareTo() 方法，可以比较两个日期的顺序，其语法格式如下：

```
mydate1.compareTo(mydate2) ;
```

双击桌面上的 Eclipse 快捷图标，就可以打开软件。选择 My7-java 中的 "src"，然后单击鼠标右键，在弹出的右键菜单中单击 "New/Class" 命令，弹出 "New Java Class" 对话框，如图 7.14 所示。

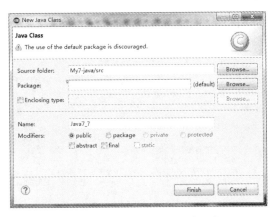

图 7.14 New Java Class 对话框

在这里设置类名为 "Java7_7"，然后单击 "Finish" 按钮，就会生成 Java7_7.java 文件，然后输入如下代码：

```
import java.util.Date;
public class Java7_7
{
    public static void main(String[] args)
    {
        Date mynow = new Date();
        long mytime = mynow.getTime() ;
        long mytime1 = mytime-600000 ;
        long mytime2 = mytime+600000 ;
        Date mynow1 = new Date(mytime1) ;
        Date mynow2 = new Date(mytime2) ;
        System.out.println(" 当前的日期和时间是: "+mynow) ;
        System.out.println(" 当前日期和时间的时间戳是: "+mytime) ;
        System.out.println("mytime1 的日期和时间是: "+mynow1.toString()) ;
        System.out.println("mytime2 的日期和时间是: "+mynow2.toString()) ;
        if  (mynow.after(mynow1))
        {
            System.out.println("mynow 表示的时间晚于 mynow1 表示的时间! ");
        }
        else
        {
            System.out.println("mynow 表示的时间早于 mynow1 表示的时间! ");
        }
        if (mynow2.before(mynow))
        {
            System.out.println("mynow2 表示的时间早于 mynow 表示的时间! ");
        }
        else
        {
```

.153

```
                        System.out.println("mynow2 表示的时间晚于 mynow 表示的时间！");
            }
            if (mynow.equals(mynow1))
            {
                        System.out.println("mynow 和 mynow1 表示的时间一样！");
            }
            else
            {
                        System.out.println("mynow 和 mynow1 表示的时间不一样！");
            }
    }
}
```

单击菜单栏中的"Run/Run"命令（快捷键：Ctrl+F11），就可以编译并运行代码，效果如图 7.15 所示。

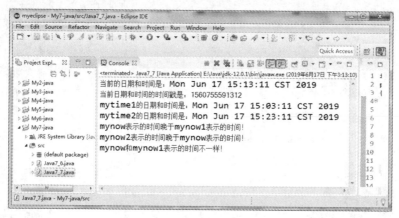

图 7.15　Date 类的常用方法

7.3　使用 SimpleDateFormat 格式化

SimpleDateFormat 是一个以语言环境敏感的方式来格式化和分析日期的类，其格式中的字母及其含义如下：

y：表示年份，一般用 yy 表示两位年份，yyyy 表示 4 位年份。

M：表示月份，一般用 MM 表示月份，如果使用 MMM，则会根据语言环境显示不同语言的月份，如 6 月。

d：表示天数，月份中的天数。一般用 dd 表示天数。

D：表示年份中的天数，即当天是当年的第几天。

E：表示星期几。

H：表示一天中的小时数（0~23）。一般用 HH 表示小时数。

h：表示一天中的小时数（1~12)。一般使用 hh 表示小时数。

m：表示分钟数。一般使用 mm 表示分钟数。

s：表示秒数。一般使用 ss 表示秒数。

S：表示毫秒数。一般使用 SSS 表示毫秒数。

双击桌面上的 Eclipse 快捷图标，就可以打开软件。选择 My7-java 中的"src"，然后单击鼠标右键，在弹出的右键菜单中单击"New/Class"命令，弹出"New Java Class"对话框，如图 7.16 所示。

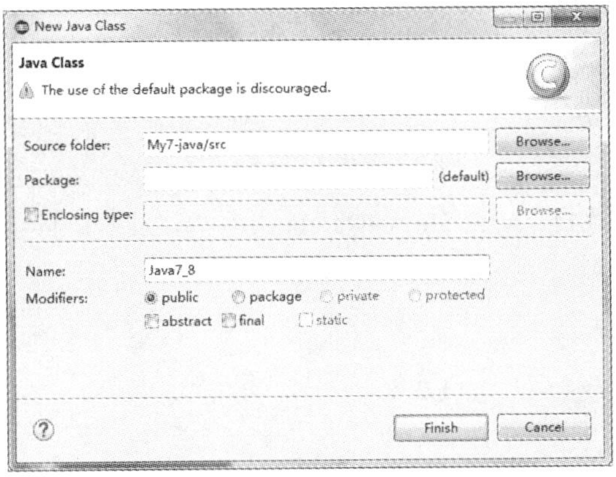

图 7.16　New Java Class 对话框

在这里设置类名为"Java7_8"，然后单击"Finish"按钮，就会生成 Java7_8.java 文件，然后输入如下代码：

```
import java.util.Date;
import java.text.SimpleDateFormat;
public class Java7_8
{
    public static void main(String[] args)
    {
        Date mynow = new Date();
        SimpleDateFormat ft1 = new SimpleDateFormat ("yyyy-MM-dd");
        System.out.println(" 当前日期： " + ft1.format(mynow));
        SimpleDateFormat ft2 = new SimpleDateFormat ("yy-MMM-dd");
        System.out.println(" 当前日期： " + ft2.format(mynow));
        SimpleDateFormat ft3 = new SimpleDateFormat ("hh:mm:ss");
        System.out.println(" 当前时间： " + ft3.format(mynow));
        SimpleDateFormat ft4 = new SimpleDateFormat ("HH:mm:ss:SSS");
        System.out.println(" 当前时间： " + ft4.format(mynow));
        SimpleDateFormat ft5 = new SimpleDateFormat ("yyyy 年 MM 月 dd 日
HH 点 mm 分 ss 秒 ");
        System.out.println(" 当前日期和时间： " + ft5.format(mynow));
        SimpleDateFormat ft6 = new SimpleDateFormat ("E");
        System.out.println(" 当前是星期几： " + ft6.format(mynow));
        SimpleDateFormat ft7 = new SimpleDateFormat ("D");
        System.out.println(" 当前是本年的第几天： " + ft7.format(mynow));
    }
}
```

要使用 SimpleDateFormat 格式化日期和时间，先要导入 java.text.SimpleDateFormat 类。单击菜单栏中的"Run/Run"命令（快捷键：Ctrl+F11），就可以编译并运行代码，效果如图 7.17 所示。

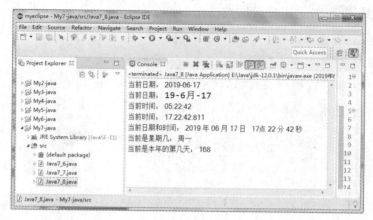

图 7.17　使用 SimpleDateFormat 格式化日期和时间

7.4　Calendar 类

Calendar 类是一个抽象类，不能使用 new 关键字来创建，需要使用 getInstance() 方法创建。创建一个代表系统当前日期的 Calendar 对象代码如下：

```
Calendar  myc = Calendar.getInstance();
```

创建一个指定日期的 Calendar 对象，代码如下：

```
// 创建一个代表 2019 年 3 月 12 日的 Calendar 对象
Calendar  myc1 = Calendar.getInstance();
myc1.set(2019, 3, 12);
```

Calendar 类中用不同的常量表示不同的意义，具体如下：

Calendar.YEAR：年份。

Calendar.MONTH：月份。

Calendar.DATE：日期。

Calendar.HOUR：12 小时制的小时。

Calendar.HOUR_OF_DAY：24 小时制的小时。

Calendar.MINUTE：分钟。

Calendar.SECOND：秒。

Calendar.DAY_OF_WEEK：星期几。

Calendar.DAY_OF_MONTH：本月的第几天。

Calendar.DAY_OF_WEEK_IN_MONTH：本周的第几天。

Calendar.DAY_OF_YEAR：本年的第几天。

双击桌面上的 Eclipse 快捷图标，就可以打开软件。选择 My7-java 中的"src"，然后单击鼠标右键，在弹出的右键菜单中单击"New/Class"命令，弹出"New Java Class"对话框，如图 7.18 所示。

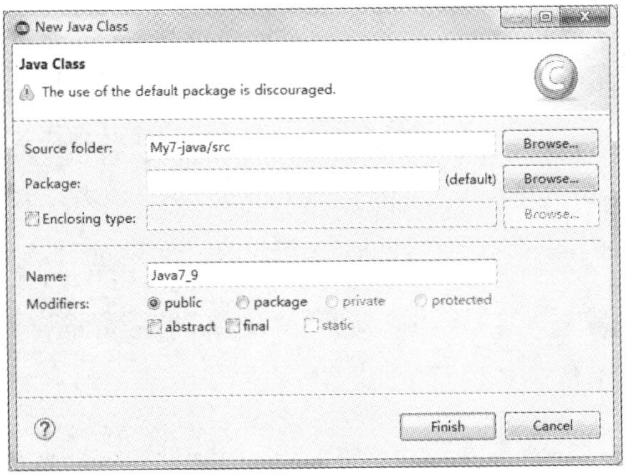

图 7.18　New Java Class 对话框

在这里设置类名为"Java7_9"，然后单击"Finish"按钮，就会生成 Java7_9.java 文件，然后输入如下代码：

```java
import java.util.Calendar;
public class Java7_9
{
    public static void main(String[] args)
    {
        Calendar  myc = Calendar.getInstance();
        int year=myc.get(Calendar.YEAR);                  // 获取当前年份
        System.out.print("现在是: "+year+" 年 ");
        int month=myc.get(Calendar.MONTH)+1;
                            // 获取当前月份（月份从 0 开始，所以加 1）
        System.out.print(month+" 月 ");
        int day=myc.get(Calendar.DATE);                   // 获取日
        System.out.print(day+" 日 ");
        int hour=myc.get(Calendar.HOUR_OF_DAY);
                            // 获取当前小时数（24 小时制）
        System.out.print(hour+" 时 ");
        int minute=myc.get(Calendar.MINUTE);              // 获取当前分钟
        System.out.print(minute+" 分 ");
        int second=myc.get(Calendar.SECOND);              // 获取当前秒数
        System.out.print(second+" 秒 ");
        int millisecond=myc.get(Calendar.MILLISECOND);    // 获取毫秒数
        System.out.print(millisecond+" 毫秒 ");
        System.out.println();
        int week=myc.get(Calendar.DAY_OF_WEEK)-1;
                            // 获取今天星期几（以星期日为第一天）
        switch(week)
        {
            case 1: System.out.println("今天是星期一 "); break ;
            case 2: System.out.println("今天是星期二 "); break ;
            case 3: System.out.println("今天是星期三 "); break ;
            case 4: System.out.println("今天是星期四 "); break ;
            case 5: System.out.println("今天是星期五 "); break ;
            case 6: System.out.println("今天是星期六 "); break ;
```

```
              default : System.out.println(" 今天是星期日 "); break ;
        }
        int dayOfMonth=myc.get(Calendar.DAY_OF_MONTH);
                        // 获取今天是本月第几天
        System.out.println(" 今天是本月的第 "+dayOfMonth+" 天 ");
        int dayOfWeekInMonth=myc.get(Calendar.DAY_OF_WEEK_IN_MONTH);
                        // 获取今天是本月第几周
        System.out.println(" 今天是本月第 "+dayOfWeekInMonth+" 周 ");
        int many=myc.get(Calendar.DAY_OF_YEAR);      // 获取今天是今年第几天
        System.out.println(" 今天是今年第 "+many+" 天 ");
    }
}
```

要使用 Calendar 类，先要导入 java.util.Calendar 类。单击菜单栏中的"Run/Run"命令（快捷键：Ctrl+F11），就可以编译并运行代码，效果如图 7.19 所示。

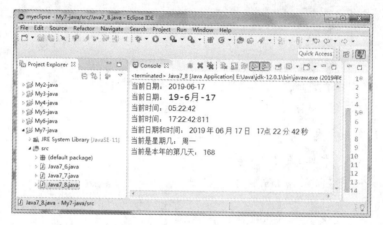

图 7.19　使用 SimpleDateFormat 格式化日期和时间

第 8 章
Java 程序设计的类和对象

Java 是面向对象的高级编程语言，类和对象是 Java 程序的构成核心。面向对象开发模式更有利于人们开拓思维，在具体的开发过程中便于程序的划分，方便程序员分工合作，提高开发效率。

本章主要内容包括：

➤ 什么是类和对象

➤ 面向对象程序设计的优点和特点

➤ 类的定义

➤ 对象的创建、初始化及显示

➤ 类成员的访问权限 public、private、protected

➤ 类的构造方法

➤ 成员方法的语法格式

➤ 成员方法的定义与调用

➤ 成员方法的递归调用和可变参数

➤ 包的作用和系统包

➤ 自定义包

8.1 面向对象概述

面向对象编程是当今主流的程序设计思想，已经取代了过程化程序开发技术，Java 是完全面向对象的编程语言，所以必须熟悉面向对象才能够编写 Java 程序。

8.1.1 什么是对象

对象是人们要进行研究的任何事物，从最简单的整数到复杂的飞机等均可看作对象，它不仅能表示具体的事物，还能表示抽象的规则、计划或事件。

对象具有状态，一个对象用数据值来描述它的状态。对象还有操作，用于改变对象的状态，对象及其操作就是对象的行为。对象实现了数据和操作的结合，使数据和操作封装于对象的统一体中。

8.1.2 什么是类

具有相同特性（数据元素）和行为（功能）的对象的抽象就是类。因此，对象的抽象是类，类的具体化就是对象，也可以说类的实例是对象，类实际上就是一种数据类型。

类具有属性，它是对象的状态的抽象，用数据结构来描述类的属性。类具有操作，它是对象行为的抽象，用操作名和实现该操作的方法来描述。

8.1.3 面向对象程序设计的优点

面向对象程序设计的优点有三点，分别是可重用性、可扩展性和可管理性，如图 8.1 所示。

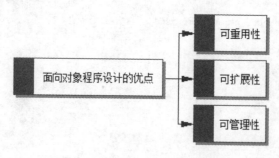

图 8.1　面向对象程序设计的优点

1. 可重用性

可重用性是面向对象软件开发的核心思路，提高了开发效率。面向对象程序设计的抽象、继承、封装和多态四大特点都围绕这个核心。

2. 可扩展性

可扩展性使面向对象设计脱离了基于模块的设计，便于软件的修改。

3. 可管理性

可管理性能够将功能与数据结合，方便管理。

8.1.4　面向对象程序设计的特点

面向对象程序设计的特点有 4 项，分别是抽象、继承、封装和多态，如图 8.2 所示。

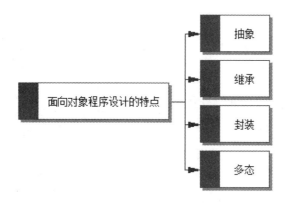

图 8.2　面向对象程序设计的特点

1. 抽象

抽象是很容易理解的。例如，当您开车时，您不必关心汽车的内部工作情况。您所关心的是通过方向盘、刹车踏板、油门踏板等接口与汽车进行交互。在这里，您对汽车的知识是抽象的。

在面向对象程序设计中，抽象是只定义数据和程序的过程，而隐藏实现细节。更简单地说，抽象是隐藏不相关的信息，或者只显示相关信息，并通过将其与现实世界中类似的东西进行比较来简化它。

类实现了对象的数据（即状态）和行为的抽象。

2. 继承

继承是子类自动继承父类数据结构和方法的机制，这是类之间的一种关系。在定义和实现一个类的时候，可以在一个已经存在的类的基础上进行，把这个已经存在的类所定义的内容作为自己的内容，并加入若干新的内容。

3. 封装

封装是将代码及其处理的数据绑定在一起的一种编程机制，该机制保证了程序和数据都不受外部干扰且不被误用。封装的目的在于保护信息。

Java 语言的基本封装单位是类。由于类的用途是封装复杂性，所以类的内部有隐藏实现复杂性的机制。Java 提供了私有和公有的访问模式，类的公有接口代表外部的用户应该知道或可以知道的每件东西，私有的方法数据只能通过该类的成员代码来访问，这就可以确保不会发生不希望的事情。

4. 多态

多态体现在父类中定义的属性和方法被子类继承后，可以具有不同的属性或表现方式。多态性允许一个接口被多个同类使用，弥补了单继承的不足。

8.2　类的定义和对象的创建

类是 Java 中的一种重要的复合数据类型，也是组成 Java 程序的基本要素，因为所有的 Java 程序都是基于类的。而对象是对类的实例化。对象具有状态和行为，变量用来表明对象的状态，方法表明对象所具有的行为。

8.2.1　类的定义

在 Java 中定义一个类，需要使用 class 关键字、一个自定义的类名和一对表示程序体的大括号，其语法格式如下：

```
[public][abstract|final]class<class_name>[extends<class_name>]
[implements<interface_name>]
{
    // 定义属性
    <property_type><property1>;
    <property_type><property2>;
    …
    // 定义方法
    function1();
    function2();
    …
}
```

第一，public、abstract、final 为类的修饰符。如果使用 public 修饰，则可以被其他类和程序访问。如果类被 abstract 修饰，则该类为抽象类。注意：抽象类不能被实例化。如果类被 final 修饰，则不允许被继承。

第二，class 是定义类的关键字。

第三，class_name 是类名，与 Java 中的变量名命名规则相同。

第四，extends<class_name>，表示继承其他类。

第五，implements<interface_name>，表示实现某些接口。

第六，在大括号内，定义类的属性和方法。

下面来定义一个类。双击桌面上的 Eclipse 快捷图标，就可以打开软件，然后单击菜单栏中的"File/New/Java Project"命令，弹出"New Java Project"对话框，如图 8.3 所示。

在这里设置项目名为"My8-java"，然后单击"Finish"按钮，就可以创建 My8-java 项目。

选择 My8-java 中的"src"，然后单击鼠标右键，在弹出的右键菜单中单击"New/Class"命令，弹出"New Java Class"对话框，如图 8.4 所示。

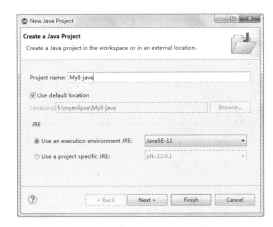

图 8.3　New Java Project 对话框

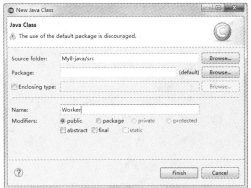

图 8.4　New Java Class 对话框

在这里设置类名为"Worker"，然后单击"Finish"按钮，就创建了一个名称为 Worker 类，代码如下：

```
public class Worker
{

}
下面在大括号内，定义类的属性和方法，具体代码如下：
public class Worker
{
    public int      num ;                          //编号
    public String   name ;                         //姓名
    public String   sex ;                          //性别
    public double   wages ;                        //工资
    public void say()
    {
        System.out.println(name+"的性别是 "+sex+", 工资是 "+wages) ;
    }
}
```

8.2.2 对象的创建、初始化及显示

类定义成功后，就可以创建
对象，并赋初值。双击桌面上的
Eclipse 快捷图标，就可以打开软
件。选择 My8-java 中的"src"，
然后单击鼠标右键，在弹出的右键
菜单中单击"New/Class"命令，
弹出"New Java Class"对话框，
如图 8.5 所示。

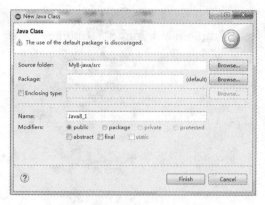

图 8.5　New Java Class 对话框

在这里设置类名为"Java8_1"，
然后单击"Finish"按钮，就会生成 Java8_1.java 文件，然后输入如下代码：

```
public class Java8_1
{
    public static void main(String[] args)
    {
        //创建Worker类的对象
        Worker  myw = new Worker();
        myw.num =1105 ;
        myw.name ="朱可海" ;
        myw.sex = "男" ;
        myw.wages= 8975.23 ;
        myw.say();
    }
}
```

由于前面创建的 Worker 类和 Java8_1 类在同一个包中，所以可以直接调用。首先在
主函数中创建 Worker 类的对象，然后为对象的各属性赋值，最后调用 say() 方法显示对
象的属性信息。

单击菜单栏中的"Run/Run"命令（快捷键：Ctrl+F11），就可以编译并运行代码，
如图 8.6 所示。

图 8.6　对象的创建、初始化及显示

8.3 类成员的访问权限

类成员的访问权限是通过类成员前面的 public、private、protected 来指定的，下面来具体讲解一下。

8.3.1 公有成员 public

公有成员 public，表示类的成员具有"公开"的访问权限。可以不使用任何成员函数来设置和获取公有变量的值。

双击桌面上的 Eclipse 快捷图标，就可以打开软件。选择 My8-java 中的"src"，然后单击鼠标右键，在弹出的右键菜单中单击"New/Class"命令，弹出"New Java Class"对话框，如图 8.7 所示。

在这里设置类名为"Box1"，然后单击"Finish"按钮，就创建一个名称为 Box1 类，然后在类中定义两个公有成员属性和两个公有成员方法，具体代码如下：

```java
public class Box1
{
    public int length ;
    public int width ;
    public void  myarea()
    {
        System.out.println("长方形的面积是："+length*width);
    }
    public void  myp()
    {
        System.out.println("长方形的周长是："+(length+width)*2);
    }
}
```

两个公有成员变量，分别是长方形的长和宽；两个公有方法，分别是求长方形的面积和周长。

选择 My8-java 中的"src"，然后单击鼠标右键，在弹出的右键菜单中单击"New/Class"命令，弹出"New Java Class"对话框，如图 8.8 所示。

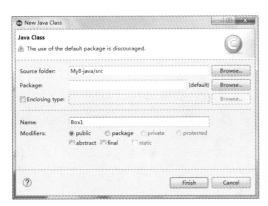

图 8.7　New Java Class 对话框

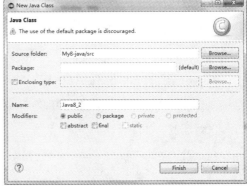

图 8.8　New Java Class 对话框

在这里设置类名为"Java8_2"，然后单击"Finish"按钮，就会生成 Java8_2.java 文件，然后输入如下代码：

```java
import java.util.Scanner;
public class Java8_2
{
    public static void main(String[] args)
    {
            // 创建 Box1 类的对象
            Box1  myb = new Box1() ;
            // 创建 Scanner 类的对象
            Scanner  myinput = new Scanner(System.in) ;
            System.out.print("请输入长方形的宽: ");
            myb.width =myinput.nextInt() ;
            System.out.print("请输入长方形的长: ");
            myb.length = myinput.nextInt() ;
            myb.myarea();               // 调用 myarea() 方法显示长方形的面积
            myb.myp();                  // 调用 myarea() 方法显示长方形的周长

    }
}
```

单击菜单栏中的"Run/Run"命令（快捷键：Ctrl+F11），就可以编译并运行代码，提醒"请输入长方形的宽"，在这里输入 12，回车，又提醒"请输入长方形的长"，在这里输入 18，然后回车，就可以求出长方形的面积和周长，如图 8.9 所示。

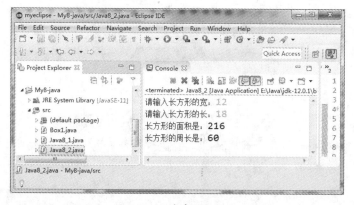

图 8.9 公有成员 public

8.3.2 私有成员 private

私有成员变量或方法在类的外部是不可访问的，甚至是不可查看的，只能本类才能访问，这样即可就对信息进行隐藏。

双击桌面上的 Eclipse 快捷图标，就可以打开软件。选择 My8-java 中的"src"，然后单击鼠标右键，在弹出的右键菜单中单击"New/Class"命令，弹出"New Java Class"对话框，如图 8.10 所示。

在这里设置类名为"Box2"，然后单击"Finish"按钮，就创建一个名称为 Box2 类，然后输入如下代码：

```
public class Box2
{
    private int length ;
    private int width ;
    // 成员方法 setLength () , 用来设置长方形长的值
    public void setLength(int len)
    {
        length = len ;
    }
    // 成员方法 setWidth () , 用来设置长方形宽的值
    public void setWidth(int wid)
    {
        width = wid ;
    }
    // 成员方法 getLength() , 用来获取长方形长的值
    public int getLength()
    {
        return length ;
    }
    // 成员方法 getWidth() , 用来获取长方形宽的值
    public int getWidth()
    {
        return width ;
    }
}
```

在这里定义两个私有成员变量和 4 个公有成员方法。

选择 My8-java 中的 "src"，然后单击鼠标右键，在弹出的右键菜单中单击 "New/Class" 命令，弹出 "New Java Class" 对话框，如图 8.11 所示。

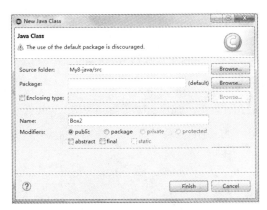 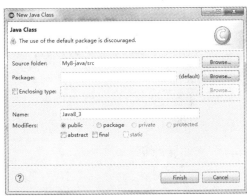

图 8.10　New Java Class 对话框　　　图 8.11　New Java Class 对话框

在这里设置类名为 "Java8_3"，然后单击 "Finish" 按钮，就会生成 Java8_3.java 文件，然后输入如下代码：

```
public class Java8_3
{
    public static void main(String[] args)
    {
        // 创建 Box2 类的对象
        Box2  myb = new Box2() ;
        // 为类的私有变量赋值，只能调用类中的成员方法，不能直接赋值
```

```
          myb.setLength(12);                            // 设置长方形的长为 12
          myb.setWidth(8);                              // 设置长方形的宽为 8
          // 获取长方形的长和宽，分别赋值给变量 myl 和 myw
          int myl= myb.getLength() ;
          int myw =myb.getWidth() ;
          System.out.println(" 长方形的面积是: "+myl*myw) ;
          System.out.println(" 长方形的周长是: "+(myl+myw)*2);
      }
}
```

单击菜单栏中的"Run/Run"命令（快捷键：Ctrl+F11），就可以编译并运行代码，如图 8.12 所示。

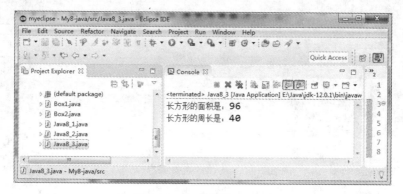

图 8.12　私有成员 private

8.3.3　保护成员 protected

保护成员变量或函数与私有成员十分相似，但有一点不同，保护成员在派生类（即子类）中是可访问的。子类在继承中会详细讲解，这里通过一个实例来讲解保护成员 protected 的应用。

双击桌面上的 Eclipse 快捷图标，就可以打开软件。选择 My8-java 中的"src"，然后单击鼠标右键，在弹出的右键菜单中单击"New/Class"命令，弹出"New Java Class"对话框，如图 8.13 所示。

在这里设置类名为"Line"，然后单击"Finish"按钮，就创建一个名称为 Line 类，然后输入如下代码：

```
public class Line
{
    protected   int   linelength ;
}
```

创建 Line 类后，在该类中定义一个保护成员变量 linelength。接下来定义继承 Line 类的子类 Sline。

选择 My8-java 中的"src"，然后单击鼠标右键，在弹出的右键菜单中单击"New/Class"命令，弹出"New Java Class"对话框，如图 8.14 所示。

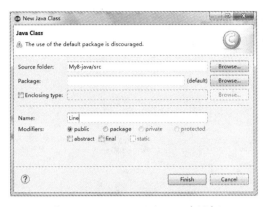

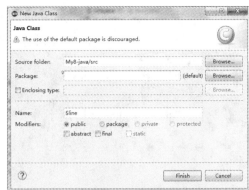

图 8.13　New Java Class 对话框　　　　　图 8.14　New Java Class 对话框

在这里设置类名为 "Line"，然后单击 "Finish" 按钮，就创建一个名称为 Sline 类，然后修改其代码如下：

```java
public class Sline extends Line
{
    public void setLength(int len)
    {
        linelength = len ;
    }
    public int getLength()
    {
        return linelength ;
    }
}
```

在这里 Sline 是子类，而 Line 是父类，关键字是 extends。在子类 Sline 中，可以调用父类 Line 中的保护成员变量 linelength。

在子类 Sline 中，定义了两个公有方法，分别是设置线段的长度和获得线段的长度。

选择 My8-java 中的 "src"，然后单击鼠标右键，在弹出的右键菜单中单击 "New/Class" 命令，弹出 "New Java Class" 对话框，如图 8.15 所示。

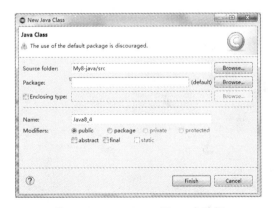

图 8.15　New Java Class 对话框

在这里设置类名为 "Java8_4"，然后单击 "Finish" 按钮，就会生成 Java8_4.java

文件，然后输入如下代码：

```
import java.util.Scanner;
public class Java8_4
{
    public static void main(String[] args)
    {
        // 创建子类 Sline 对象
        Sline  myl = new Sline();
        Scanner  myinput = new Scanner(System.in) ;
        System.out.print("请输入线段的长度：");
        myl.setLength(myinput.nextInt());
        int a = myl.getLength() ;
        System.out.println("线段的长度是："+a+"米");
        if (a>10)
        {
            System.out.println("这是一条较长的线段！");
        }
        else if(a>5)
        {
            System.out.println("这是一条不长不短的线段！");
        }
        else
        {
            System.out.println("这是一条较短的线段！");
        }
    }
}
```

在这里可以动态输入线段的长度，然后调用 setLength() 方法把输入的值赋值给 linelength，然后再调用 getLength() 方法获得线段的长度，最后利用 if 语句对线段进行判断。

单击菜单栏中的"Run/Run"命令（快捷键：Ctrl+F11），就可以编译并运行代码，提醒"输入线段的长度"，如果输入大于 10，就会显示"这是一条较长的线段"；如果输入的数大于 5 小于等于 10，就会显示"这是一条不长不短的线段"；如果输入的数小于等于 5，就会显示"这是一条较短的线段"，如图 8.16 所示。

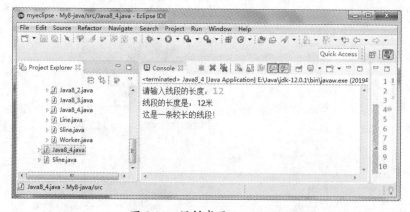

图 8.16　保护成员 protected

8.4 类的构造方法

在 Java 中有一种特殊的成员方法,它的名字和类名相同,而是在创建对象时自动执行。这种特殊的成员方法就是构造方法。

8.4.1 定义构造方法

下面通过具体实例讲解定义构造函数。

双击桌面上的 Eclipse 快捷图标,就可以打开软件。选择 My8-java 中的"src",然后单击鼠标右键,在弹出的右键菜单中单击"New/Class"命令,弹出"New Java Class"对话框,如图 8.17 所示。

在这里设置类名为"Student",然后单击"Finish"按钮,就创建了一个名称为 Student 类,然后输入如下代码:

```java
public class Student
{
    public int      num ;                          //学生编号
    public String   name ;                         //学生姓名
    public String   sex ;                          //学生性别
    public double   result ;                       //学生成绩
    //构造方法
    Student()
    {
            System.out.println("我是构造方法!");
    }
    //成员方法
    void say()
    {
            System.out.println("大家好,我是"+name+",我的编号是"+num+",我的成绩是"+result+"。");
    }
}
```

选择 My8-java 中的"src",然后单击鼠标右键,在弹出的右键菜单中单击"New/Class"命令,弹出"New Java Class"对话框,如图 8.18 所示。

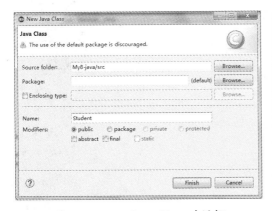

图 8.17 New Java Class 对话框

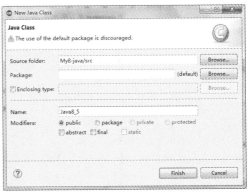

图 8.18 New Java Class 对话框

在这里设置类名为"Java8_5",然后单击"Finish"按钮,就创建一个名称为 Java8_5 类,然后输入如下代码:

```java
public class Java8_5
{
    public static void main(String[] args)
    {
        Student  mys = new Student();
        mys.num = 1126 ;
        mys.name = " 李晓波 " ;
        mys.sex = " 男 " ;
        mys.result = 89.5 ;
        mys.say();
    }
}
```

单击菜单栏中的"Run/Run"命令(快捷键:Ctrl+F11),就可以编译并运行代码,如图 8.19 所示。

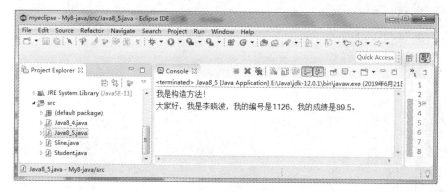

图 8.19 构造方法

8.4.2 带有参数的构造方法

默认的构造方法没有任何参数,但如果需要,构造方法也可以带有参数。这样在创建对象时就要给对象赋初始值。

双击桌面上的 Eclipse 快捷图标,就可以打开软件。选择 My8-java 中的"src",然后单击鼠标右键,在弹出的右键菜单中单击"New/Class"命令,弹出"New Java Class"对话框,如图 8.20 所示。

在这里设置类名为"Student2",然后单击"Finish"按钮,就创建一个名称为 Student2 类,然后输入如下代码:

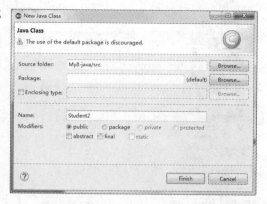

图 8.20 New Java Class 对话框

```
public class Student2
{
    private int      num ;                                   // 学生编号
    private String   name ;                                  // 学生姓名
    private String   sex ;                                   // 学生性别
    private double   result ;                                // 学生成绩
    // 带一个参数的构造方法
    Student2(String myname)
    {
            this.name = myname ;
    }
    // 带两个参数的构造方法
    Student2 (String myname,double myresult)
    {
            this.name = myname ;
            this.result = myresult ;
    }
    // 带三个参数的构造方法
    Student2 (String myname,int mynum,double myresult)
    {
            this.name = myname ;
            this.num = mynum ;
            this.result = myresult ;
    }
    // 一般方法
    void say()
    {
            System.out.println("大家好，我是"+name+"，我的编号是"+num+"，我的成绩是
"+result+"。");
    }
}
```

选择 My8-java 中的 "src"，然后单击鼠标右键，在弹出的右键菜单中单击 "New/ Class" 命令，弹出 "New Java Class" 对话框，如图 8.21 所示。

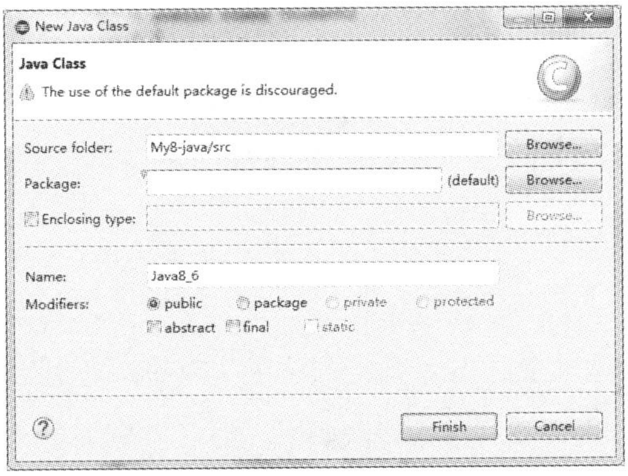

图 8.21 New Java Class 对话框

在这里设置类名为 "Java8_6"，然后单击 "Finish" 按钮，就创建一个名称为 Java8_6 类，然后输入如下代码：

```
public class Java8_6
{
    public static void main(String[] args)
    {
            // 调用带一个参数的构造方法
```

```
        Student2  myst1 = new Student2("赵科志");
        myst1.say();
        //调用带两个参数的构造方法
        Student2  myst2 = new Student2("赵科志",96.5);
        myst2.say();
        //调用带三个参数的构造方法
        Student2  myst3 = new Student2("赵科志",1106,96.5);
        myst3.say();
    }
}
```

单击菜单栏中的"Run/Run"命令（快捷键：Ctrl+F11），就可以编译并运行代码，如图 8.22 所示。

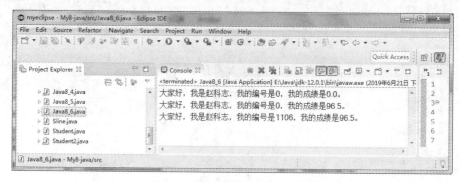

图 8.22　带有参数的构造方法

> **提醒：** 类的对象使用完之后需要对其进行清除。对象的清除是指释放对象占用的内存。在创建对象时，用户必须使用 new 操作符为对象分配内存。不过在清除对象时，由系统自动进行内存回收，不需要用户额外处理。这也是 Java 语言的一大特色，某种程度上方便了程序员对内存的管理。

8.5　类中的成员方法

类中的成员方法可以定义类的行为，行为表示一个对象能够做的事情或者能够从一个对象取得的信息。类的各种功能操作都是用方法来实现的，属性只不过提供了相应的数据。成员方法一旦被定义，便可以在程序中多次调用，提高了编程效率。

8.5.1　成员方法的语法格式

成员方法的语法格式如下：

```
修饰符 返回值类型 方法名（参数类型 参数名）
{
//方法体
}
```

第一，修饰符就是 public、private、protected、static。其中 static 是静态成员方法。

第二，返回值类型就是 int、double 等类型。

第三，方法名就是成员方法的名称，与变量名相同。

第四，参数类型，是传递到方法的参数类型，即 int、double 等类型。

第五，参数名，即传递到方法的参数变量名。

8.5.2　成员方法的定义与调用

下面来举例说明成员方法的定义与调用。双击桌面上的 Eclipse 快捷图标，就可以打开软件。选择 My8-java 中的 "src"，然后单击鼠标右键，在弹出的右键菜单中单击 "New/Class" 命令，弹出 "New Java Class" 对话框，如图 8.23 所示。

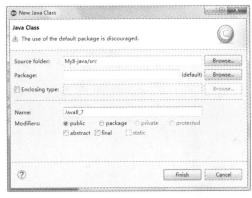

图 8.23　New Java Class 对话框

在这里设置类名为 "Java8_7"，然后单击 "Finish" 按钮，就创建一个名称为 Java8_7 类。下面在 Java8_7 类中编写成员方法，实现任意输入一个正整数 n，计算出 1+2+……+n 的值，具体代码如下：

```
public static void mysum(int n)
    {
        if (n<0)
        {
            System.out.println("n 不能小于等于 0！");
        }
        else
        {
            int i,sum=0 ;
            for(i=1; i<=n; i++)
            {
                sum=sum+i ;
            }
            System.out.println(" 从 1 加到 "+n+" 的和是：" +sum);
        }
    }
```

注意：这里定义是一个静态方法。静态方法不需要通过它所属的类的任何实例就可以被调用。

接下来编写主函数。由于这里要动态输入一个数，所以要先导入 java.util.Scanner 类，具体代码如下：

```
import java.util.Scanner;
Java8_7 类中的主方法代码如下：
    public static void main(String[] args)
    {
        Scanner myinput = new Scanner(System.in);
```

```
            System.out.print("请输入一个正整数：");
            int mynum = myinput.nextInt();
            // 直接调用静态成员方法
            mysum(mynum);
    }
```

单击菜单栏中的"Run/Run"命令（快捷键：Ctrl+F11），就可以编译并运行代码，提醒"请输入一个正整数"，如果输入的数小于 0，则会显示"n 不能小于等于 0"；如果输入的数大于等于 0，就会显示从 1 加到这个数的和。在这里输入 20，然后回车，如图 8.24 所示。

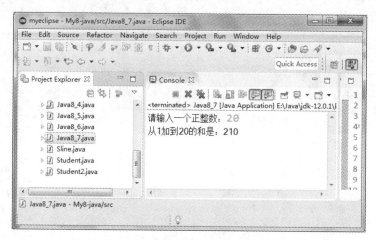

图 8.24　成员方法的定义与调用

8.5.3　成员方法的递归调用

一个函数在它的函数体内调用它自身称为递归调用，这种函数称为递归函数。执行递归函数将反复调用其自身，每调用一次就进入新的一层，当最内层的函数执行完毕后，再一层一层地由里到外退出。

双击桌面上的 Eclipse 快捷图标，就可以打开软件。选择 My8-java 中的"src"，然后单击鼠标右键，在弹出的右键菜单中单击"New/Class"命令，弹出"New Java Class"对话框，如图 8.25 所示。

在这里设置类名为"Java8_8"，然后单击"Finish"按钮，就创建一个名称为 Java8_8 类，然后编写成员方法和主方法，并在主方法中调用成员方法，具体代码如下：

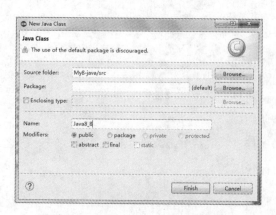

图 8.25　New Java Class 对话框

```
public class Java8_8
{
    // 定义递归方法 myn()
    public long myn(int n)
    {
        long result;
        if(n==0 || n==1)
        {
            result = 1;
        }
        else
        {
            result = myn(n-1) * n;                          // 递归调用
        }
        return result;
    }
    // 主方法
    public static void main(String[] args)
    {
        // 递归方法 myn() 不是静态方法, 所以要创建类对象, 才能调用
        Java8_8  x = new Java8_8() ;
        System.out.println(" 递归函数的返回值: "+x.myn(8)) ;
    }
}
```

主方法中传过来的参数是 8, 即 n=8, 下面来看一下如何递归调用。

第一次调用是 result=myn(8−1)×8=myn(7)×8;

myn(7) 继续调用 myn() 函数, 即第二次调用, result= myn(7−1) ×7×8= myn(6) ×7×8;

myn(6) 继续调用 myn() 函数, 即第三次调用, result= myn(6−1) ×6×7×8= myn(5) ×6×7×8;

myn(5) 继续调用 myn() 函数, 即第四次调用, result= myn(5−1) ×5 ×6×7×8= myn(4) ×5×6×7×8;

myn(4) 继续调用 myn() 函数, 即第五次调用, result= myn(4−1) ×4×5 ×6×7×8= myn(3) ×4×5×6×7×8;

myn(3) 继续调用 myn() 函数, 即第六次调用, result= myn(3−1) ×3×4×5 ×6×7×8= myn(2) ×3×4×5×6×7×8;

myn(2) 继续调用 myn() 函数, 即第七次调用, result= myn(2−1) ×2×3×4×5 ×6×7×8= myn(1) ×2×3×4×5×6×7×8;

myn(1) 继续调用 myn() 函数, 即第八次调用, result= 1×2×3×4×5 ×6×7×8;

经过八次调用后, myn() 函数运行结束, 返回值为 result = 1×2×3×4×5 ×6×7×8=40320。

单击菜单栏中的 "Run/Run" 命令 (快捷键: Ctrl+F11), 就可以编译并运行代码, 如图 8.26 所示。

图 8.26 成员方法的递归调用

8.5.4 成员方法的可变参数

可变参数的成员方法的语法格式如下：

```
methodName({paramList},paramType…paramName)
```

methodName 表示成员方法名称；paramList 表示成员方法的固定参数列表；paramType 表示可变参数的类型；…是声明可变参数的标识；paramName 表示可变参数名称。需要注意的是，可变参数必须定义在参数列表的最后。

双击桌面上的 Eclipse 快捷图标，就可以打开软件。选择 My8-java 中的"src"，然后单击鼠标右键，在弹出的右键菜单中单击"New/Class"命令，弹出"New Java Class"对话框，如图 8.27 所示。

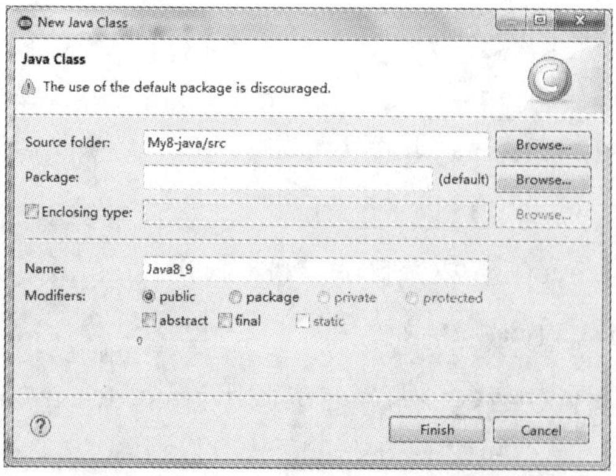

图 8.27 New Java Class 对话框

在这里设置类名为"Java8_9"，然后单击"Finish"按钮，就创建一个名称为 Java8_9 类，然后编写可变参数的成员方法和主方法，并在主方法中调用可变参数的成员方法，具体代码如下：

```
public class Java8_9
{
    public void myshow(String myshool,String...mynames)
```

```
    {
            // 获取学校参加比赛的人数
            int mynum =mynames.length ;
            System.out.println(myshool+"参加比赛的有 "+mynum+" 人，具体如下：");
            for(int i=0;i<mynames.length;i++)
        {
            System.out.println(mynames[i]);
        }
    }
    public static void main(String[] args)
    {
        Java8_9   stu = new Java8_9() ;
        stu.myshow("三春中学","李平","赵可红","周晓丽");
        stu.myshow("东明中学","周远","王真");
    }
}
```

单击菜单栏中的"Run/Run"命令（快捷键：Ctrl+F11），就可以编译并运行代码，
如图 8.28 所示。

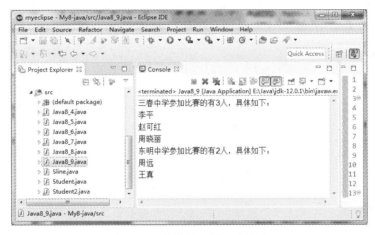

图 8.28　成员方法的可变参数

8.6　包机制

为了更好地组织类，Java 提供了包机制，用于区别类名的命名空间。

8.6.1　包的作用

包的作用有 3 点，具体如下：

第一，把功能相似或相关的类或接口组织在同一个包中，方便类的查找和使用。

第二，如同文件夹一样，包也采用了树形目录的存储方式。同一个包中的类名字是不
同的，不同包中的类的名字是可以相同的，当同时调用两个不同包中相同类名的类时，应

该加上包名加以区别。因此，包可以避免名字冲突。

第三，包也限定了访问权限，拥有包访问权限的类才能访问某个包中的类。

8.6.2 系统包

在 Java 语言中，常用的系统包如下：

java.lang：Java 的核心类库，包含运行 Java 程序必不可少的系统类，如基本数据类型、基本数学函数、字符串处理、异常处理和线程类等，系统默认加载这个包。

java.util：包含如处理时间的 Date 类，处理动态数组的 Vector 类，以及 Stack 和 HashTable 类。

java.io：Java 语言的标准输入 / 输出类库，如基本输入 / 输出流、文件输入 / 输出、过滤输入 / 输出流等。

java.awt：构建图形用户界面（GUI）的类库，低级绘图操作 Graphics 类、图形界面组件和布局管理（如 Checkbox 类、Container 类、LayoutManger 接口等），以及用户界面交互控制和事件响应（如 Event 类）。

java.util.zip：实现文件压缩功能。

8.6.3 自定义包

Java 的系统包无须定义可以直接调用，当然还可以自定义包。

1. 创建包

下面在 My8-java 项目中创建一个包。选择 My8-java 中的"src"，然后单击鼠标右键，在弹出的右键菜单中单击"New/Package"命令，弹出"New Java Package"对话框，如图 8.29 所示。

在这里设置包名为"worker"，然后单击"Finish"按钮，就创建一个名称为 worker 的包，如图 8.30 所示。

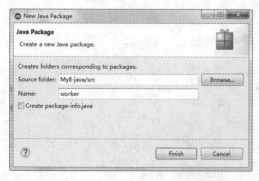

图 8.29　New Java　Package 对话框

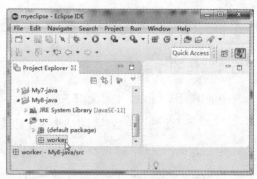

图 8.30　创建 worker 包

2. 在包中创建类

选择 My8-java 中的"src/worker",然后单击鼠标右键,在弹出的右键菜单中单击"New/Class"命令,弹出"New Java Class"对话框,如图 8.31 所示。

在这里设置类名为"Myworker",然后单击"Finish"按钮,就在 worker 包中创建一个名称为 Myworker 类,具体如下:

```
package worker;
public class Myworker
{

}
```

在 Myworker 类中,创建两个私有变量、一个带有参数的构造方法和一个公有方法,具体代码如下:

```
package worker;
public class Myworker
{
    public  String  myname ;
    public  double  mywages ;
    public void say()
    {
            System.out.println(myname+"的工资是: "+mywages);
    }
}
```

如果在 worker 包中再创建一个类,如果创建 Myworker 类对象,可以直接创建。但如果在别的包中创建一个类,如果创建 Myworker 类对象,需要先导入 worker 包中的 Myworker 类。

选择 My8-java 中的"src",然后单击鼠标右键,在弹出的右键菜单中单击"New/Class"命令,弹出"New Java Class"对话框,如图 8.32 所示。

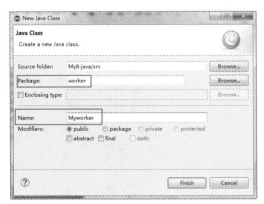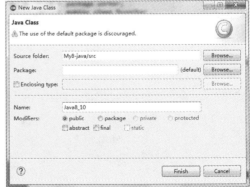

图 8.31　New Java Class 对话框　　　　图 8.32　New Java Class 对话框

在这里设置类名为"Java8_10",然后单击"Finish"按钮,就创建一个名称为 Java8_10 类,然后输入如下代码:

```
import worker.Myworker;
```

```
public class Java8_10
{
    public static void main(String[] args)
    {
        Myworker myw = new Myworker() ;
        myw.myname ="张平" ;
        myw.mywages =8947.5 ;
        myw.say();
    }
}
```

单击菜单栏中的"Run/Run"命令（快捷键：Ctrl+F11），就可以编译并运行代码，如图 8.33 所示。

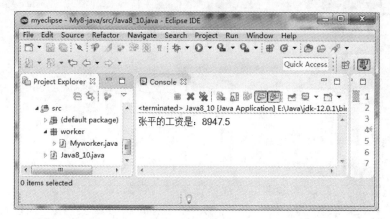

图 8.33　自定义包

第 9 章

Java 程序设计的继承和多态

继承和多态是面向对象程序设计最重要的特征。可以说，如果没有掌握继承和多态，就等于没有掌握类和对象的精华，就是没有掌握面向对象程序设计的真谛。

本章主要内容包括：

➤ 类继承的语法格式

➤ 类继承的实例

➤ 方法的重载和方法的重写

➤ 抽象类的创建和继承类

➤ 测试抽象类

➤ 接口的定义和特征

➤ 接口与类的相同点与不同点

➤ 接口的实现和继承

9.1 继承

继承是 Java 面向对象编程技术的一块基石,因为它允许创建分等级层次的类。继承就是子类继承父类的特征和行为,使得子类对象(实例)具有父类的实例域和方法,或子类从父类继承方法,使得子类具有父类相同的行为。

9.1.1 类继承的语法格式

在 Java 中,通过 extends 关键字可以定义一个类是从另外一个类继承而来的。类继承的语法格式具体如下:

```
class 父类
{

}
class 子类 extends 父类
{

}
```

9.1.2 类继承的实例

双击桌面上的 Eclipse 快捷图标,就可以打开软件,然后单击菜单栏中的"File/New/Java Project"命令,弹出"New Java Project"对话框,如图 9.1 所示。

图 9.1　New Java Project 对话框

在这里设置项目名为"My9-java",然后单击"Finish"按钮,就可以创建 My9-java 项目。

在 My9-java 项目中，创建父类 Mypeople。选择 My9-java 中的"src"，然后单击鼠标右键，在弹出的右键菜单中单击"New/Class"命令，弹出"New Java Class"对话框，如图 9.2 所示。

在这里设置类名为"Mypeople"，然后单击"Finish"按钮，就创建一个名称为 Mypeople 类，然后编写代码如下：

```java
public class Mypeople
{
    protected String  myname ;
    protected String  mysex ;
    protected int  myage ;
    //构造方法
    public Mypeople(String name,String sex,int age)
    {
            this.myname = name ;
            this.mysex = sex ;
            this.myage = age ;
    }
    //成员方法
    public void mysay()
    {
            System.out.println("姓名："+myname);
            System.out.println("性别："+mysex);
            System.out.println("年龄："+myage);
    }
}
```

接下来创建技术部员工子类 Myemw。选择 My9-java 中的"src"，然后单击鼠标右键，在弹出的右键菜单中单击"New/Class"命令，弹出"New Java Class"对话框，如图 9.3 所示。

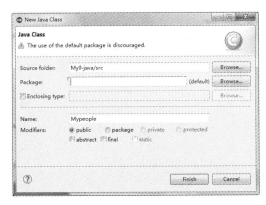

图 9.2　New Java Class 对话框

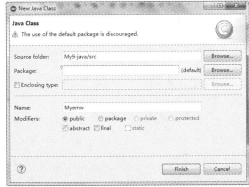

图 9.3　New Java Class 对话框

在这里设置类名为"Myemw"，然后单击"Finish"按钮，就创建一个名称为 Myemw 类，然后编写代码如下：

```java
public class Myemw extends Mypeople
{
    private int wno ;
    private String wjob ;
```

```
        // 构造方法
        public Myemw(String name,String sex,int age,int no,String job)
        {
                super(name,sex,age) ;                        // 调用父类中的构造方法
                this.wno = no ;
                this.wjob = job ;
        }
        // 成员方法
        public void mysay()
        {
                System.out.println(" 姓名: "+myname);
                System.out.println(" 性别: "+mysex);
                System.out.println(" 年龄: "+myage);
                System.out.println(" 编号: "+wno);
                System.out.println(" 工作: "+wjob);
        }
}
```

由于子类不能继承父类的构造方法。因此，要调用父类的构造方法，必须在子类的构造方法体的第一行使用 super() 方法。该方法会调用父类相应的构造方法来完成子类对象的初始化工作。

接下来创建市场部员工子类 Mymark。选择 My9-java 中的"src"，然后单击鼠标右键，在弹出的右键菜单中单击"New/Class"命令，弹出"New Java Class"对话框，如图 9.4 所示。

在这里设置类名为"Mymark"，然后单击"Finish"按钮，就创建一个名称为 Mymark 类，然后编写代码如下：

```
public class Mymark extends Mypeople
{
    private int wno ;
    private double wwages ;
    // 构造方法
    public Mymark(String name,String sex,int age,int no,double wages)
    {
            super(name,sex,age) ;                        // 调用父类中的构造方法
            this.wno = no ;
            this.wwages = wages ;
    }
    // 成员方法
    public void mysay()
    {
            System.out.println(" 姓名: "+myname);
            System.out.println(" 性别: "+mysex);
            System.out.println(" 年龄: "+myage);
            System.out.println(" 编号: "+wno);
            System.out.println(" 工资: "+wwages);
    }
}
```

创建包括主方法的类来调用前面定义的各种类。选择 My9-java 中的"src"，然后单击鼠标右键，在弹出的右键菜单中单击"New/Class"命令，弹出"New Java Class"对话框，如图 9.5 所示。

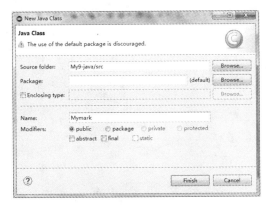
图 9.4 New Java Class 对话框

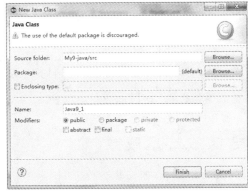
图 9.5 New Java Class 对话框

在这里设置类名为"Java9_1"，然后单击"Finish"按钮，就创建一个名称为Java9_1 类，然后编写代码如下：

```java
public class Java9_1
{
    public static void main(String[] args)
    {
        Mypeople myp = new Mypeople("赵化杰","男",18);
        System.out.println("------普通员工信息------");
        myp.mysay();
        // 创建技术部员工类对象
        Myemw  mye = new Myemw("张亮","男",36,1108,"进行计算机系统的维护！") ;
        System.out.println("------ 技术部员工信息 ------");
        mye.mysay();
        // 创建市场部员工类对象
        Mymark mym= new Mymark("李红波","女",28,1116,8547.6);
        System.out.println("------ 市场部员工信息 ------");
        mym.mysay();
    }
}
```

单击菜单栏中的"Run/Run"命令（快捷键：Ctrl+F11），就可以编译并运行代码，如图 9.6 所示。

图 9.6 类继承

9.2 多态

面向对象来讲，多态分为编译时多态和运行时多态。编译时多态是指方法的重载，而运行时多态是指方法的重写。

9.2.1 方法的重载

在 Java 语言中，同一个类中的两个或多个方法可以共享同一个名称，只要它们的参数声明不同即可，这种情况被称为方法的重载。

双击桌面上的 Eclipse 快捷图标，就可以打开软件。选择 My9-java 中的"src"，然后单击鼠标右键，在弹出的右键菜单中单击"New/Class"命令，弹出"New Java Class"对话框，如图 9.7 所示。

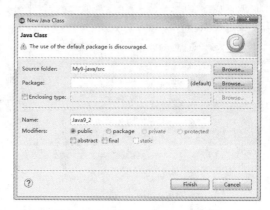

图 9.7 New Java Class 对话框

在这里设置类名为"Java9_2"，然后单击"Finish"按钮，就创建一个名称为 Java9_2 类，然后编写代码如下：

```java
public class Java9_2
{
    // 成员方法，参数为两个整型变量
    public void mymin(int x, int y)
    {
        if (x<y)
        {
            System.out.println(x);
        }
        else
        {
            System.out.println(y);
        }
    }
    // 成员方法的重载，参数为两个浮点型变量
    public void mymin(double x, double y)
    {
        if (x<y)
        {
            System.out.println(x);
        }
        else
        {
            System.out.println(y);
        }
    }
```

```
// 成员方法的重载，参数为三个浮点型变量
public void mymin(double x, double y,double z)
{
        if (x<y)
        {
                if (x<z)
                {
                        System.out.println(x);
                }
                else
                {
                        System.out.println(z);
                }
        }
        else
        {
                if (y<z)
                {
                        System.out.println(y);
                }
                else
                {
                        System.out.println(z);
                }
        }
}
// 主方法
public static void main(String[] args)
{
        Java9_2  myj = new Java9_2();
        System.out.print("12 和 16 比较，较小的数是：");
        myj.mymin(12, 16);
        System.out.print("9.65 和 32.56 比较，较小的数是：");
        myj.mymin(9.65, 32.56);
        System.out.print("19.65、82.5 和 12.56 比较，较小的数是：");
        myj.mymin(19.65,82.5, 12.56);
}
}
```

这里定义三个成员方法，名称都是 mymin，但参数不同，这样就可以实现成员方法的重载。单击菜单栏中的 "Run/Run" 命令（快捷键：Ctrl+F11），就可以编译并运行代码，如图 9.8 所示。

图 9.8　方法的重载

9.2.2　方法的重写

在子类中如果创建了一个与父类中相同名称、相同返回值类型、相同参数列表的方法，只是方法体中的实现不同，以实现不同于父类的功能，这种方式被称为方法的重写。

双击桌面上的 Eclipse 快捷图标，就可以打开软件。选择 My9-java 中的"src"，然后单击鼠标右键，在弹出的右键菜单中单击"New/Class"命令，弹出"New Java Class"对话框，如图 9.9 所示。

在这里设置类名为"Worker"，然后单击"Finish"按钮，就创建一个名称为 Worker 类，然后编写代码如下：

```java
public class Worker
{
    protected String wname ;
    protected int wage ;
    // 构造方法
    public Worker(String name,int age)
    {
        this.wname = name ;
        this.wage = age ;
    }
    // 成员方法
    public void wshow()
    {
        System.out.println("我的名字是："+wname+"，年龄是："+wage+"，是一名普通
工人！");
    }
}
```

选择 My9-java 中的"src"，然后单击鼠标右键，在弹出的右键菜单中单击"New/Class"命令，弹出"New Java Class"对话框，如图 9.10 所示。

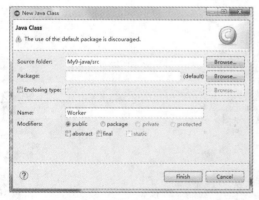

图 9.9　New Java Class 对话框

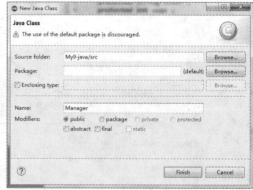

图 9.10　New Java Class 对话框

在这里设置类名为"Manager"，然后单击"Finish"按钮，就创建一个名称为 Manager 类，然后编写代码如下：

```java
public class Manager extends Worker
{
    private double wwages ;
```

```
// 构造方法
public Manager(String name,int age,double wages)
{
        super(name,age);
        this.wwages = wages ;
}
// 成员方法，方法的重写
public void wshow()
{
        System.out.println(" 我的名字是："+wname+"，年龄是："+wage+"，是车间主任，
工资是："+wwages+"！");
}
}
```

选择 My9-java 中的"src"，
然后单击鼠标右键，在弹出的右键
菜单中单击"New/Class"命令，
弹出"New Java Class"对话框，
如图 9.11 所示。

在这里设置类名为"Java9_3"，
然后单击"Finish"按钮，就创建
一个名称为 Java9_3 类，然后编写
代码如下：

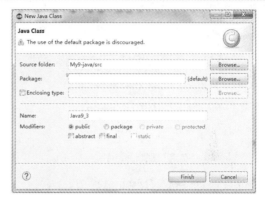

图 9.11　New Java Class 对话框

```
public class Java9_3
{
    public static void main(String[] args)
    {
        Worker  myw = new Worker(" 徐南 ",28) ;
        myw.wshow();
        Manager  mym = new Manager(" 胡松林 ",36,8996.5);
        mym.wshow();
    }
}
```

单击菜单栏中的"Run/Run"命令（快捷键：Ctrl+F11），就可以编译并运行代码，
如图 9.12 所示。

图 9.12　方法的重写

9.3 抽象类

在 Java 中，利用关键字 abstract 修饰的类，就是抽象类。抽象类除了不能实例化对象之外，类的其他功能依然存在，成员变量、成员方法和构造方法的访问方式和普通类一样。由于抽象类不能实例化对象，所以抽象类必须被继承，才能被使用。

9.3.1 抽象类的创建

双击桌面上的 Eclipse 快捷图标，就可以打开软件。选择 My9-java 中的 "src"，然后单击鼠标右键，在弹出的右键菜单中单击 "New/Class" 命令，弹出 "New Java Class" 对话框，如图 9.13 所示。

在这里设置类名为 "Myshape"，然后单击 "Finish" 按钮，就创建一个名称为 Myshape 类，然后编写代码如下：

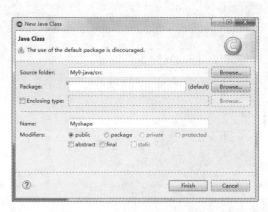

图 9.13 New Java Class 对话框

```
public abstract class Myshape                    // 抽象类
{
    protected double  mywidth ;
    protected  double  myheight ;
    public Myshape(double width, double height)
    {
        this.mywidth = width ;
        this.myheight = height ;
    }
    public abstract  double  myarea() ;          // 抽象方法，求图形的面积
    public abstract  double  mygirth() ;         // 抽象方法，求图形的周长
}
```

注意，abstract 关键字只能用于普通方法，不能用于 static 方法或者构造方法中。在抽象类中必须包含至少一个抽象方法，并且所有抽象方法不能有具体的实现，而应在它们的子类中实现所有的抽象方法（要有方法体）。

9.3.2 抽象类的继承类

下面定义抽象类的继承类，即定义一个长方形类，该类继承 Myshape 类，并重写 myarea() 和 mygirth() 抽象方法。

选择 My9-java 中的 "src"，然后单击鼠标右键，在弹出的右键菜单中单击 "New/

Class"命令,弹出"New Java Class"对话框,如图 9.14 所示。

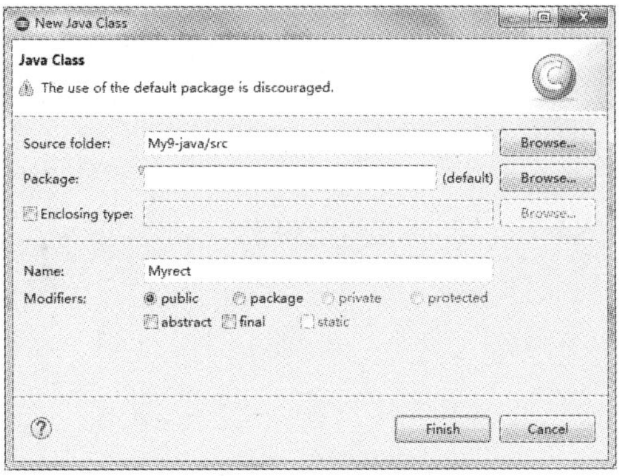

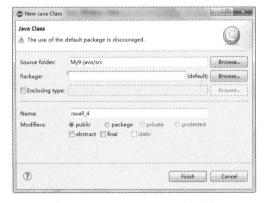

图 9.14　New Java Class 对话框

在这里设置类名为"Myrect",然后单击"Finish"按钮,就创建一个名称为
Myrect 类,然后编写代码如下:

```java
public class Myrect  extends  Myshape
{
    public Myrect(double width, double height)
    {
            super(width,height);
    }
    //重写父类中的抽象方法 myarea()
    public double myarea()
    {
            return  mywidth*myheight ;
    }
    //重写父类中的抽象方法 mygirth()
    public double mygirth()
    {
            return  (mywidth+myheight)*2 ;
    }
}
```

9.3.3　测试抽象类

下面定义一个测试抽象类,显示长
方形的面积和周长。选择 My9-java 中
的"src",然后单击鼠标右键,在弹
出的右键菜单中单击"New/Class"命
令,弹出"New Java Class"对话框,
如图 9.15 所示。

在这里设置类名为"Java9_4",
然后单击"Finish"按钮,就创建一个
名称为 Java9_4 类,然后编写代码如下:

图 9.15　New Java Class 对话框

```
public class Java9_4
{
    public static void main(String[] args)
    {
            // 创建 Myrect 对象，并设置长方形的长和宽
            Myrect  myr = new Myrect(12.5,9.5) ;
            // 显示长方形的面积
            System.out.println("长方形的面积: "+myr.myarea());
            // 显示长方形的周长
            System.out.println("长方形的周长: "+myr.mygirth());
    }
}
```

单击菜单栏中的"Run/Run"命令（快捷键：Ctrl+F11），就可以编译并运行代码，如图 9.16 所示。

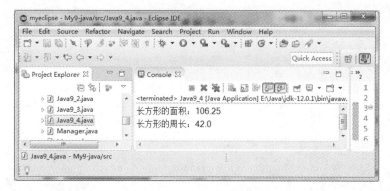

图 9.16　抽象类

9.4　接口

接口在 Java 编程中是一个抽象类型，是抽象方法的集合，接口通常以 interface 来声明。一个类通过继承接口的方式，从而来继承接口的抽象方法。

9.4.1　接口的特征

接口的特征，具体如下：

第一，接口中每一个方法也是隐式抽象的，接口中的方法会被隐式地指定为 public abstract（只能是 public abstract，其他修饰符都会报错）。

第二，接口中可以含有变量，但是接口中的变量会被隐式地指定为 public static final 变量。

第三，接口中的方法是不能在接口中实现的，只能由实现接口的类来实现接口中的方法。

9.4.2　接口与类的相同点与不同点

接口与类的相同点，具体如下：

第一，一个接口可以有多个方法。

第二，接口文件保存在 .java 结尾的文件中，文件名使用接口名。

第三，接口的字节码文件保存在 .class 结尾的文件中。

第四，接口相应的字节码文件必须在与包名称相匹配的目录结构中。

接口与类的不同点，具体如下：

第一，接口不能用于实例化对象。

第二，接口没有构造方法。

第三，接口中所有的方法必须是抽象方法。

第四，接口不能包含成员变量，除了 static 和 final 变量。

第五，接口不是被类继承了，而是要被类实现。

第六，接口支持多继承。

9.4.3　接口与抽象类的区别

接口与抽象类的区别，具体如下：

第一，抽象类中的方法可以有方法体，就是能实现方法的具体功能，但是接口中的方法不行。

第二，抽象类中的成员变量可以是各种类型的，而接口中的变量只能是 public static final 类型的。

第三，接口中不能含有静态代码块以及静态方法（用 static 修饰的方法），而抽象类是可以有静态代码块和静态方法。

第四，一个类只能继承一个抽象类，而一个类却可以实现多个接口。

9.4.4　接口的定义

Java 接口的定义与类几乎相同，不过接口定义使用的关键字是 interface，接口定义由接口声明和接口体两部分组成，其语法格式如下：

```
[public] interface interface_name [extends interface1_name[, interface2_
name,…]]
{
    //接口体，其中可以包含定义常量和声明方法
    [public] [static] [final] type constant_name=value;      //定义常量
    [public] [abstract] returnType method_name(parameter_list); //声明抽象方法
}
```

public 表示接口的修饰符，当没有修饰符时，则使用默认的修饰符，此时该接口的访

问权限仅局限于所属的包。

interfaCe_name 表示接口的名称，可以是任何有效的标识符；extends 表示接口的继承关系；interface1_name 表示要继承的接口名称。

constant_name 表示变量名称，一般是 static 和 final 型的；returnType 表示方法的返回值类型；parameter_list 表示参数列表，在接口中的方法是没有方法体的。

需要注意的是，如果接口本身被定义为 public，则所有的抽象方法和常量都是 public 型的。

双击桌面上的 Eclipse 快捷图标，就可以打开软件。选择 My9-java 中的"src"，然后单击鼠标右键，在弹出的右键菜单中单击"New/Interface"命令，弹出"New Java Interface"对话框，如图 9.17 所示。

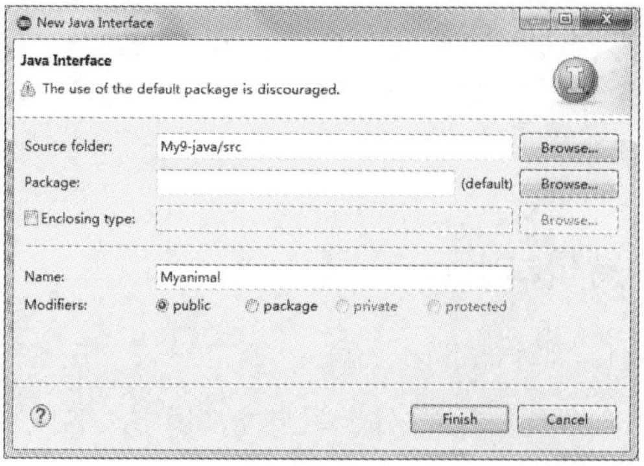

图 9.17　New Java Interface 对话框

在这里设置接口名为"Myanimal"，然后单击"Finish"按钮，就创建一个名称为 Myanimal 接口，代码如下：

```
public interface Myanimal
{

}
```

接下来在接口中添加抽象方法，具体代码如下：

```
public interface Myanimal
{
    int age=2;                              // 动物的年龄
String name=" 山羊 ";
    public void eat();                      // 动物吃方法
    public void travel();                   // 动物行走
}
```

9.4.5　接口的实现

选择 My9-java 中的"src"，然后单击鼠标右键，在弹出的右键菜单中单击"New/Class"命令，弹出"New Java Class"对话框，如图 9.18 所示。

在这里设置类名为"Java9_5"，然后单击"Finish"按钮，就创建一个名称为 Java9_5 类，然后编写代码如下：

```
public class Java9_5 implements Myanimal
{
    //接口中的 eat() 方法的实现
    public void eat()
    {
        System.out.println(age+"岁的 "+name+" 在吃草！");
    }
    //接口中的 travel() 方法的实现
    public void travel()
    {
        System.out.println("小狗在飞快地跑！") ;
    }
    //主方法
    public static void main(String[] args)
    {
        Java9_5  myj = new Java9_5();
        myj.eat();
        myj.travel();
    }
}
```

单击菜单栏中的"Run/Run"命令（快捷键：Ctrl+F11），就可以编译并运行代码，如图 9.19 所示。

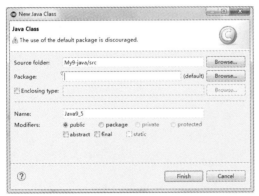

图 9.18　New Java Class 对话框

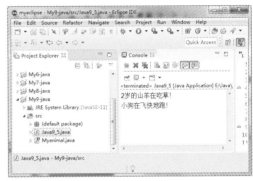

图 9.19　接口的实现

9.4.6　接口的继承

一个接口能继承另一个接口，和类之间的继承方式比较相似。接口的继承使用 extends 关键字，子接口继承父接口的方法。

双击桌面上的 Eclipse 快捷图标，就可以打开软件。选择 My9-java 中的"src"，然后单击鼠标右键，在弹出的右键菜单中单击"New/Interface"命令，弹出"New Java Interface"对话框，如图 9.20 所示。

在这里设置接口名为"Mysport"，然后单击"Finish"按钮，就创建一个名称为

Mysport 接口，然后输入代码如下：

```
public interface Mysport
{
    // 设置主队名称的方法
    public void setHomeTeam(String name);
    // 设置客队名称的方法
    public void setVisitingTeam(String name);
}
```

Mysport 接口中有两个方法。下面创建继承接口，即子接口。选择 My9-java 中的"src"，然后单击鼠标右键，在弹出的右键菜单中单击"New/Interface"命令，弹出"New Java Interface"对话框，如图 9.21 所示。

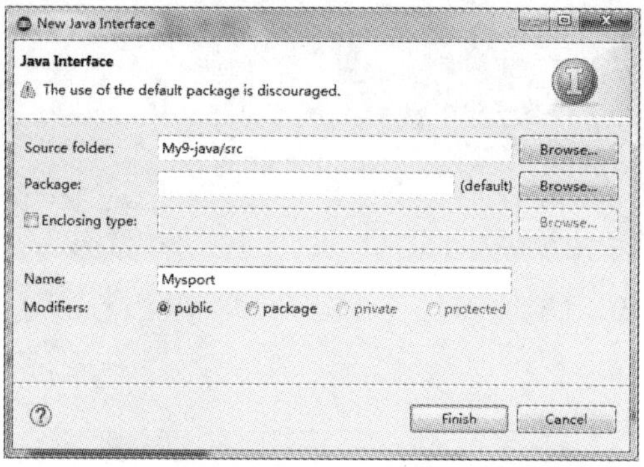

图 9.20　New Java Interface 对话框 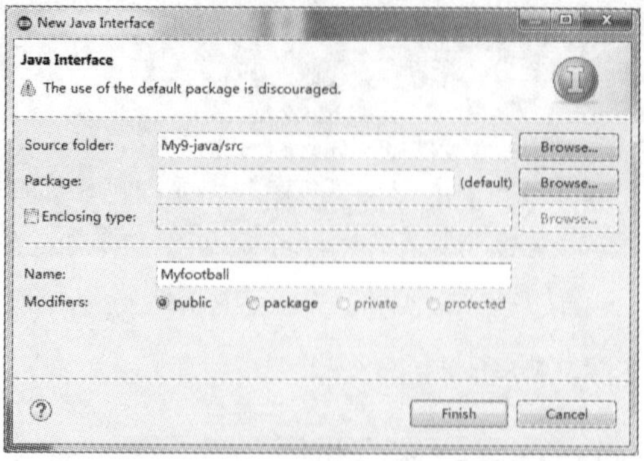　　图 9.21　New Java Interface 对话框

在这里设置接口名为"Myfootball"，然后单击"Finish"按钮，就创建一个名称为 Myfootball 的接口，然后输入代码如下：

```
public interface Myfootball extends Mysport
{
    // 获取主队的得分方法
    public void homeTeamScored(int points);
    // 获取客队的得分方法
    public void visitingTeamScored(int points);
}
```

Myfootball 接口也定义了两个方法，但该接口继承了 Mysport 接口，所以 Myfootball 接口有 4 个方法。

下面来看一下继承接口的实现。选择 My9-java 中的"src"，然后单击鼠标右键，在弹出的右键菜单中单击"New/Class"命令，弹出"New Java Class"对话框，如图 9.22 所示。

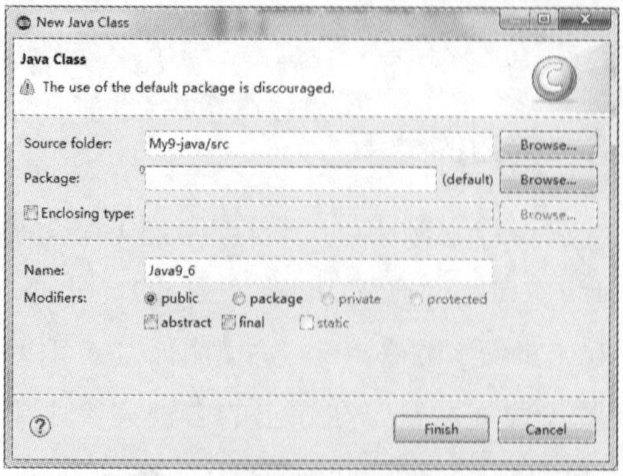

图 9.22　New Java Class 对话框

在这里设置类名为"Java9_6"，然后单击"Finish"按钮，就创建一个名称为Java9_6类，
然后编写代码如下：

```java
import java.util.Scanner;
public class Java9_6   implements Myfootball
{
    public String myname1 ,myname2;
    public int   mynum1,mynum2 ;
    //设置主队名
    public void setHomeTeam(String name)
    {
        this.myname1 = name ;
    }
    //设置客队名
    public void setVisitingTeam(String name)
    {
        this.myname2 = name;
    }
    // 获取主队得分
    public void homeTeamScored(int points)
    {
        this.mynum1 = points ;
    }
    // 获取客队得分
    public void visitingTeamScored(int points)
    {
        this.mynum2 = points ;
    }
    // 主方法
    public static void main(String[] args)
    {
        Java9_6 myj = new Java9_6();
        Scanner myinput = new Scanner(System.in);
        //设置主队名及得分
        System.out.print("请输入主队名: ") ;
        String myn = myinput.next() ;
        myj.setHomeTeam(myn);
        System.out.print("请输入主队得分: ") ;
        int   myx = myinput.nextInt();
        myj.homeTeamScored(myx);
        //设置客队名及得分
        System.out.print("请输入客队名: ") ;
        myj.setVisitingTeam(myinput.next());
        System.out.print("请输入客队得分: ") ;
        myj.visitingTeamScored(myinput.nextInt());
        System.out.println("主队名是: "+myj.myname1+"\t得分是: "+myj.mynum1);
        System.out.println("客队名是: "+myj.myname2+"\t得分是: "+myj.mynum2);
        if (myj.mynum1 > myj.mynum2)
        {
            System.out.println("主队赢了! ");
        }
        else if(myj.mynum1 == myj.mynum2)
        {
            System.out.println("主队和客队平了! ");
        }
        else
        {
            System.out.println("客队赢了! ");
        }
    }
}
```

单击菜单栏中的"Run/Run"命令（快捷键：Ctrl+F11），就可以编译并运行代码，提醒"请输入主队名"，在这里输入"青岛队"，然后回车，提醒"请输入主队得分"，在这里输入"3"；然后回车，提醒"请输入客队名"，在这里输入"西安队"，回车，提醒"请输入客队得分"，在这里输入"2"，然后回车，如图 9.23 所示。

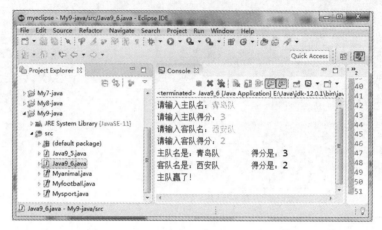

图 9.23　接口的继承及实现

第 10 章

Java 程序设计的集合框架和泛型

Java 集合框架都位于 java.util 包中，提供了一个表示和操作对象集合的统一构架，包含大量集合接口，以及这些接口的实现类和操作它们的算法。泛型是 JDK 5 中引入的一个新特性，泛型提供了编译时类型安全检测机制，该机制允许我们在编译时检测到非法的类型。

本章主要内容包括：

➤ 设计集合框架的目标

➤ 集合框架中的接口和接口实现类

➤ Collection 接口

➤ 创建 ArrayList 类及其常用方法

➤ List 集合中元素的基本操作

➤ List 集合中元素的查找与截取

➤ List 接口的实现类 LinkedList

➤ Set 接口及实现类

➤ Map 接口及实现类

➤ 泛型方法和泛型类

10.1 集合框架

下面来看一下集合框架设计的目标、集合框架中的接口和接口的实现类。

10.1.1 设计集合框架的目标

设计集合框架的目标有三点，具体如下：

第一，集合框架必须是高性能的。基本集合（动态数组、链表、树、哈希表）的实现也必须是高效的。

第二，集合框架允许不同类型的集合以类似的方式工作，具有高度的互操作性。

第三，对一个集合的扩展和适应必须是简单的。

10.1.2 集合框架中的接口

集合框架中的接口主要有4个，分别是Collection接口、List接口、Set接口、Map接口。这些接口提供了对集合框架中所表示的内容进行单独操作的可能。

1. Collection 接口

Collection 接口存储一组不唯一、无序的对象。Collection 接口是最基本的集合接口，一个 Collection 代表一个元素，即 Collection 的元素，Java 不提供直接继承自 Collection 的类，只提供继承于子接口的 (如 List 和 set)。

2. List 接口

List 接口存储一组不唯一、有序（插入顺序）的对象。List 接口是一个有序的 Collection 接口，使用此接口能够精确地控制每个元素插入的位置，能够通过索引（元素在 List 中的位置，类似于数组的下标）来访问 List 中的元素，第一个元素的索引为 0，而且允许有相同的元素。

3. Set 接口

Set 接口存储一组唯一、无序的对象。SortedSet 是按升序排列的 Set 集合。

4. Map 接口

Map 接口包含键值对，不能包含重复的键。SortedMap 是一个按升序排列的 Map 集合。

10.1.3 集合框架中的接口实现类

接口实现类是集合框架接口的具体实现。从本质上讲，它们是可重复使用的数据结构。集合框架中的接口实现类具体如下：

ArrayList 类实现了 List 的接口，实现了可变大小的数组，随机访问和遍历元素时可提供更好的性能。

LinkedList 类也实现了 List 接口，允许有 null（空）元素，主要用于创建链表数据结构。

HashSet 类实现了 Set 接口，不允许出现重复元素，不保证集合中元素的顺序，允许包含值为 null 的元素，但最多只能一个。

TreeSet 类也实现了 Set 接口，可以实现排序等功能。

HashMap 类实现了 Map 接口，根据键的 HashCode 值存储数据，具有很快的访问速度，最多允许一条记录的键为 null。HashMap 是一个散列表，它存储的内容是键值对 (key-value) 映射。

10.2 Collection 接口

Collection 接口是 List 接口和 Set 接口的父接口，该接口定义了一些通用的方法，通过这些方法可以实现对集合的基本操作。

Collection 接口的常用抽象方法如下：

boolean add(E e)：向集合中添加一个元素，E 是元素的数据类型。

boolean addAll(Collection c)：向集合中添加集合 c 中的所有元素。

void clear()：删除集合中的所有元素。

boolean contains(Object o)：判断集合中是否存在指定元素。

boolean containsAll(Collection c)：判断集合中是否包含集合 c 中的所有元素。

Boolean isEmpty()：判断集合是否为空。

Iterator iterator()：返回一个 Iterator 对象，用于遍历集合中的元素。

boolean remove(Object o)：从集合中删除一个指定元素。

boolean removeAll(Collection c)：从集合中删除所有在集合 c 中出现的元素。

boolean retainAll(Collection c)：仅仅保留集合中所有在集合 c 中出现的元素。

int size()：返回集合中元素的个数。

10.3 List 接口的实现类 ArrayList

List 接口实现了 Collection 接口，它主要有两个实现类，分别是 ArrayList 类和 LinkedList 类。下面先来讲解 ArrayList 类。

10.3.1 ArrayList 类的常用方法

ArrayList 类除了包含 Collection 接口中的所有方法之外，还包括以下几个常用的方法。

E get(int index)：获取此集合中指定索引位置的元素，E 为集合中元素的数据类型。

int index(Object o)：返回此集合中第一次出现指定元素的索引，如果此集合不包含该元素，则返回 −1。

int lastIndexOf(Object o)：返回此集合中最后一次出现指定元素的索引，如果此集合不包含该元素，则返回 −1。

E set(int index, E element)：将此集合中指定索引位置的元素修改为 element 参数指定的对象。

List<E> subList(int fromIndex, int toIndex)：返回一个新的集合，新集合中包含 fromIndex 和 toIndex 索引之间的所有元素。包含 fromIndex 处的元素，不包含 toIndex 索引处的元素。

10.3.2 创建 ArrayList 类

双击桌面上的 Eclipse 快捷图标，就可以打开软件，然后单击菜单栏中的"File/New/Java Project"命令，弹出"New Java Project"对话框，如图 10.1 所示。

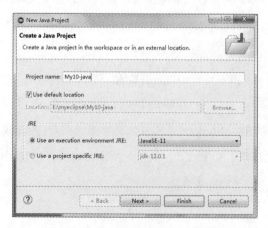

图 10.1　New Java Project 对话框

在这里设置项目名为"My10-
java",然后单击"Finish"按钮,就
可以创建 My10-java 项目。

选择 My10-java 中的"src",然
后单击鼠标右键,在弹出的右键菜单中
单击"New/Class"命令,弹出"New
Java Class"对话框,如图 10.2 所示。

在这里设置类名为"Java10_1",
然后单击"Finish"按钮,就创建一个
名称为 Java10_1 类,然后编写代码如下:

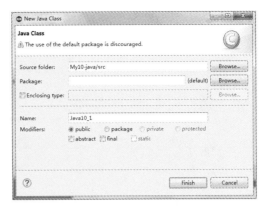

图 10.2　New Java Class 对话框

```java
import java.util.List;
import java.util.ArrayList;
public class Java10_1
{
    public static void main(String[] args)
    {
        List myl = new ArrayList();
        myl.add("红色");
        myl.add("绿色") ;
        myl.add("蓝色");
        myl.add("黄色");
        myl.add("黑色");
        myl.add("白色");
        System.out.println("List 集合 myl 中的元素个数是: "+myl.size()+", 具体
如下: ");

        for(int i=0; i<myl.size();i++)
        {
            System.out.println("myl["+i+"] 的值是: "+myl.get(i)) ;
        }
    }
}
```

在这里先导入 List 类和 ArrayList 类,然后在主方法中创建 ArrayList 类对象,然

后调用 add() 方法向
List 集合中添加数据,
最后利用 for 循环显
示 List 集合中的数据。

单击菜单栏中的
"Run/Run"命令(快
捷 键:Ctrl+F11),
就可以编译并运行代
码,如图 10.3 所示。

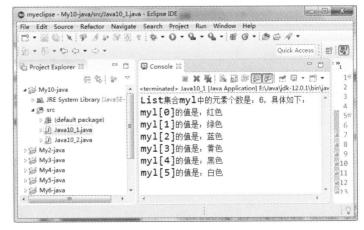

图 10.3　创建 ArrayList 类

10.3.3 List 集合中元素的基本操作

双击桌面上的 Eclipse 快捷图标，就可以打开软件。选择 My10-java 中的"src"，然后单击鼠标右键，在弹出的右键菜单中单击"New/Class"命令，弹出"New Java Class"对话框，如图 10.4 所示。

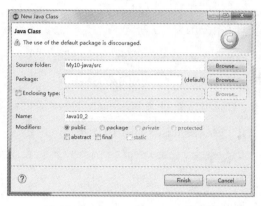

在这里设置类名为"Java10_2"，然后单击"Finish"按钮，就创建一个名称为 Java10_2 类，然后编写代码如下：

图 10.4　New Java Class 对话框

```java
import java.util.List;
import java.util.ArrayList;
public class Java10_2
{
    public static void main(String[] args)
    {
        List myl1 = new ArrayList();
        List myl2 = new ArrayList();
        myl1.add("红色");
        myl1.add("绿色") ;
        myl1.add("蓝色");
        myl2.addAll(myl1) ;                    // 将 myl1 的所有元素添加到 myl2
        myl2.add("白色") ;
        myl2.add("青色") ;
        myl2.add("黄色") ;
        System.out.println("List 集合 myl1 中的元素个数是："+myl1.size()+"，具体
如下：");
        for(int i=0; i<myl1.size();i++)
        {
            System.out.print(myl1.get(i)+"\t") ;
        }
        System.out.println("\nList 集合 myl2 中的元素个数是："+myl2.size()+"，具
体如下：");
        for(int i=0; i<myl2.size();i++)
        {
            System.out.print(myl2.get(i)+"\t") ;
        }
        myl2.remove(1);                        // 删除第 2 个元素
        myl2.remove(3) ;                       // 删除第 4 个元素
        System.out.println("\n 删除元素后，List 集合 myl2 中的元素个数是："+myl2.
size()+"，具体如下：");
        for(int i=0; i<myl2.size();i++)
        {
            System.out.print(myl2.get(i)+"\t") ;
        }
        myl2.removeAll(myl1);                  // 把 myl2 中与 myl1 中相同的元素删除
        System.out.println("\n 把 myl2 中与 myl1 中相同的元素删除后，List 集合 myl2
中的元素个数是："+myl2.size()+"，具体如下：");
        for(int i=0; i<myl2.size();i++)
        {
            System.out.print(myl2.get(i)+"\t") ;
```

```
        }
        myl2.clear();                    // 删除 myl2 中所有元素
        System.out.println("\n删除 myl2 中的所有元素后,List 集合 myl2 中的元素个数是:
"+myl2.size()+"。");
    }
}
```

利用 add() 方法可以向 List 集合添加一个元素。利用 addAll() 方法可以把一个 List 集合中所有元素添加到另一个 List 集合中。利用 remove() 方法可以删除 List 集合中某一个元素。利用 removeAll() 可以把一个 List 集合与另一个 List 集合相同的元素全部删除。利用 clear() 方法可以删除一个 List 集合中的所有元素。

单击菜单栏中的"Run/Run"命令（快捷键：Ctrl+F11），就可以编译并运行代码，如图 10.5 所示。

图 10.5　List 集合中元素的基本操作

10.3.4　List 集合中元素的查找与截取

双击桌面上的 Eclipse 快捷图标，就可以打开软件。选择 My10-java 中的"src"，然后单击鼠标右键，在弹出的右键菜单中单击"New/Class"命令，弹出"New Java Class"对话框，如图 10.6 所示。

在这里设置类名为"Java10_3"，然后单击"Finish"

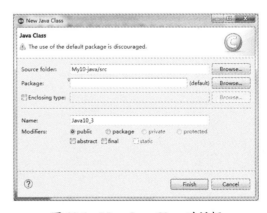

图 10.6　New Java Class 对话框

按钮，就创建一个名称为 Java10_3 类，然后编写代码如下：

```
import java.util.List;
import java.util.ArrayList;
public class Java10_3
{
```

```
    public static void main(String[] args)
    {
        List my1 = new ArrayList();
        my1.add("红色");
        my1.add("绿色") ;
        my1.add("蓝色");
        my1.add("红色");
        my1.add("黑色");
        my1.add("红色");
        my1.add("黄色");
        System.out.println("List 集合 my1 中的元素个数是："+my1.size()+"，具体
如下：");
        for(int i=0; i<my1.size();i++)
        {
            System.out.println("my1["+i+"] 的值是："+my1.get(i)) ;
        }
        System.out.println(" 红色在 List 集合 my1 中第一次出现的位置是："+my1.
indexOf("红色"));
        System.out.println(" 红色在 List 集合 my1 中最后一次出现的位置是："+my1.
lastIndexOf("红色"));
        List mys = new ArrayList();
        mys = my1.subList(1, 5);           // 从 my1 集合中截取索引 2~6 的元素，保存到 mys 集合中
        System.out.println("List 集合 mys 中的元素个数是："+mys.size()+"，具体
如下：");
        for(int i=0; i<mys.size();i++)
        {
            System.out.println("mys["+i+"] 的值是："+mys.get(i)) ;
        }
    }
}
```

单击菜单栏中的"Run/Run"命令（快捷键：Ctrl+F11），就可以编译并运行代码，如图 10.7 所示。

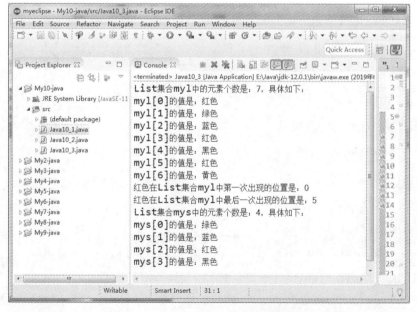

图 10.7 List 集合中元素的查找与截取

10.4 List 接口的实现类 LinkedList

LinkedList 类是利用链表结构保存对象，其优点是方便于向集合中插入或者删除元素。

10.4.1 LinkedList 类的常用方法

LinkedList 类除了包含 Collection 接口中的所有方法之外，还包括以下几个常用的方法。

Void addFirst(E e)：将指定元素添加到此集合的开头。

Void addLast(E e)：将指定元素添加到此集合的末尾。

E getFirst()：返回此集合的第一个元素。

E getLast()：返回此集合的最后一个元素

E removeFirst()：删除此集合中的第一个元素

E removeLast()：删除此集合中的最后一个元素

10.4.2 LinkedList 类的应用

双击桌面上的 Eclipse 快捷图标，就可以打开软件。选择 My10-java 中的 "src"，然后单击鼠标右键，在弹出的右键菜单中单击 "New/Class" 命令，弹出 "New Java Class" 对话框，如图 10.8 所示。

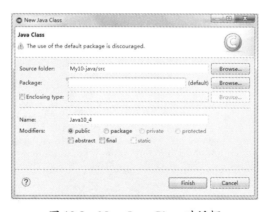

图 10.8 New Java Class 对话框

在这里设置类名为 "Java10_4"，然后单击 "Finish" 按钮，就创建一个名称为 Java10_4 类，然后编写代码如下：

```
import java.util.List;
import java.util.LinkedList;
public class Java10_4
{
```

```
    public static void main(String[] args)
    {
        LinkedList myl = new LinkedList();
        myl.add("张平");
        myl.add("李晓波");
        myl.add("赵化杰");
        myl.add("王可群");
        System.out.println("List 集合 myl 中的元素个数是："+myl.size()+"，具体
如下：");
        for(int i=0; i<myl.size();i++)
        {
            System.out.print(myl.get(i)+"\t") ;
        }
        System.out.println("\nList 集合 myl 的第一个元素是："+myl.getFirst());
        System.out.println("List 集合 myl 的最后一个元素是："+myl.getLast());
        // 删除第一个元素和最后一个元素
        myl.removeFirst();
        myl.removeLast() ;
        System.out.println("\nList 集合 myl 中的元素个数是："+myl.size()+"，具体
如下：");
        for(int i=0; i<myl.size();i++)
        {
            System.out.print(myl.get(i)+"\t") ;
        }
        // 添加第一个元素和最后一个元素
        myl.addFirst("周远");
        myl.addLast("周文康");
        System.out.println("\n\nList 集合 myl 中的元素个数是："+myl.size()+"，具
体如下：");
        for(int i=0; i<myl.size();i++)
        {
            System.out.print(myl.get(i)+"\t") ;
        }
    }
}
```

单击菜单栏中的"Run/Run"命令（快捷键：Ctrl+F11），就可以编译并运行代码，如图 10.9 所示。

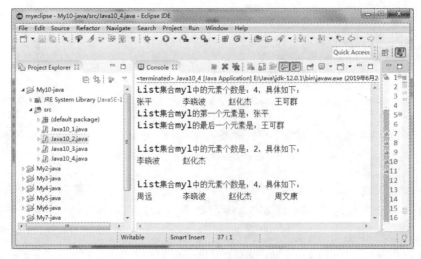

图 10.9　List 接口的实现类

10.5 Set 接口及实现类

Set 接口也可以实现 Collection 接口，它主要有两个实现类：HashSet 类和 TreeSet 类。

10.5.1 HashSet 类的应用

HashSet 类是按照哈希算法来存储集合中的元素，使用哈希算法可以提高集合元素的存储速度，当向 Set 集合中添加一个元素时，HashSet 会调用该元素的 hashCode() 方法，获取其哈希码，然后根据这个哈希码计算出该元素在集合中的存储位置。

双击桌面上的 Eclipse 快捷图标，就可以打开软件。选择 My10-java 中的"src"，然后单击鼠标右键，在弹出的右键菜单中单击"New/Class"命令，弹出"New Java Class"对话框，如图 10.10 所示。

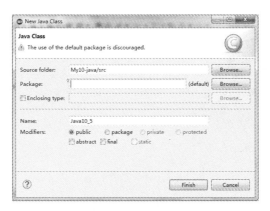

图 10.10 New Java Class 对话框

在这里设置类名为"Java10_5"，然后单击"Finish"按钮，就创建一个名称为 Java10_5 类，然后编写代码如下：

```java
import java.util.HashSet;
import java.util.Iterator;
public class Java10_5
{
    public static void main(String[] args)
    {
        HashSet  myhs = new HashSet() ;
        myhs.add("红色");
        myhs.add("绿色");
        myhs.add("蓝色");
        myhs.add("红色");
        myhs.add("蓝色");
        System.out.println("Set 集合 myhs 中的元素个数是："+myhs.size()+"，具体
如下：");

        Iterator myn = myhs.iterator() ;
    while(myn.hasNext())
```

```
        {
            System.out.println(myn.next());                    // 输出 Set 集合中的元素
        }
    }
}
```

需要注意的是，Set 集合中元素是不能重复的，所以在这里虽然利用 add() 方法添加了 5 个元素，但有 2 个红色和 2 个蓝色，所以只有 3 个元素。

单击菜单栏中的"Run/Run"命令（快捷键：Ctrl+F11），就可以编译并运行代码，如图 10.11 所示。

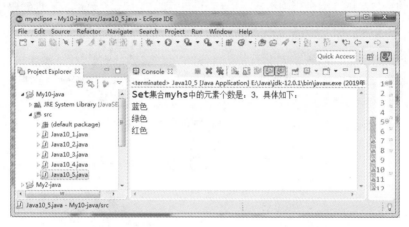

图 10.11　HashSet 类的应用

10.5.2　TreeSet 类的应用

TreeSet 类同时实现了 Set 接口和 SortedSet 接口。SortedSet 接口是 Set 接口的子接口，可以实现对集合进行升序排序。

TreeSet 类除了包含 Collection 接口中的所有方法之外，还包括以下几个常用的方法。

E first()：返回此集合中的第一个元素。其中，E 表示集合中元素的数据类型。

E last()：返回此集合中的最后一个元素。

E poolFirst()：获取并移除此集合中的第一个元素。

E poolLast()：获取并移除此集合中的最后一个元素。

SortedSet<E> subSet(E fromElement, E toElement)：返回一个新的集合，新集合包含原集合中 fromElement 对象与 toElement 对象之间的所有对象。包含 fromElemen t 对象，不包含 toElement 对象。

SortedSet<E> headSet<E toElement>：返回一个新的集合，新集合包含原集合中 toElement 对象之前的所有对象。注意，不包含 toElement 对象。

SortedSet<E> tailSet(E fromElement)：返回一个新的集合，新集合包含原集合中 fromElement 对象之后的所有对象。注意，包含 fromElement 对象。

双击桌面上的 Eclipse 快捷图标，就可以打开软件。选择 My10-java 中的"src"，然后单击鼠标右键，在弹出的右键菜单中单击"New/Class"命令，弹出"New Java Class"对话框，如图 10.12 所示。

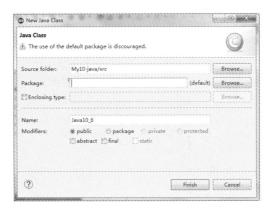

图 10.12　New Java Class 对话框

在这里设置类名为"Java10_6"，然后单击"Finish"按钮，就创建一个名称为 Java10_6 类，然后编写代码如下：

```java
import java.util.Iterator;
import java.util.Scanner;
import java.util.SortedSet;
import java.util.TreeSet;
public class Java10_6
{
    public static void main(String[] args)
    {
        TreeSet<Double>  mysc = new TreeSet<Double>() ;
        Scanner myinput = new Scanner(System.in);
        for(int x=0; x<6;x++)
        {
            System.out.print("请输入第 "+(x+1)+" 个职工的工资：");
            double myw = myinput.nextDouble() ;
            mysc.add(myw);
        }
        Iterator<Double> myit=mysc.iterator();        // 创建 Iterator 对象
        System.out.println("\n 职工工资从低到高的排序：");
        while(myit.hasNext())
        {
            System.out.print(myit.next()+"\t");
        }
        // 显示工资低于 6000 元的职工工资信息
        SortedSet<Double>  mylow = mysc.headSet(6000.0) ;
        System.out.println("\n\n 显示工资低于 6000 元的职工工资信息：");
        for(int i=0;i<mylow.toArray().length;i++)
        {
            System.out.print(mylow.toArray()[i]+"\t");
        }
        // 显示工资高于 8000 元的职工工资信息
        SortedSet<Double>  myhigh = mysc.tailSet(8000.0) ;
        System.out.println("\n\n 显示工资高于 8000 元的职工工资信息：");
        for(int i=0;i<myhigh.toArray().length;i++)
        {
            System.out.print(myhigh.toArray()[i]+"\t");
```

```
        }
      }
    }
```

单击菜单栏中的"Run/Run"命令（快捷键：Ctrl+F11），就可以编译并运行代码，首先要动态输入 6 个职工的工资信息，如图 10.13 所示。

图 10.13　动态输入 6 个职工的工资信息

正确输入后，然后回车，就会从低到高显示 6 个职工工资信息，并显示工资高于8000 元的职工工资信息和工资低于 6000 元的职工工资信息，如图 10.14 所示。

图 10.14　职工工资排序及查询信息

10.6　Map 接口及实现类

Map 是一种键－值对（key-value）集合，Map 集合中的每一个元素都包含一个键对象和一个值对象。其中，键对象不允许重复，而值对象可以重复。Map 接口主要实现类是 HashMap 类，即按哈希算法来存取键对象。

10.6.1　HashMap 类的常用方法

HashMap 类的常用方法具体如下：

V　get(Object key)：返回 Map 集合中指定键对象所对应的值。V 表示值的数据类型。

V　put(K key, V value)：向 Map 集合中添加键 – 值对，返回 key 以前对应的 value，如果没有，则返回 null。

V　remove(Object key)：从 Map 集合中删除 key 对应的键 – 值对，返回 key 对应的 value，如果没有，则返回 null。

Set　entrySet()：返回 Map 集合中所有键 – 值对的 Set 集合，此 Set 集合中元素的数据类型为 Map.Entry。

Set　keySet()：返回 Map 集合中所有键对象的 Set 集合。

10.6.2　HashMap 类的应用

双击桌面上的 Eclipse 快捷图标，就可以打开软件。选择 My10–java 中的 "src"，然后单击鼠标右键，在弹出的右键菜单中单击 "New/Class" 命令，弹出 "New Java Class" 对话框，如图 10.15 所示。

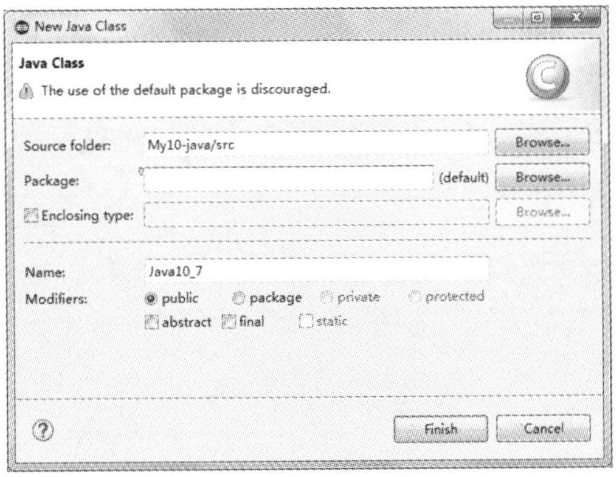

图 10.15　New Java Class 对话框

在这里设置类名为 "Java10_7"，然后单击 "Finish" 按钮，就创建一个名称为 Java10_7 类，然后编写代码如下：

```
import java.util.HashMap;
import java.util.Iterator;
import java.util.Scanner;
public class Java10_7
{
    public static void main(String[] args)
    {
            HashMap myw =new HashMap();
            myw.put("1101", "赵华峰");
            myw.put("1102", "周文华") ;
```

```
        myw.put("1103", "刘付华") ;
        myw.put("1104", "李红战");
        myw.put("1105", "张心可") ;
        myw.put("1106", "王君可") ;
        Iterator it=myw.keySet().iterator();
while(it.hasNext())
{
    // 遍历显示 Map 中的所有数据
    Object key=it.next();
    Object val=myw.get(key);
    System.out.println("职工号："+key+"，姓名 :"+val);
}
Scanner myinput=new Scanner(System.in);
System.out.print("\n请输入要删除的职工号：");
int mynum=myinput.nextInt();
if(myw.containsKey(String.valueOf(mynum)))
{   // 判断是否包含指定键
    myw.remove(String.valueOf(mynum));              // 如果包含就删除
}
else
{
    System.out.println("不存在该职工！");
}
System.out.println("\n\n显示删除职工后的职工信息");
Iterator myit=myw.keySet().iterator();
while(myit.hasNext())
{
    // 遍历显示 Map 中的所有数据
    Object key=myit.next();
    Object val=myw.get(key);
    System.out.println("职工号："+key+"，姓名 :"+val);
}
    }
}
```

单击菜单栏中的 "Run/Run" 命令（快捷键：Ctrl+F11），就可以编译并运行代码，就可以显示 Map 中的所有数据，如图 10.16 所示。

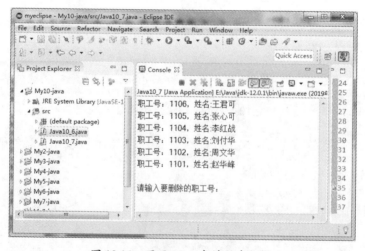

图 10.16　显示 Map 中的所有数据

在这里 "输入要删除的职工号"，即输入 1103，然后回车，就可以看到删除数据后的信息，如图 10.17 所示。

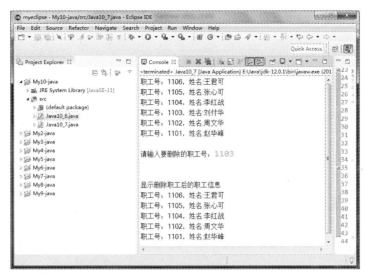

图 10.17　删除数据后的信息

10.7　泛型

下面来看一下泛型方法和泛型类。

10.7.1　泛型方法

可以编写一个泛型方法，该方法在调用时可以接收不同类型的参数。根据传递给泛型方法的参数类型，编译器适当地处理每一个方法调用。泛型方法的语法格式如下：

访问权限修饰符][static][final]< 类型参数列表 > 返回值类型方法名([形式参数列表])

例如：

```
public static <E> void printArray( E[] inputArray )
```

双击桌面上的 Eclipse 快捷图标，
就可以打开软件。选择 My10-java 中
的 "src"，然后单击鼠标右键，在弹
出的右键菜单中单击 "New/Class"
命令，弹出 "New Java Class" 对话
框，如图 10.18 所示。

在这里设置类名为 "Java10_8"，
然后单击 "Finish" 按钮，就创建一个

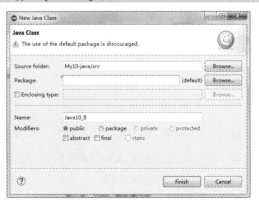

图 10.18　New Java Class 对话框

名称为 Java10_8 类，然后编写代码如下：

```java
public class Java10_8
{
    // 泛型方法 printArray
    public static <E> void printArray(E[] inputArray)
    {
        // 输出数组元素
        for ( E element : inputArray )
        {
            System.out.print(element+"\t" );
        }
        System.out.println();
    }
    public static void main( String args[] )
    {
        // 创建不同类型数组: Integer, Double 和 Character
        Integer[] intArray = { 10, 20, 30, 40, 50,60 };
        Double[] doubleArray = { 96.1, 96.2, 96.3, 96.4 ,98.5};
        Character[] charArray = { 'J', 'a', 'v', 'a', '!' };
        System.out.println( "整型数组元素为:" );
        printArray( intArray ); // 传递一个整型数组
        System.out.println( "\n 双精度型数组元素为:" );
        printArray( doubleArray ); // 传递一个双精度型数组
        System.out.println( "\n 字符型数组元素为:" );
        printArray( charArray ); // 传递一个字符型数组
    }
}
```

单击菜单栏中的"Run/Run"命令（快捷键：Ctrl+F11），就可以编译并运行代码，如图 10.19 所示。

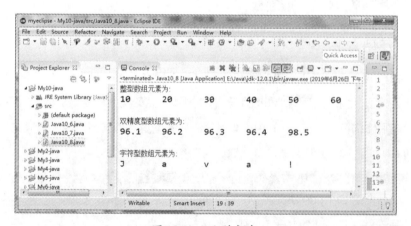

图 10.19　泛型方法

10.7.2　泛型类

泛型类和泛型方法一样，其语法格式如下：

```java
public class class_name<data_type1,data_type2,…>{}
```

class_name 表示类的名称，data_ type1 等表示类型参数。

双击桌面上的 Eclipse 快捷图标，就可以打开软件。选择 My10-java 中的"src"，

然后单击鼠标右键，在弹出的右键菜单中单击"New/Class"命令，弹出"New Java Class"对话框，如图 10.20 所示。

在这里设置类名为"Worker"，然后单击"Finish"按钮，就创建一个名称为 Worker 类，然后编写代码如下：

```java
public class Worker<T>                          // 定义泛类
{
    private T t;
    public void set(T t)
    {
        this.t = t;
    }
    public T get()
    {
        return t;
    }
}
```

这里定义 Worker<T> 泛类，接下来再定义一个类来调用 Worker<T> 泛类。

选择 My10-java 中的"src"，然后单击鼠标右键，在弹出的右键菜单中单击"New/Class"命令，弹出"New Java Class"对话框，如图 10.21 所示。

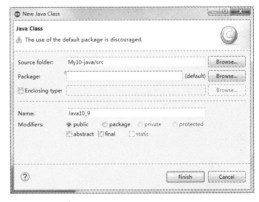

图 10.20　New Java Class 对话框　　　　图 10.21　New Java Class 对话框

在这里设置类名为"Java10_9"，然后单击"Finish"按钮，就创建一个名称为 Java10_9 类，然后编写代码如下：

```java
public class Java10_9
{
    public static void main(String[] args)
    {
        Worker<Integer>  mynum = new Worker<Integer>() ;
        Worker<String>  myname = new Worker<String>();
        Worker<String>  mysex = new Worker<String>();
        Worker<Double>  mywages = new Worker<Double>();
        mynum.set(1103);
        myname.set(" 王雨亮 ");
        mysex.set(" 女 ");
        mywages.set(6889.5);
        System.out.println(" 职工的职工号: "+mynum.get()) ;
        System.out.println(" 职工的姓名: "+myname.get()) ;
```

```
            System.out.println(" 职工的性别："+mysex.get()) ;
            System.out.println(" 职工的工资："+mywages.get()) ;
        }
    }
```

单击菜单栏中的"Run/Run"命令（快捷键：Ctrl+F11），就可以编译并运行代码，如图 10.22 所示。

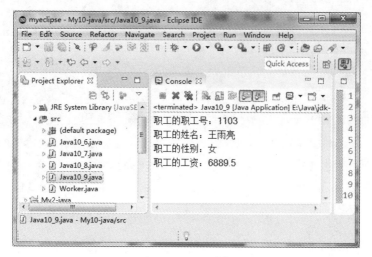

图 10.22　泛型类

第 11 章
Java 程序设计的文件和文件夹操作

计算机操作系统是以文件为单位对数据进行管理的。文件是指存储在某种介质上的数据集合。文件在存储介质上的位置是由驱动器名称、文件夹及文件名来定位的。

本章主要内容包括：

➤ 在当前文件夹中创建文件
➤ 查看文件的属性
➤ 在当前目录的子文件夹中创建文件
➤ 利用绝对路径创建文件
➤ 向文件中写入内容
➤ 读取文件中的内容
➤ 二进制文件的读写

➤ 在当前文件夹中创建文件
➤ 在当前目录的子文件夹中创建文件夹
➤ 利用绝对路径创建文件夹
➤ 查看当前工作目录的绝对路径
➤ 查看操作系统的根目录
➤ 查看指定目录中的文件和文件夹

11.1 文件的操作

Java 具有强大的文件处理功能，如文件的创建、文件的打开、文件内容的写入、读出文件中的内容等。

11.1.1 在当前文件夹中创建文件

在 Java 中，File 类定义了一些与平台无关的方法来操作文件，该类在 java.io 包中。要创建文件，需要调用 File 类中的 createNewFile() 方法，下面举例说明。

双击桌面上的 Eclipse 快捷图标，就可以打开软件，然后单击菜单栏中的"File/New/Java Project"命令，弹出"New Java Project"对话框，如图 11.1 所示。

在这里设置项目名为"My11-java"，然后单击"Finish"按钮，就可以创建 My11-java 项目。

选择 My11-java 中的"src"，然后单击鼠标右键，在弹出的右键菜单中单击"New/Class"命令，弹出"New Java Class"对话框，如图 11.2 所示。

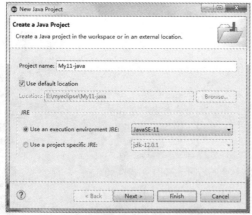

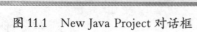

图 11.1 New Java Project 对话框

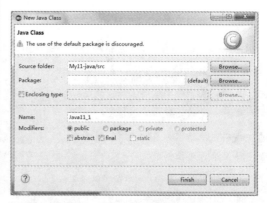

图 11.2 New Java Class 对话框

在这里设置类名为"Java11_1"，然后单击"Finish"按钮，就创建一个名称为 Java11_1 类，然后编写代码如下：

```
import java.io.File;
import java.io.IOException;
public class Java11_1
{
    public static void main(String[] args) throws IOException
```

```
{
        File myf = new File("mytxt1.txt") ;
        if (myf.exists())                          // 判断文件是否存在
        {
            // 如果存在该文件，就先删除该文件，再创建
            System.out.println("mytxt1.txt 文件已存在，要先删除，再创建！");
            myf.delete() ;                          // 删除文件
            myf.createNewFile();                    // 创建文件
            System.out.println(" 已成功创建 mytxt1.txt 文件！");
        }
        else
        {
            System.out.println("mytxt1.txt 文件不存在，可以创建！");
            myf.createNewFile() ;
            System.out.println(" 已成功创建 mytxt1.txt 文件！");
        }
    }
}
```

要使用 File 类，就要先导入 java.io.File 类。另外要利用 File 类中的 createNewFile()
方法创建文件，就要先导入 java.io.IOException 类。下面代码是在当前文件夹中创建
mytxt1.txt 文件。

```
File myf = new File("mytxt1.txt")
```

如果 mytxt1.txt 文件存在，先删除再创建；如果文件不存，可以直接创建。

单击菜单栏中的"Run/Run"命令（快捷键：Ctrl+F11），就可以编译并运行代码，
如图 11.3 所示。

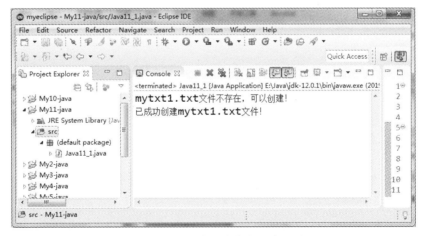

图 11.3　在当前文件夹中创建文件

双击"E:\myeclipse\My11-java"文件夹，就可以看到刚刚创建的 mytxt1.txt 文件，
如图 11.4 所示。

图 11.4　查看刚创建的 mytxt1.txt 文件

如果 mytxt1.txt 文件已存在，再单击菜单栏中的"Run/Run"命令（快捷键：Ctrl+F11），就可以编译并运行代码，如图 11.5 所示。

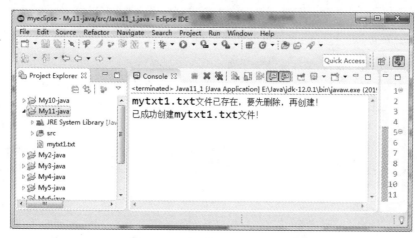

图 11.5　删除已存在文件后再创建

11.1.2　查看文件的属性

利用 File 类还可以获取文件的相关信息，如文件名、文件路径、访问权限和修改日期等，还可以浏览子目录层次结构。

双击桌面上的 Eclipse 快捷图标，就可以打开软件。选择 My11-java 中的"src"，然后单击鼠标右键，在弹出的右键菜单中单击"New/Class"命令，弹出"New Java Class"对话框，如图 11.6 所示。

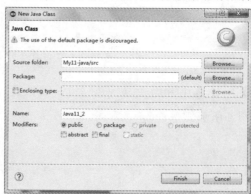

图 11.6　New Java Class 对话框

在这里设置类名为"Java11_2"，然后单击"Finish"按钮，就创建一个名称为
Java11_2 类，然后编写代码如下：

```java
import java.io.File;
import java.util.Date;
public class Java11_2
{
    public static void main(String[] args)
    {
            File myf = new File("mytxt1.txt") ;
            if (myf.exists())                              // 判断文件是否存在
            {
                System.out.println("mytxt1.txt是不是文件："+(myf.isFile()?"是
文件":"不是文件"));
                System.out.println("文件mytxt1.txt是否可读："+(myf.canRead()?
"可读":"不可读"));
                System.out.println("文件mytxt1.txt是否可写："+(myf.canWrite()?
"可写":"不可写"));
                System.out.println("文件mytxt1.txt是否隐藏："+(myf.isHidden()?
"是隐藏文件":"不是隐藏文件"));
                System.out.println("mytxt1.txt是不是文件夹："+(myf.isDirectory()?
"是文件夹":"不是文件夹"));
                System.out.println("文件mytxt1.txt的绝对路径名："+myf.
getAbsolutePath());
                System.out.println("文件mytxt1.txt的相对路径名："+myf.
getPath());
                System.out.println("文件mytxt1.txt的最后修改时间："+new Date
(myf.lastModified()));
                System.out.println("文件的名称："+myf.getName());
                System.out.println("文件mytxt1.txt的长度："+myf.length()+"字
节");
            }
            else
            {
                System.out.println("文件mytxt1.txt不存在！");
            }
    }
}
```

单击菜单栏中的"Run/Run"命令（快捷键：Ctrl+F11），就可以编译并运行代码，
就可以看到文件的属性，如图 11.7 所示。

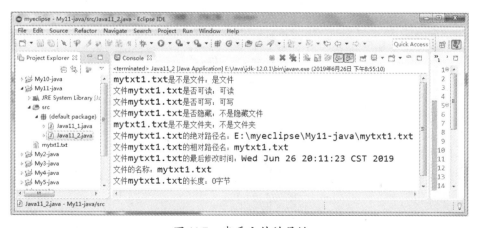

图 11.7　查看文件的属性

11.1.3 在当前目录的子文件夹中创建文件

首先在当前目录，即"E:\myeclipse\My11-java"中，创建一个子文件夹，文件夹名为"myjava"，如图 11.8 所示。

下面编写 Java 程序代码，在当前目录的子文件夹中创建文件。双击桌面上的 Eclipse 快捷图标，就可以打开软件。选择 My11-java 中的"src"，然后单击鼠标右键，在弹出的右键菜单中单击"New/Class"命令，弹出"New Java Class"对话框，如图 11.9 所示。

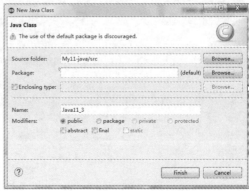

图 11.8　当前目录的子文件夹　　　　图 11.9　New Java Class 对话框

在这里设置类名为"Java11_3"，然后单击"Finish"按钮，就创建一个名称为 Java11_3 类，然后编写代码如下：

```java
import java.io.File;
import java.io.IOException;
import java.util.Date;
public class Java11_3
{
    public static void main(String[] args) throws IOException
    {
        File myf = new File("myjava","mytxt2.txt") ;
        if (myf.exists())                           // 判断文件是否存在
        {
            System.out.println("mytxt2.txt 文件已存在！ ");
        }
        else
        {
            myf.createNewFile();
            System.out.println(" 已成功新建 mytxt2.txt");
        }
        System.out.println(" 文 件 mytxt2.txt 的 绝 对 路 径 名 :"+myf.getAbsolutePath());
        System.out.println(" 文件 mytxt2.txt 的最后修改时间:"+new Date(myf.lastModified())));
        System.out.println(" 文件 mytxt2.txt 的长度:"+myf.length()+" 字节 ");
    }
}
```

在当前目录的子文件夹中创建文件，代码如下：

```java
File myf = new File("myjava","mytxt2.txt") ;
myf.createNewFile();
```

单击菜单栏中的"Run/Run"命令（快捷键：Ctrl+F11），就可以编译并运行代码，就可以在 myjava 中创建一个文本文件，如图 11.10 所示。

图 11.10　在当前目录的子文件夹中创建文件

11.1.4　利用绝对路径创建文件

利用绝对路径创建文件，需要注意在 Java 语言中，字符"\"一定要用转义字符"\\"来表示。如果创建文件的绝对路径为"C:\me\mytxt1.txt"，则 Java 语言代码应该写成"C:\\me\\mytxt2.txt"。

另外，也可以用相对路径表示，不受转义字符限制，即"C:/me/mytxt2.txt"。

双击桌面上的 Eclipse 快捷图标，就可以打开软件。选择 My11-java 中的"src"，然后单击鼠标右键，在弹出的右键菜单中单击"New/Class"命令，弹出"New Java Class"对话框，如图 11.11 所示。

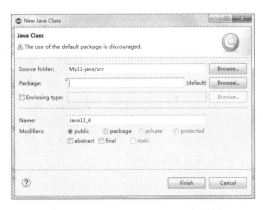

图 11.11　New Java Class 对话框

在这里设置类名为"Java11_4"，然后单击"Finish"按钮，就创建一个名称为Java11_4 类，然后编写代码如下：

```java
import java.io.File;
import java.io.IOException;
import java.util.Date;
public class Java11_4
{
    public static void main(String[] args) throws IOException
    {
        File myf = new File("c:\\me","mytxt2.txt") ;
        if (myf.exists())                      // 判断文件是否存在
        {
            System.out.println("mytxt2.txt 文件已存在！");
```

```
        }
        else
        {
            myf.createNewFile();
            System.out.println("已成功新建mytxt2.txt");
        }
        System.out.println("文件mytxt2.txt的绝对路径名："+myf.
getAbsolutePath());
        System.out.println("文件mytxt2.txt的最后修改时间："+new Date(myf.
lastModified()));
        System.out.println("文件mytxt2.txt的长度："+myf.length()+"字节");
    }
}
```

单击菜单栏中的"Run/Run"命令（快捷键：Ctrl+F11），就可以编译并运行代码，就可以在 c:\me 中创建一个文本文件，如图 11.12 所示。

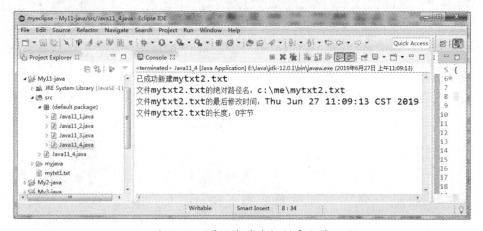

图 11.12　利用绝对路径创建文件

11.1.5　向文件中写入内容

在 Java 中，可以利用 FileWriter 类创建文件，然后利用其 wirte() 方法向文件中写入内容，例如：

```
FileWriter myfw = new FileWriter("myjava1.txt") ;
myfw.write("I like Java!\n");
```

当然也可以利用 File 类先创建文件对象，再利用 FileWriter 类对象的 wirte() 方法向文件中写入内容，例如：

```
File  myf = new File("myjava1.txt");
myf.createNewFile();
FileWriter myfw = new FileWriter(myf);
myfw.write("I like Java!\n");
```

双击桌面上的 Eclipse 快捷图标，就可以打开软件。选择 My11-java 中的"src"，然后单击鼠标右键，在弹出的右键菜单中单击"New/Class"命令，弹出"New Java Class"对话框，如图 11.13 所示。

在这里设置类名为"Java11_5"，
然后单击"Finish"按钮，就创建一
个名称为 Java11_5 类，然后编写代码
如下：

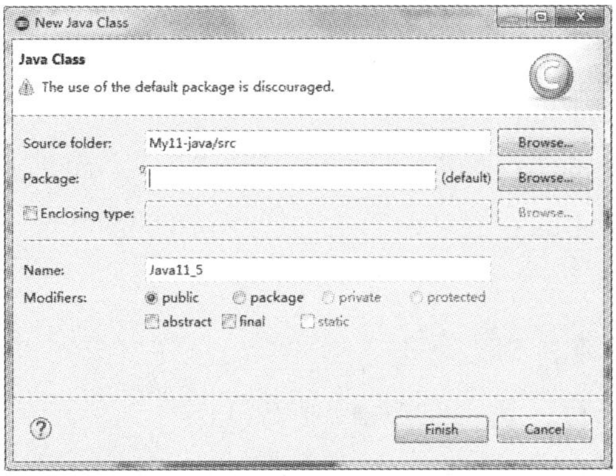

图 11.13　New Java Class 对话框

```
import java.io.FileWriter;
import java.io.IOException;
public class Java11_5
{
    public static void main(String[] args) throws IOException
    {
        FileWriter myfw = new FileWriter("myjava1.txt") ;
        myfw.write("I like Java!\n");
        myfw.write("I like C!\n");
        myfw.write("I like C++!\n");
        myfw.write(" 总之，我喜欢编程！ \n");
        myfw.flush();
        myfw.close();
        System.out.println(" 已成功写入内容 ");
    }
}
```

单击菜单栏中的"Run/Run"命令（快捷键：Ctrl+F11），就可以编译并运行代码，
就可以在当前文件夹中创建 myjava1.txt 文件，然后向该文件中写入内容，如图 11.14 所示。

下面来查看已创建的文本文件及其中的内容。选择左侧列表框中的"My11-java"，
然后按下键盘上的"F5"键，刷新一下，就可以看到创建的 myjava1.txt 文件，然后双击
该文件，就可以看到该文件中的内容，如图 11.15 所示。

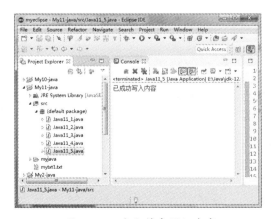

图 11.14　向文件中写入内容

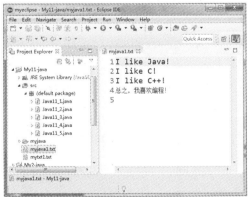

图 11.15　myjava1.txt 文件中的内容

11.1.6 读取文件中的内容

在 Java 中，利用 FileReader 类的 read() 方法可以读取文件中的内容。双击桌面上的 Eclipse 快捷图标，就可以打开软件。选择 My11-java 中的 "src"，然后单击鼠标右键，在弹出的右键菜单中单击 "New/Class" 命令，弹出 "New Java Class" 对话框，如图 11.16 所示。

在这里设置类名为 "Java11_6"，然后单击 "Finish" 按钮，就创建一个名称为 Java11_6 类，然后编写代码如下：

```java
import java.io.FileReader;
import java.io.IOException;
public class Java11_6
{
    public static void main(String[] args) throws IOException
    {
        FileReader myfr = new FileReader("myjava1.txt") ;
        int x=0;
    System.out.println("myjava1.txt 文件内容如下：");
    while((x=myfr.read())!=-1)
    {    // 循环读取
        System.out.print((char) x);              // 将读取的内容强制转换为 char 类型
    }
    myfr.close();
    }
}
```

单击菜单栏中的 "Run/Run" 命令（快捷键：Ctrl+F11），就可以编译并运行代码，就可以读取 myjava1.txt 文件中的内容并显示，如图 11.17 所示。

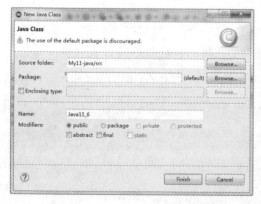

图 11.16　New Java Class 对话框

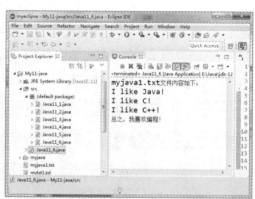

图 11.17　读取 myjava1.txt 文件中的内容并显示

11.1.7 二进制文件的读写

二进制文件的写入，要用到 FileOutputStream 类。二进制文件的读取，要用到 FileInputStream。另外在写入二进制文件时，为了防止乱码，要使用 OutputStreamWriter 类指定编码；在读取二进制文件时，为了防止乱码，要使用

InputStreamReader 类指定编码。

双击桌面上的 Eclipse 快捷图标，
就可以打开软件。选择 My11-java 中的
"src"，然后单击鼠标右键，在弹出的
右键菜单中单击"New/Class"命令，
弹出"New Java Class"对话框，如
图 11.18 所示。

在这里设置类名为"Java11_7"，
然后单击"Finish"按钮，就创建一个
名称为 Java11_7 类，然后编写代码如下：

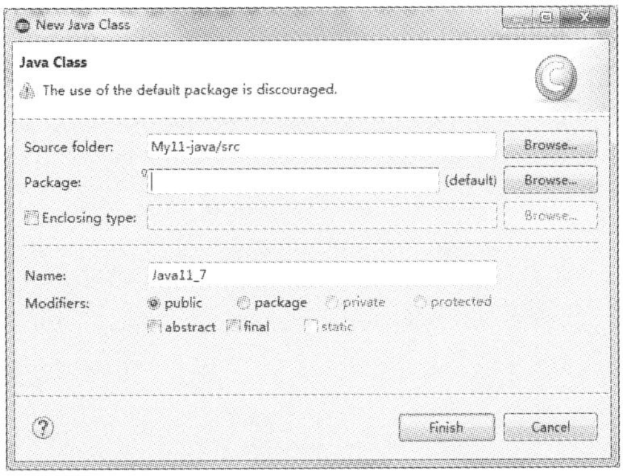

图 11.18　New Java Class 对话框

```java
import java.io.*;
public class Java11_7
{
    public static void main(String[] args) throws IOException
    {
                    File myf = new File("myjava2.txt");
                    // 构建 FileOutputStream 对象，文件不存在会自动新建
            FileOutputStream fop = new FileOutputStream(myf);
            // 构建 OutputStreamWriter 对象，参数可以指定编码
            OutputStreamWriter myw = new OutputStreamWriter(fop, "UTF-8");
        // 写入到缓冲区
        myw.append("我喜欢的编程语言是：Java、C++、C！\n");
        myw.append("Java 具有强大的文件处理功能，如文件的创建、文件的打开、文件内容的
读写等。");
        // 关闭写入流，同时会把缓冲区内容写入文件
        myw.close();
        // 关闭文件，释放系统资源
        fop.close();
        // 构建 FileInputStream 对象
        FileInputStream fip = new FileInputStream(myf);
        // 构建 InputStreamReader 对象
        InputStreamReader myr = new InputStreamReader(fip, "UTF-8");
        StringBuffer mysb = new StringBuffer();
        while (myr.ready())
        {
                // 转成 char 加到 StringBuffer 对象中
            mysb.append((char) myr.read());

        }
        System.out.println(mysb.toString());
        myr.close();        // 关闭读取流
        // 关闭文件，释放系统资源
        fip.close();

    }
}
```

单击菜单栏中的"Run/Run"命令（快捷键：Ctrl+F11），就可以编译并运行代码，
就可以创建 myjava2.txt，然后向文件中写入内容，再读取写入的内容并显示，如图 11.19
所示。

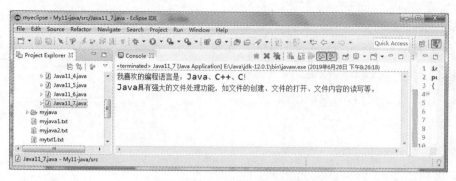

图 11.19　二进制文件的读写

11.2　文件夹的操作

所有文件都包含在各种文件夹中,Java 处理文件夹也很容易,如文件夹的创建、重命名、删除及遍历显示文件夹中的内容。

11.2.1　在当前文件夹中创建文件

在 Java 中, 利用 File 类的 mkdir() 方法可以创建文件夹。双击桌面上的 Eclipse 快捷图标, 就可以打开软件。选择 My11-java 中的 "src", 然后单击鼠标右键, 在弹出的右键菜单中单击 "New/Class" 命令, 弹出 "New Java Class" 对话框, 如图 11.20 所示。

在这里设置类名为 "Java11_8", 然后单击 "Finish" 按钮, 就创建一个名称为 Java11_8 类, 然后编写代码如下:

```java
import java.io.File;
public class Java11_8
{
    public static void main(String[] args)
    {
        File myf = new File("img");
        if (myf.exists())
        {
            System.out.println("img 文件夹已存在,要删除后,才能创建! ");
            myf.delete() ;
            System.out.println("img 文件夹已删除! ");
        }
        myf.mkdir();
        System.out.println("img 文件夹已成功创建! ");
    }
}
```

单击菜单栏中的 "Run/Run" 命令 (快捷键: Ctrl+F11), 就可以编译并运行代码, 如图 11.21 所示。

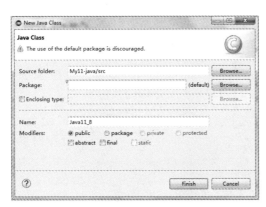
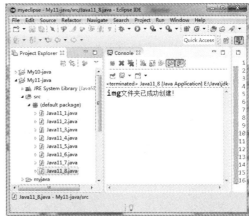

图 11.20　New Java Class 对话框　　　图 11.21　在当前文件夹中创建文件夹

双击"E:\myeclipse\My11-java"文件夹，就可以看到刚创建的 img 文件夹，如图 11.22 所示。

如果 img 文件夹已存在，再单击菜单栏中的"Run/Run"命令（快捷键：Ctrl+F11），就可以编译并运行代码，如图 11.23 所示。

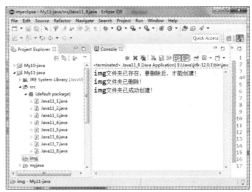

图 11.22　查看刚创建的 img 文件夹　　　图 11.23　删除已存在的文件夹后再创建

11.2.2　在当前目录的子文件夹中创建文件夹

下面编写 Java 程序代码，在当前目录的子文件夹中创建文件夹，假如在 img 文件夹中创建 myfile 文件夹。双击桌面上的 Eclipse 快捷图标，就可以打开软件。选择 My11-java 中的"src"，然后单击鼠标右键，在弹出的右键菜单中单击"New/Class"命令，弹出"New Java Class"对话框，如图 11.24 所示。

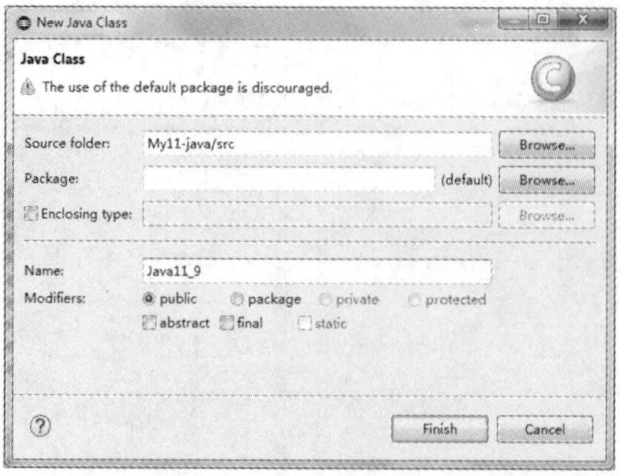

图 11.24　New Java Class 对话框

在这里设置类名为"Java11_9"，然后单击"Finish"按钮，就创建一个名称为 Java11_9 类，然后编写代码如下：

```java
import java.io.File;
import java.util.Date;
public class Java11_9
{
    public static void main(String[] args)
    {
        File myf = new File("img/myfile");
        if (myf.exists())
        {
            System.out.println("myfile 文件夹已存在，要删除后，才能创建！");
            myf.delete() ;
            System.out.println("myfile 文件夹已删除！");
        }
        myf.mkdir();
        System.out.println("myfile 文件夹已成功创建！");
        System.out.println("myfile 文件夹最后修改时间：" + new Date(myf.lastModified()));
    }
}
```

单击菜单栏中的"Run/Run"命令（快捷键：Ctrl+F11），就可以编译并运行代码，就可以在 img 文件夹中创建子文件夹 myfile，如图 11.25 所示。

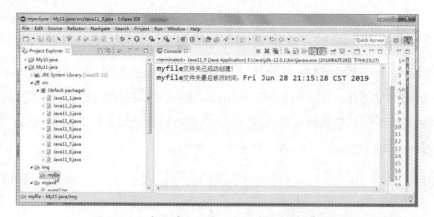

图 11.25　在当前目录的子文件夹中创建文件夹

第 11 章
Java 程序设计的文件和文件夹操作

11.2.3　利用绝对路径创建文件夹

双击桌面上的 Eclipse 快捷图标，就可以打开软件。选择 My11-java 中的 "src"，然后单击鼠标右键，在弹出的右键菜单中单击 "New/Class" 命令，弹出 "New Java Class" 对话框，如图 11.26 所示。

在这里设置类名为 "Java11_10"，然后单击 "Finish" 按钮，就创建一个名称为 Java11_10 类，然后编写代码如下：

图 11.26　New Java Class 对话框

```
import java.io.File;
import java.util.Date;
public class Java11_10
{
    public static void main(String[] args)
    {
            File myf = new File("c:/me/myme");
            if (myf.exists())
            {
                    System.out.println("myme 文件夹已存在，要删除后才能创建！ ");
                    myf.delete() ;
                    System.out.println("myme 文件夹已删除！ ");
            }
            myf.mkdir();
            System.out.println("myme 文件夹已成功创建！ ");
            System.out.println("myme 文 件 夹 最 后 修 改 时 间：" + new Date(myf.
lastModified()));
    }
}
```

需要注意，在 C 盘下要有 me 这个文件夹，不然程序会报错。

单击菜单栏中的 "Run/Run" 命令（快捷键：Ctrl+F11），就可以编译并运行代码，就可以在 C:\me 文件夹中创建一个子文件夹，名称为 myme，如图 11.27 所示。

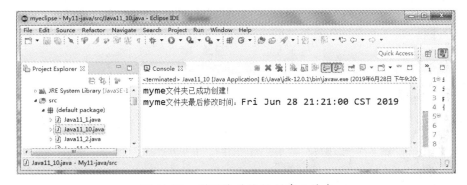

图 11.27　利用绝对路径创建文件夹

. 235

11.2.4 查看当前工作目录的绝对路径

双击桌面上的 Eclipse 快捷图标，
就可以打开软件。选择 My11-java 中
的"src"，然后单击鼠标右键，在弹
出的右键菜单中单击"New/Class"
命令,弹出"New Java Class"对话框，
如图 11.28 所示。

在这里设置类名为"Java11_11"，
然后单击"Finish"按钮，就创建一
个名称为 Java11_11 类，然后编写代
码如下：

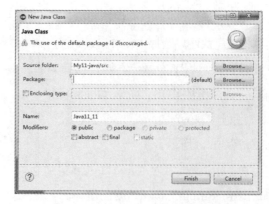

图 11.28　New Java Class 对话框

```java
public class Java11_11
{
    public static void main(String[] args)
    {
        String curDir = System.getProperty("user.dir");
        System.out.println(" 当前的工作目录是: " + curDir);
    }
}
```

利用 System.getProperty() 方法可以获得当前的工作目录。单击菜单栏中的"Run/
Run"命令（快捷键：Ctrl+F11），就可以编译并运行代码，就可以看到当前目录的绝对
路径，如图 11.29 所示。

图 11.29　当前目录的绝对路径

11.2.5 查看操作系统的根目录

双击桌面上的 Eclipse 快捷图标，就可以打开软件。选择 My11-java 中的"src"，
然后单击鼠标右键，在弹出的右键菜单中单击"New/Class"命令，弹出"New Java
Class"对话框，如图 11.30 所示。

在这里设置类名为"Java11_12"，然后单击"Finish"按钮，就创建一个名称为
Java11_12 类，然后编写代码如下：

```java
import java.io.*;
public class Java11_12
{
    public static void main(String[] args)
    {
            File[] myrts = File.listRoots();
        System.out.println("操作系统所有根目录: ");
        for (int i=0; i < myrts.length; i++)
        {
            System.out.println(myrts[i].toString());
        }
    }
}
```

利用 File 对象的 listRoots() 方法，可以获得操作系统的所有根目录。单击菜单栏中
的"Run/Run"命令（快捷键：Ctrl+F11），就可以编译并运行代码，就可以看到操作
系统的根目录，如图 11.31 所示。

图 11.30　New Java Class 对话框

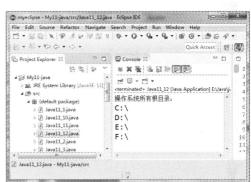

图 11.31　操作系统的根目录

11.2.6　查看指定目录中的文件和文件夹

双击桌面上的Eclipse快捷图标，
就可以打开软件。选择 My11-java 中
的"src"，然后单击鼠标右键，在弹
出的右键菜单中单击"New/Class"
命令,弹出"New Java Class"对话框，
如图 11.32 所示。

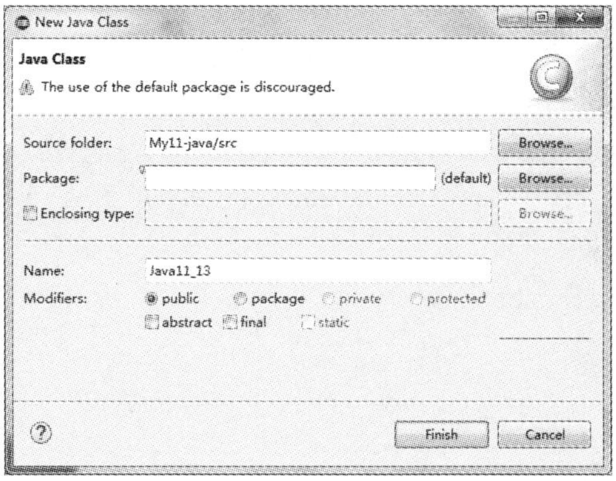

在这里设置类名为"Java11_13"，
然后单击"Finish"按钮，就创建一
个名称为 Java11_13 类，然后编写代

图 11.32　New Java Class 对话框

码如下：

```
import java.io.*;
public class Java11_13
{
    public static void main(String[] args)
    {
        File myf=new File("C:/");
        System.out.println("文件名称\t\t文件类型\t\t文件大小");
System.out.println("=========================================================");
        String fileList[]=myf.list();
        for (int i=0;i<fileList.length;i++)
        { //遍历返回的字符数组
            System.out.print(fileList[i]+"\t\t");
                System.out.print((new File("C:/",fileList[i])).isFile()?"文件"+
"\t\t":"文件夹"+"\t\t");
                System.out.println((new File("C:/",fileList[i])).length()+"字节");
        }
    }
}
```

在这里利用 list() 方法获取 C:\ 盘中的文件和文件夹。由于 list() 方法返回的字符数组中仅包含文件名称，因此为了获取文件类型和大小，必须先转换为 File 对象再调用其方法。

单击菜单栏中的"Run/Run"命令（快捷键：Ctrl+F11），就可以编译并运行代码，就可以看到 C:\ 盘中文件和文件夹信息，如图 11.33 所示。

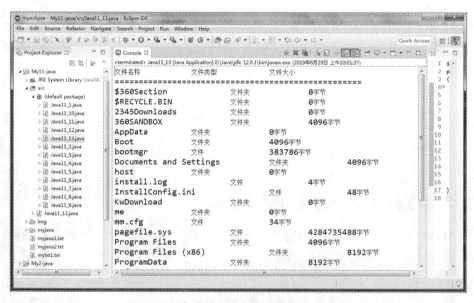

图 11.33　查看指定目录中的文件和文件夹

第 12 章

Java 的 GUI 程序设计
常用控件

图形用户界面（Graphical User Interface，简称 GUI）是指采用图形方式显示的计算机操作用户界面。以前用 Java 编写 GUI 程序，是使用抽象窗口工具包 AWT。现在多用 Swing。Swing 可以看作是 AWT 的改良版，而不是代替 AWT，是对 AWT 的提高和扩展。

本章主要内容包括:

➤ 顶层容器和中间容器

➤ 控件和布局管理器

➤ JFrame 框架窗体

➤ JLabel 标签控件和 JButton 按钮控件

➤ JTextField 文本框控件和 JTextArea 多行
文本框控件

➤ JRadioButton 单选按钮控件和 JCheckBox
复选框控件

➤ JList 列表框控件和 JComboBox 下拉列表框
控件

➤ JProgressBar 进度条控件和 Timer 计时器控件

12.1　初识 Swing

Swing 是一个为 Java 设计的 GUI（图形用户界面）工具包，是 Java 基础类的一部分。Swing 包括了 GUI（图形用户界面）所有的控件。如文本框、按钮、下拉列表框、计时器和表格。

12.1.1　容器

创建图形用户界面程序的第一步是创建一个容器类以容纳其他组件，常见的窗体就是一种容器。容器本身也是一种组件，它的作用就是用来组织、管理和显示其他组件。Swing 中容器可以分为两类：顶层容器和中间容器。

1. 顶层容器

顶层容器是任何图形界面程序都要涉及的主窗口，是显示并承载控件的容器控件。在 Swing 中有三种可以使用的顶层容器，分别是 JFrame、JDialog 和 JApplet。

JFrame：用于窗体的类，此窗体带有边框、标题、关闭和最小化窗口的图标。

JDialog：用于对话框的类。

JApplet：用于使用 Swing 组件的 Java Applet 类。

2. 中间容器

中间容器是容器控件的一种，也可以承载其他控件，但中间容器不能独立显示，必须依附于其他的顶层容器。常见的中间容器有 JPanel、JScrollPane、JTabbedPane 和 JToolBar。

12.1.2　控件

Swing 的控件继承于 JComponent 类。JComponent 类提供了所有控件都需要的功能。JComponent 继承于 Awt 的类 Component 及其子类 Container。常见的控件有标签 JLabel、按钮 JButton、输入框 JTextField、复选框 JCheckBox、列表 JList 等。

12.1.3　布局管理器

布局管理器控制着容器中控件的位置。当向容器中增加控件时，需要给容器设置一种布局管理器，让它来管理容器中各个控件的位置，即排列布局方式。Java 提供了若干种布局管理器，常用的具体如下：

FlowLayout：流式布局管理器，是从左到右，中间放置，一行放不下就换到另外一行。

BorderLayout：边框布局管理器，分为东、南、西、北、中心五个方位。

GridLayou：网格式布局，注意放置的控件大小都相同。

GridBagLayout：网格式布局，可以放置不同大小的控件

BoxLayout：把控件水平或者竖直排在一起。

SpringLayout：按照一定的约束条件来组织控件。

12.2　JFrame 框架窗体

图形用户界面是由窗体和控件组成，所有的控件都放在窗体上，程序中所有信息都可以通过窗体显示出来，它是应用程序的最终用户界面。

JFrame 用来设计类似于 Windows 系统中窗口形式的界面。JFrame 是 Swing 的顶层容器，该类继承了 AWT 的 Frame 类，支持 Swing 体系结构的高级 GUI（图形用户界面）属性。

JFrame 类的常用方法如下：

setTitle()：用来设置窗体的标题内容。

setSize()：用来设置窗体的大小，单位是像素。

setVisible()：用来设置窗体是否可见。

setDefaultCloseOperation()：用来设置窗体是否可关闭。

双击桌面上的 Eclipse 快捷图标，就可以打开软件，然后单击菜单栏中的"File/New/Java Project"命令，弹出"New Java Project"对话框，如图 12.1 所示。

在这里设置项目名为"My12-java"，然后单击"Finish"按钮，就可以创建 My12-java 项目。

选择 My12-java 中的"src"，然后单击鼠标右键，在弹出的右键菜单中单击"New/Class"命令，弹出"New Java Class"对话框，如图 12.2 所示。

Java 从入门到精通

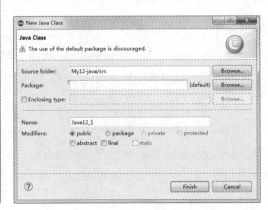

图 12.1　New Java Project 对话框　　图 12.2　New Java Class 对话框

在这里设置类名为"Java12_1"，然后单击"Finish"按钮，就创建一个名称为 Java12_1 类，然后编写代码如下：

```java
import javax.swing.JFrame;
public class Java12_1
{
    public static void main(String[] args)
    {
        JFrame myw = new JFrame() ;
        myw.setTitle("Java创建的Windows窗体");
        myw.setSize(400, 200);
        myw.setVisible(true);                    //设置窗体可见
        //设置窗体可关闭
        myw.setDefaultCloseOperation(JFrame.EXIT_ON_CLOSE);
    }
}
```

单击菜单栏中的"Run/Run"命令（快捷键：Ctrl+F11），就可以编译并运行代码，这时就可以看到 Java 创建的 Windows 窗体，如图 12.3 所示。

图 12.3　Java 创建的 Windows 窗体

12.3　常用控件

控件是 GUI 应用程序的基本组成部分。合理恰当地使用各种不同的控件是 Java 编写 GUI 应用程序的基础。

12.3.1 JLabel 标签控件

JLabel 标签控件应用最多，它常用于显示用户不能编辑、修改的文本。因此，JLabel 标签控件可以用于标识窗体和窗体上的对象。JLabel 标签控件的主要构造方法如下：

JLabel()：创建无图像并且标题为空字符串的标签控件。

JLabel(Icon image)：创建具有指定图像的标签控件。

JLabel(String text)：创建具有指定文本的标签控件。

JLabel(String text，Icon image，int horizontalAlignment)：创建具有指定文本、图像和水平对齐方式的标签控件，horizontalAlignment 的取值有 3 个，分别是 JLabel.LEFT、JLabel.RIGHT 和 JLabel.CENTER。

JLabel 标签控件的常用方法具体如下：

setText()：设置标签控件要显示的文本内容。

setIcon()：设置标签控件要显示的图标。

setIconTextGap()：如果标签控件同时显示图标和文本，则此属性定义它们之间的间隔。

getText()：返回标签控件所显示的文本字符串。

getIcon()：返回标签控件显示的图形图像。

getIconTextGap()：返回标签控件中显示的文本和图标之间的间隔值。

双击桌面上的 Eclipse 快捷图标，就可以打开软件。选择 My12-java 中的 "src"，然后单击鼠标右键，在弹出的右键菜单中单击 "New/Class" 命令，弹出 "New Java Class" 对话框，如图 12.4 所示。

在这里设置类名为 "Java12_2"，然后单击 "Finish" 按钮，就创建一个名称为 Java12_2 类，然后编写代码如下：

```java
import javax.swing.*;
import java.awt.*;
public class Java12_2
{
    public static void main(String[] args)
    {
        JFrame myw = new JFrame() ;
        myw.setTitle("标签控件");
        myw.setSize(300, 200);
        JPanel myj=new JPanel();                          // 创建面板
        // 标签mylab1
        JLabel  mylab1 = new JLabel();
        mylab1.setText("我是Java标签");
        // 标签mylab2
        JLabel  mylab2 = new JLabel();
        mylab2.setText("图像标签");
        ImageIcon img=new ImageIcon("myimage1.jpg");      // 创建一个图标
        mylab2.setIcon(img);
        mylab2.setIconTextGap(10);
```

```
        myj.add(mylab1);
        myj.add(mylab2);
        // 向 JPanel 添加 FlowLayout 布局管理器，将组件间的横向和纵向间隙都设置为 20
像素
        myj.setLayout(new FlowLayout(FlowLayout.LEADING,20,20));
        myw.add(myj);
        myw.setVisible(true);                           // 设置窗体可见
        // 设置窗体可关闭
        myw.setDefaultCloseOperation(JFrame.EXIT_ON_CLOSE);
    }
}
```

在向 JPanel 添加 FlowLayout 布局管理器时，要使用 awt 类，所以要导入该类。另外，在这里创建了面板，把标签控件添加到面板上，然后又把面板添加到窗体上。还要注意，要把要添加的图像文件放到 My12-java 文件夹中。

单击菜单栏中的"Run/Run"命令（快捷键：Ctrl+F11），就可以编译并运行代码，如图 12.5 所示。

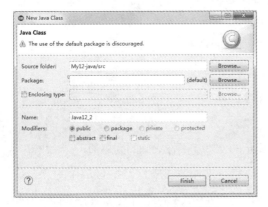

图 12.4　New Java Class 对话框

图 12.5　标签控件

12.3.2　JButton 按钮控件

JButton 按钮控件，又称命令按钮，这是 GUI 应用程序中最常用的控件。JButton 按钮控件用于接收用户的操作信息，触发相应的监听事件过程。JButton 按钮控件的主要构造方法如下：

JButton()：创建一个无标签文本、无图标的按钮控件。

JButton(Icon icon)：创建一个无标签文本、有图标的按钮控件。

JButton(String text)：创建一个有标签文本、无图标的按钮控件。

JButton(String text, Icon icon)：创建一个有标签文本、有图标的按钮控件。

JButton 按钮控件的常用方法具体如下：

setText()：设置按钮控件要显示的文本内容。

setIcon()：设置按钮控件要显示的图标。

setEnable()：设置按钮控件是否可用。

setBackground()：设置按钮控件的背景颜色。

setPreferredSize()：设置按钮控件的大小。

setVerticalAlignment()：设置按钮垂直对齐方式。

setFont()：设置按钮控件要显示文本的字体格式。

addActionListener()：为按钮控件添加监听事件。

双击桌面上的 Eclipse 快捷图标，就可以打开软件。选择 My12-java 中的"src"，然后单击鼠标右键，在弹出的右键菜单中单击"New/Class"命令，弹出"New Java Class"对话框，如图 12.6 所示。

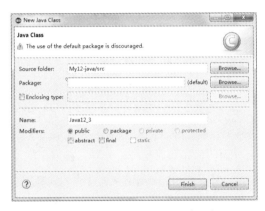

图 12.6　New Java Class 对话框

在这里设置类名为"Java12_3"，然后单击"Finish"按钮，就创建一个名称为 Java12_3 类，然后编写代码如下：

```java
import javax.swing.*;
import java.awt.*;
import java.awt.event.*;
public class Java12_3
{
    public static int mynum=1;
    public static void main(String[] args)
    {
        JFrame myw = new JFrame() ;
        myw.setTitle("按钮控件");
        myw.setSize(300, 160);
        JPanel myj=new JPanel();                      //创建面板
        JButton btn1=new JButton("普通按钮");          //创建 JButton 对象
        JButton btn2=new JButton("带背景颜色按钮");
        JButton btn3=new JButton("不可用按钮");
        JButton btn4=new JButton("单击我");
        myj.add(btn1);
        btn2.setBackground(Color.red);                //设置按钮背景色
        myj.add(btn2);
        btn3.setEnabled(false);                       //设置按钮不可用
        myj.add(btn3);
        Dimension preferredSize=new Dimension(150, 80); //设置尺寸
        btn4.setPreferredSize(preferredSize);         //设置按钮大小
```

```
        btn4.setVerticalAlignment(SwingConstants.CENTER);  // 设置按钮垂直对齐方式
        btn4.addActionListener(new ActionListener()
        {
            public void actionPerformed(ActionEvent e)
            {
                    btn4.setFont(new Font("黑体",Font.BOLD,15));
                    btn4.setText("单击按钮 "+(mynum++)+" 次 ");
            }
        });
        myj.add(btn4);
        myw.add(myj);
        myw.setVisible(true);                          // 设置窗体可见
            // 设置窗体可关闭
        myw.setDefaultCloseOperation(JFrame.EXIT_ON_CLOSE);
    }
}
```

为按钮添加监听事件，要先导入 java.awt.event.*。在这里只对第 4 个按钮添加了单击监听事件，具体代码如下：

```
btn4.addActionListener(new ActionListener()
    {
        public void actionPerformed(ActionEvent e)
        {
                btn4.setFont(new Font("黑体",Font.BOLD,15));
                btn4.setText("单击按钮 "+(mynum++)+" 次 ");
        }
    });
```

注意：这整体上是一个语句，即最后是一个分号。在这里重写了父类 ActionListener 的 actionPerformed() 方法。在 actionPerformed() 方法内编写单击该按钮后执行的功能。

另外，为了实现单击按钮次数的统计，在主方法的上方定义了一个静态变量，具体代码如下：

```
public static int mynum=1;
```

单击菜单栏中的 "Run/Run" 命令（快捷键：Ctrl+F11），就可以编译并运行代码，如图 12.7 所示。

在这里可以看到 4 个按钮，一个普通按钮，一个改变了背景色的按钮，一个不可用按钮，最后一个是含有监听事件按钮。

单击 "单击我" 按钮，就会发现按钮名称变了，如图 12.8 所示。

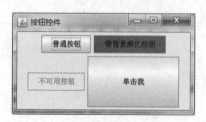

图 12.7　按钮控件

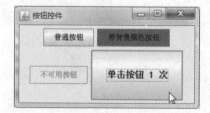

图 12.8　按钮名称变了

单击按钮几次，就会显示你单击按钮几次，如图 12.9 所示。

 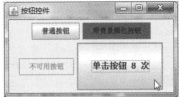

图 12.9 单击了按钮 3 次和 8 次

12.3.3 JTextField 文本框控件

JTextField 文本框控件用来输入单行内容，可以方便地向程序传递用户参数。JTextField 文本框控件的主要构造方法如下：

JTextField()：创建一个默认的文本框。

JTextField(String text)：创建一个指定初始化文本信息的文本框。

JTextField(int columns)：创建一个指定列数的文本框。

JTextField(String text, int columns)：创建一个既指定初始化文本信息又指定列数的文本框。

JTextField 文本框控件的常用方法具体如下：

setText()：设置文本框的文本内容。

setHorizontalAlignment()：设置文本框的水平对齐方式。

setFont()：设置文本框中字体的样式。

getText()：获取文本框的文本内容。

双击桌面上的 Eclipse 快捷图标，就可以打开软件。选择 My12-java 中的 "src"，然后单击鼠标右键，在弹出的右键菜单中单击 "New/Class" 命令，弹出 "New Java Class" 对话框，如图 12.10 所示。

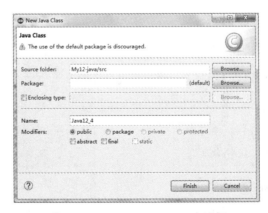

图 12.10 New Java Class 对话框

在这里设置类名为"Java12_4",然后单击"Finish"按钮,就创建一个名称为 Java12_4 类,然后编写代码如下:

```java
import javax.swing.*;
import java.awt.*;
import java.awt.event.*;
public class Java12_4
{
    public static void main(String[] args)
    {
        JFrame myw = new JFrame() ;
        myw.setTitle(" 文本框控件 ");
        myw.setSize(350, 150);
        JPanel myj=new JPanel();                          // 创建面板
        JLabel  mylab = new JLabel(" 摄氏度和华氏度的转换,在文本框中输入摄氏度
",JLabel.CENTER);
        Dimension preferredSize=new Dimension(350, 30);   // 设置尺寸
        mylab.setPreferredSize(preferredSize);            // 设置标签大小
        JTextField myt=new JTextField(200);               // 创建文本框
        myt.setText("15");
        myt.setHorizontalAlignment(JTextField.CENTER);    // 居中对齐
        JButton btn=new JButton(" 摄氏度转换为华氏度 "); // 创建 JButton 对象
        btn.addActionListener(new ActionListener()
    {
        public void actionPerformed(ActionEvent e)
        {
            // 把文本框中的内容转化为浮点型
            double myn = Double.parseDouble(myt.getText());
            mylab.setText(myn+" 摄氏度=   "+(myn*1.8+32)+" 华氏度 ");
        }
    });
        myj.add(mylab);
        myj.add(myt);
        myj.add(btn);
    myw.add(myj);
        myw.setVisible(true);                              // 设置窗体可见
        // 设置窗体可关闭
        myw.setDefaultCloseOperation(JFrame.EXIT_ON_CLOSE);
    }
}
```

注意:把文本框中的内容转化为浮点型,要用到 Double.parseDouble() 方法。

单击菜单栏中的"Run/Run"命令(快捷键:Ctrl+F11),就可以编译并运行代码,如图 12.11 所示。

文本框默认值为 15,你也可以在文本框输入一个摄氏度温度,然后单击"摄氏度转换为华氏度",就可以看到摄氏度与华氏度的转换,在这里输入 23,单击按钮,就可以看到 23 摄氏度 =73.4 华氏度,如图 12.12 所示。

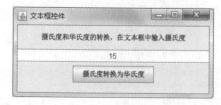

图 12.11　文本框控件

图 12.12　摄氏度转换为华氏度

12.3.4　JTextArea 多行文本框控件

JTextArea 多行文本框控件就是允许用户输入多行文本。JTextArea 多行文本框控件的主要构造方法如下：

JTextArea()：创建一个默认的文本域。

JTextArea(int rows, int columns)：创建一个具有指定行数和列数的文本域。

JTextArea(String text)：创建一个包含指定文本的文本域。

JTextArea(String text, int rows, int columns)：创建一个既包含指定文本又包含指定行数和列数的多行文本域。

JTextArea 多行文本框控件的常用方法具体如下：

setLineWrap()：设置多行文本框是否自动换行。

setBackground()：设置多行文本框的背景颜色。

setForeground()：设置多行文本框中字体的颜色。

setFont()：设置多行文本框中字体的样式。

setColumns()：设置多行文本框的行数。

setRows()：设置多行文本框的列数。

getColumns()：获取多行文本框的行数。

getRows()：获取多行文本框的列数。

insert()：插入指定的字符串到多行文本框的指定位置。

append()：将字符串添加到多行文本框的最后位置。

双击桌面上的 Eclipse 快捷图标，就可以打开软件。选择 My12-java 中的"src"，然后单击鼠标右键，在弹出的右键菜单中单击"New/Class"命令，弹出"New Java Class"对话框，如图 12.13 所示。

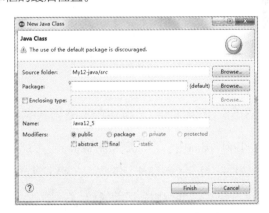

图 12.13　New Java Class 对话框

在这里设置类名为"Java12_5"，然后单击"Finish"按钮，就创建一个名称为 Java12_5 类，然后编写代码如下：

```
import javax.swing.*;
import java.awt.*;
public class Java12_5
{
    public static void main(String[] args)
```

```
    {
                JFrame myw = new JFrame() ;
                myw.setTitle(" 多行文本框控件 ");
                myw.setSize(400, 300);
                JPanel myj=new JPanel();      // 创建面板
                // 多行文本框，15 行，35 列
                JTextArea myta=new JTextArea(" 多行文本框控件 ",15,50);
                // 自动换行
                myta.setLineWrap(true);
                myta.setBackground(Color.yellow);
                myta.setForeground(Color.red);
                myta.setFont(new Font(" 宋体 ",Font.BOLD,14));
                // 滚动窗口
                JScrollPane jsp=new JScrollPane(myta);
        myj.add(jsp);
      myw.add(myj);
                myw.setVisible(true);      // 设置窗体可见
                // 设置窗体可关闭
                myw.setDefaultCloseOperation(JFrame.EXIT_ON_CLOSE);
    }
}
```

单击菜单栏中的"Run/Run"命令（快捷键：Ctrl+F11），就可以编译并运行代码，
如图 12.14 所示。

如果多行文本框中的内容超过 15 行时，就会显示垂直滚动条，如图 12.15 所示。

图 12.14　多行文本框控件

图 12.15　垂直滚动条

12.3.5　JRadioButton 单选按钮控件

JRadioButton 单选按钮控件可以为用户提供选项，并显示该选项是否被选中。单选
按钮控件常用于"多选一"的情况，通常以选项按钮组的形式出现。当按钮组内的某个按
钮被选中时，其他按钮会自动失效。

JRadioButton 单选按钮控件的主要构造方法如下：

JRadioButton()：创建一个初始化为未选择的单选按钮控件，其文本未设定。

JRadioButton(Icon icon)：创建一个初始化为未选择的单选按钮控件，其具有指定的
图像但无文本。

JRadioButton(Icon icon,boolean selected)：创建一个具有指定图像和选择状态的

单选按钮控件但无文本。

JRadioButton(String text)：创建一个具有指定文本但未选择的单选按钮控件。

JRadioButton(String text,boolean selected)：创建一个具有指定文本和选择状态的单选按钮控件。

JRadioButton(String text,Icon icon)：创建一个具有指定的文本和图像并初始化为未选择的单选按钮控件。

JRadioButton(String text,Icon icon,boolean selected)：创建一个具有指定的文本、图像和选择状态的单选按钮控件。

JRadioButton 单选按钮控件的常用方法如下：

addActionListener()：为单选按钮控件添加监听事件。

setSelected()：设置单选按钮控件是否被选中。

isSelected()：判断单选按钮控件是否被选中。

setText()：设置单选按钮控件显示的文本内容。

setIcon()：设置单选按钮控件显示的图标。

getText()：获取单选按钮控件显示的文本内容。

getIcon()：获取单选按钮控件显示的图标。

双击桌面上的 Eclipse 快捷图标，就可以打开软件。选择 My12-java 中的"src"，然后单击鼠标右键，在弹出的右键菜单中单击"New/Class"命令，弹出"New Java Class"对话框，如图 12.16 所示。

图 12.16　New Java Class 对话框

在这里设置类名为"Java12_6"，然后单击"Finish"按钮，就创建一个名称为 Java12_6 类，然后编写代码如下：

```
import javax.swing.*;
import java.awt.*;
import java.awt.event.*;
```

```java
public class Java12_6
{
    public static void main(String[] args)
    {
        JFrame myw = new JFrame() ;
        myw.setTitle("单选按钮控件");
        myw.setSize(300, 150);
        JPanel myj=new JPanel();                                    //创建面板
        ButtonGroup myp=new ButtonGroup();                          //创建按钮组
        JLabel  mylab = new JLabel("改变字体颜色",JLabel.CENTER);
        mylab.setFont(new Font("黑体",Font.BOLD,18));
        mylab.setForeground(Color.blue);
        Dimension preferredSize=new Dimension(280, 60);      //设置尺寸
        mylab.setPreferredSize(preferredSize);      //设置标签大小
        JRadioButton myrb1=new JRadioButton("红色"); //创建JRadioButton对象
        JRadioButton myrb2=new JRadioButton("绿色");
        JRadioButton myrb3=new JRadioButton("蓝色");
        JRadioButton myrb4=new JRadioButton("橙红色");
        JRadioButton myrb5=new JRadioButton("粉色");
        //添加监听事件
        myrb1.addActionListener(new ActionListener()
        {
            public void actionPerformed(ActionEvent e)
            {
                mylab.setForeground(Color.red);
            }
        });
        myrb2.addActionListener(new ActionListener()
        {
            public void actionPerformed(ActionEvent e)
            {
                mylab.setForeground(Color.green);
            }
        });
        myrb3.addActionListener(new ActionListener()
        {
            public void actionPerformed(ActionEvent e)
            {
                mylab.setForeground(Color.blue);
            }
        });
        myrb4.addActionListener(new ActionListener()
        {
            public void actionPerformed(ActionEvent e)
            {
                mylab.setForeground(Color.orange);
            }
        });
        myrb5.addActionListener(new ActionListener()
        {
            public void actionPerformed(ActionEvent e)
            {
                mylab.setForeground(Color.pink);
            }
        });
        myp.add(myrb1);
        myp.add(myrb2);
        myp.add(myrb3);
        myp.add(myrb4);
        myp.add(myrb5);
        myj.add(mylab);
        myj.add(myrb1);
        myj.add(myrb2);
```

```
        myj.add(myrb3);
        myj.add(myrb4);
        myj.add(myrb5);
        myw.add(myj);
        myw.setVisible(true);                          // 设置窗体可见
        // 设置窗体可关闭
        myw.setDefaultCloseOperation(JFrame.EXIT_ON_CLOSE);
    }
}
```

单击菜单栏中的"Run/Run"命令（快捷键：Ctrl+F11），就可以编译并运行代码，选择"红色"前面的单选按钮，标签文字颜色就会变成红色，如图 12.17 所示。

如果选择"绿色"前面的单选按钮，标签文字颜色就会变成绿色；如果选择"蓝色"前面的单选按钮，标签文字颜色就会变成蓝色；如果选择"粉色"前面的单选按钮，标签文字颜色就会变成粉色；如果选择"橙红色"前面的单选按钮，标签文字颜色就会变成橙红色，橙红色文字效果如图 12.18 所示。

图 12.17　标签文字颜色就会红色

图 12.18　橙红色文字效果

12.3.6　JCheckBox 复选框控件

在 GUI 应用程序中，复选框控件和单选按钮控件主要用于表示选择状态。在程序运行期间可以改变其状态。复选框控件用"√"表示被选中，并且可以同时选择多个。

JCheckBox 复选框控件的主要构造方法如下：

JCheckBox()：创建一个默认的复选框，在默认情况下未指定文本，也未被选择。

JCheckBox(String text)：创建一个指定文本的复选框。

JCheckBox(String text,boolean selected)：创建一个指定文本和选择状态的复选框。

CheckBox 复选框控件的常用方法如下：

addActionListener()：为复选框控件添加监听事件。

setSelected()：设置复选框控件是否被选中。

isSelected()：判断复选框控件是否被选中。

setText()：设置复选框控件显示的文本内容。

getText()：获取复选框控件显示的文本内容。

双击桌面上的 Eclipse 快捷图标，就可以打开软件。选择 My12-java 中的"src"，然后单击鼠标右键，在弹出的右键菜单中单击"New/Class"命令，弹出"New Java

Class" 对话框，如图 12.19 所示。

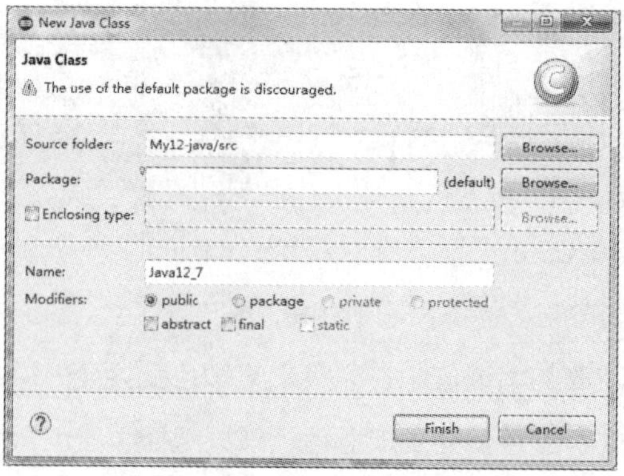

图 12.19　New Java Class 对话框

在这里设置类名为"Java12_7"，然后单击"Finish"按钮，就创建一个名称为
Java12_7 类，然后编写代码如下：

```java
import javax.swing.*;
import java.awt.*;
import java.awt.event.*;
public class Java12_7
{
    public static int mode=0;
    public static void main(String[] args)
    {
        JFrame myw = new JFrame() ;
        myw.setTitle("复选框控件");
        myw.setSize(300, 150);
        JPanel myj=new JPanel();                        // 创建面板
        JLabel  mylab = new JLabel("改变字体的样式",JLabel.CENTER);
        mylab.setFont(new Font("黑体",Font.PLAIN,18));
        mylab.setForeground(Color.blue);
        Dimension preferredSize=new Dimension(280, 60);     // 设置尺寸
        mylab.setPreferredSize(preferredSize);                // 设置标签大小
        JCheckBox mycb1=new JCheckBox("加粗");          // 创建指定文本的复选框
        JCheckBox mycb2=new JCheckBox("倾斜");
        mycb1.addActionListener(new ActionListener()
        {
            public void actionPerformed(ActionEvent e)
            {
                if (mycb1.isSelected())
                {
                    mode = mode + Font.BOLD ;
                }
                else
                {
                    mode =0 ;
                }
                mylab.setFont(new Font("黑体",mode,18));;
            }
        });
        mycb2.addActionListener(new ActionListener()
        {
            public void actionPerformed(ActionEvent e)
            {
                if (mycb2.isSelected())
```

```
                        {
                                mode = mode + Font.ITALIC ;
                        }
                        else
                        {
                                mode =0 ;
                        }
                        mylab.setFont(new Font(" 黑体 ",mode,18));;
                }
        });
        myj.add(mylab);
        myj.add(mycb1);
        myj.add(mycb2);
        myw.add(myj);
        myw.setVisible(true);                               // 设置窗体可见
        // 设置窗体可关闭
        myw.setDefaultCloseOperation(JFrame.EXIT_ON_CLOSE);
    }
}
```

在主方法前面设置了静态变量 mode，用来统计标签字体的格式，具体代码如下：

public static int mode=0;

加粗复选框的监听事件代码如下：

```
mycb1.addActionListener(new ActionListener()
    {
        public void actionPerformed(ActionEvent e)
        {
                if (mycb1.isSelected())
                {
                        mode = mode + Font.BOLD ;
                }
                else
                {
                        mode =0 ;
                }
                mylab.setFont(new Font(" 黑体 ",mode,18));;
        }
    });
```

如果选中了加粗复选框，则 mode = mode + Font.BOLD，否则 mode =0，最后再设置标签字体的格式。

单击菜单栏中的"Run/Run"命令（快捷键：Ctrl+F11），就可以编译并运行代码，如图 12.20 所示。

如果选中"加粗"前面的复选框，就会加粗"改变字体的样式"，如图 12.21 所示。

图 12.20　复选框控件

图 12.21　加粗字体

如果选中"倾斜"前面的复选框，就会倾斜"改变字体的样式"。如果同时选中"加粗"和"倾斜"前面的复选框，就会倾斜并加粗"改变字体的样式"。

12.3.7 JList 列表框控件

JList 列表框控件显示一个选择列表，该列表只能包含文本项目，并且所有的项目都需要使用相同的字体和颜色。用户可以从列表中选择一个或多个选项。

JList 列表框控件的主要构造方法如下：

JList()：构造一个空的只读模型的列表框。

JList(ListModel dataModel)：根据指定的非 null 模型对象构造一个显示元素的列表框。

JList(Object[] listData)：使用 listData 指定的元素构造一个列表框。

JList 列表框控件的常用方法如下：

addListSelectionListener()：为列表框控件添加列表项选择监听事件。

getSelectedValue()：获取列表框控件的选择项内容。

setSelectionMode()：设置列表框的选择模式。ListSelectionModel.SINGLE_SELECTION：限制列表框一次只能选择一项；ListSelectionModel.SINGLE_INTERVAL_SELECTION：允许选择一个或多个连续的元素；ListSelectionModel.MULTIPLE_INTERVAL_SELECTION：允许选择一个连续的元素。

双击桌面上的 Eclipse 快捷图标，就可以打开软件。选择 My12-java 中的"src"，然后单击鼠标右键，在弹出的右键菜单中单击"New/Class"命令，弹出"New Java Class"对话框，如图 12.22 所示。

在这里设置类名为"Java12_8"，然后单击"Finish"按钮，就创建一个名称为 Java12_8 类，然后编写代码如下：

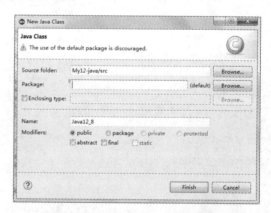

图 12.22　New Java Class 对话框

```java
import javax.swing.*;
import java.awt.*;
import javax.swing.event.*;
import javax.swing.border.EmptyBorder;
public class Java12_8
{
    public static void main(String[] args)
    {
            JFrame myw = new JFrame() ;
            myw.setTitle(" 列表框控件 ");
```

```
myw.setSize(250, 200);
JPanel myj=new JPanel();                          // 创建面板
myj.setBorder(new EmptyBorder(5, 5, 5, 5));       // 设置面板的边框
myj.setLayout(new BorderLayout(0, 0));            // 设置内容面板为边界布局
// 两个标签控件
JLabel  mylab = new JLabel("常用的编程语言",JLabel.CENTER);
mylab.setFont(new Font("黑体",Font.PLAIN,13));
mylab.setForeground(Color.blue);
Dimension preferredSize=new Dimension(230, 20);   // 设置尺寸
mylab.setPreferredSize(preferredSize);            // 设置标签大小
JLabel mybuy= new JLabel("选择的编程语言是: ",JLabel.CENTER);
mybuy.setFont(new Font("黑体",Font.PLAIN,13));
mybuy.setForeground(Color.red);
Dimension preferredSize1=new Dimension(230, 20);  // 设置尺寸
mybuy.setPreferredSize(preferredSize1);           // 设置标签大小
// 列表框控件
String[] mydata= new String[]{"Java","C","C++","Python","C#","Julia
","R","PHP"};
JList  myl = new JList(mydata);
// 限制只能选择一个元素
myl.setSelectionMode(ListSelectionModel.SINGLE_SELECTION);
// 滚动窗口
JScrollPane jsp=new JScrollPane(myl);
// 列表框的监听事件
myl.addListSelectionListener(new ListSelectionListener()
{
    public void valueChanged(ListSelectionEvent e)
    {
        mybuy.setText("选择的编程语言是: "+myl.getSelectedValue());
    }
});
myj.add(jsp,BorderLayout.CENTER);
myj.add(mylab,BorderLayout.NORTH);
myj.add(mybuy,BorderLayout.SOUTH);
myw.add(myj);
myw.setVisible(true);                             // 设置窗体可见
// 设置窗体可关闭
myw.setDefaultCloseOperation(JFrame.EXIT_ON_CLOSE);
    }
}
```

单击菜单栏中的"Run/Run"命令（快捷键：Ctrl+F11），就可以编译并运行代码，就可以选择常用的编程语言，在这里选择"Java"，如图 12.23 所示。

图 12.23　列表框控件

12.3.8　JComboBox 下拉列表框控件

ComboBox 下拉列表框控件可以让用户输入或下拉选择内容，其主要构造方法如下：

JComboBox()：创建一个空的 JComboBox 对象。

JComboBox(ComboBoxModel aModel)：创建一个 JComboBox，其选项取自现有的 ComboBoxModel。

JComboBox(Object[] items)：创建包含指定数组中元素的 JComboBox。

JComboBox 下拉列表框控件的常用方法如下：

addItemListener()：下拉列表框选项改变监听事件。

getSelectedItem()：获取下拉列表框选择项的内容。

addItem()：向下拉列表框中添加一项数据。

removeItem()：删除下拉列表框中的指定项。

removeAllItems()：删除下拉列表框中的所有项。

getItemCount()：获取下拉列表框中的项数。

getItemAt()：获取下拉列表框中的指定项，索引从 0 开始。

getSelectedIndex()：获取下拉列表框中选择项的索引。

双击桌面上的 Eclipse 快捷图标，就可以打开软件。选择 My12-java 中的 "src"，然后单击鼠标右键，在弹出的右键菜单中单击 "New/Class" 命令，弹出 "New Java Class" 对话框，如图 12.24 所示。

在这里设置类名为 "Java12_9"，然后单击 "Finish" 按钮，就创建一个名称为 Java12_9 类，然后编写代码如下：

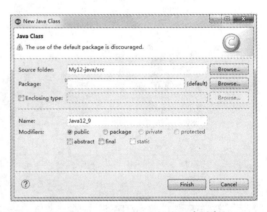

图 12.24　New Java Class 对话框

```java
import javax.swing.*;
import java.awt.*;
import java.awt.event.* ;
public class Java12_9
{
    public static void main(String[] args)
    {
        JFrame myw = new JFrame() ;
        myw.setTitle(" 下拉列表框控件 ");
        myw.setSize(600, 150);
        JPanel myj=new JPanel();                 // 创建面板
        JComboBox mycb=new JComboBox();          // 创建 JComboBox
        mycb.addItem(" 请选择喜欢的编程语言 ");    // 向下拉列表框中添加一项数据
        mycb.addItem("Java");
        mycb.addItem("C");
        mycb.addItem("C++");
        mycb.addItem("Python");
        mycb.addItem("HTML");
```

```
        mycb.addItem("ASP");
        JLabel  mylab1 = new JLabel("要添加的编程语言 ",JLabel.CENTER);
        JLabel  mylab2 = new JLabel("显示选择的编程语言: ",JLabel.CENTER);
        mylab2.setFont(new Font("黑体",Font.PLAIN,18));
        mylab2.setForeground(Color.blue);
        Dimension preferredSize=new Dimension(400, 60);      // 设置尺寸
        mylab2.setPreferredSize(preferredSize);              // 设置标签大小
        JTextField mytf= new JTextField(16);                 // 用于输入信息
        JButton myadd=new JButton("添加");                    // 按钮控件
        JButton mydel=new JButton("删除");
        // 下拉列表框选项改变监听事件
        mycb.addItemListener(new ItemListener()
        {
                public void itemStateChanged(ItemEvent e)
                {
                        mylab2.setText("选 择 的 编 程 语 言 是:"+mycb.
getSelectedItem().toString());
                }
        });
        // 添加按钮的监听事件
        myadd.addActionListener(new ActionListener()
    {
        public void actionPerformed(ActionEvent e)
        {
                if (mytf.getText().length()==0)
                {
                        mylab2.setText("添加的信息不能为空! ");
                }
                else
                {
                        mycb.addItem(mytf.getText());
                        mylab2.setText("下 拉 列 表 框 增 加 一 项, 内 容 是:"+mytf.
getText());
                }
        }
    });
        // 删除按钮的监听事件
        mydel.addActionListener(new ActionListener()
    {
        public void actionPerformed(ActionEvent e)
        {
                if (mycb.getSelectedIndex()!=-1)
                {
                        String  mys = mycb.getSelectedItem().toString() ;
                        mycb.removeItem(mycb.getSelectedItem());
                        mylab2.setText("删除成功, 删除内容是:"+mys);
                }
                else
                {
                        mylab2.setText("请选择要删除的下拉列表项! ");
                }
        }
    });
        myj.add(mycb);
        myj.add(mylab1);
        myj.add(mytf);
        myj.add(myadd);
        myj.add(mydel);
        myj.add(mylab2);
        myw.add(myj);
        myw.setVisible(true);                                 //设置窗体可见
        // 设置窗体可关闭
        myw.setDefaultCloseOperation(JFrame.EXIT_ON_CLOSE);
```

```
        }
}
```

单击菜单栏中的"Run/Run"命令（快捷键：Ctrl+F11），就可以编译并运行代码，单击下拉列表框的下拉按钮，弹出下拉菜单，在这里选择"Java"，如图 12.25 所示。

图 12.25　列表框控件

如果文本框中内容为空，单击"添加"按钮，就会显示"添加的信息不能为空！"，如图 12.26 所示。

图 12.26　添加的信息不能为空

如果在文本框中输入"SQL"，再单击"添加"按钮，就会显示"下拉列表框增加一项，内容是：SQL"，如图 12.27 所示。

图 12.27　下拉列表框增加一项

单击下拉列表框的下拉按钮，在弹出下拉菜单中选项要删除的项，然后单击"删除"按钮，就可以删除该项，在这里选择的是"C++"，如图 12.28 所示。

图 12.28　下拉列表框中 C++ 项已删除

12.3.9　JProgressBar 进度条控件

JProgressBar 进度条控件是一种以可视化形式显示某些任务进度的控件。在任务的完成进度中，进度条显示该任务完成的百分比。此百分比通常由一个矩形以可视化形式表示，该矩形开始是空的，随着任务的完成逐渐被填充。

JProgressBar 进度条控件的主要构造方法如下：

JProgressBar()：创建一个范围在 0~100 且初始值为 50 的进度条。

JProgressBar(BoundedRangeModel brm)：使用指定的 BoundedRangeModel 创建一个水平进度条。

JProgressBar (int orientation)：使用指定的方向创建一个进度条，范围在 0~100 且初始值为 50。

JProgressBar (int min,int max)：使用指定的最小值和最大值来创建一个水平进度条，初始值等于最小值加上最大值的平均值。

JProgressBar (int min,int max,int value)：用指定的最小值、最大值和初始值创建一个水平进度条。

JProgressBar 进度条控件的主要方法如下：

getMaximum()：获取进度条的最大值。

getMinimum()：获取进度条的最小值。

getPercentComplete()：获取进度条的完成百分比。

getString()：获取当前进度的 String 表示形式。

getValue()：获取进度条的当前 value。

setMaximum()：设置进度条的最大值。

setMinimum()：设置进度条的最小值。

setString()：设置进度字符串的值。

setValue()：设置进度条的当前值。

12.3.10　Timer 计时器控件

Timer 计时器控件可以在指定时间间隔触发一个或多个 ActionEvent，其主要方法如下：

addActionListener()：将一个动作监听器添加到 Timer 控件。

getDelay()：获取两次触发动作事件间延迟，以毫秒为单位。

isRunning()：如果 Timer 控件正在运行，则返回 true。

restart()：重新启动 Timer 控件，取消所有挂起的触发并使它按初始延迟触发。

Java 从入门到精通

setDelay()：设置 Timer 控件的事件间延迟，两次连续的动作事件之间的毫秒数。

start()：启动 Timer 控件，使它开始向其监听器发送动作事件。

stop()：停止 Timer 控件，使它停止向其监听器发送动作事件。

双击桌面上的 Eclipse 快捷图标，就可以打开软件。选择 My12-java 中的"src"，然后单击鼠标右键，在弹出的右键菜单中单击"New/Class"命令，弹出"New Java Class"对话框，如图 12.29 所示。

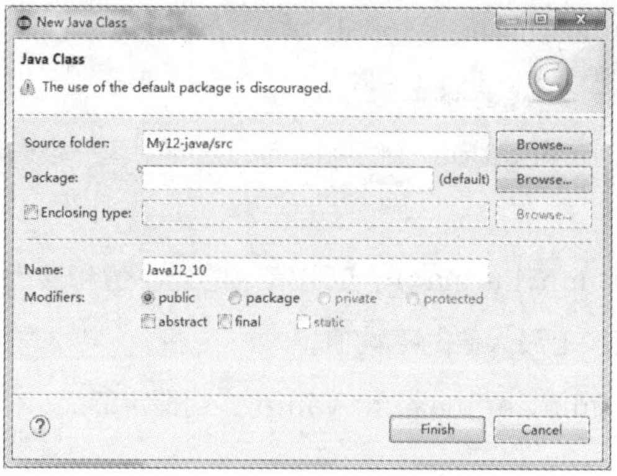

图 12.29　New Java Class 对话框

在这里设置类名为"Java12_10"，然后单击"Finish"按钮，就创建一个名称为 Java12_10 类，然后编写代码如下：

```java
import javax.swing.*;
import java.awt.*;
import java.awt.event.* ;
import javax.swing.event.*;
public class Java12_10   implements ActionListener,ChangeListener
{
    JFrame myw;
    JProgressBar mypb;
    JLabel mylab;
    Timer myt;
    JButton myb;
    // 构造方法
    public Java12_10()
    {
        myw=new JFrame("进度条控件和计时器控件");
        myw.setSize(300, 160);
        JPanel myj=new JPanel();                          // 创建面板
        myb = new JButton("程序安装");
        myb.addActionListener(this);                      // 添加事件监听器
        mypb = new JProgressBar(0,100);                   // 进度条控件
        mypb.setValue(0);
        mypb.setStringPainted(true);
        // 设置进度条的几何形状
        mypb.setPreferredSize(new Dimension(300,20));
        mypb.setBackground(Color.white);
        mypb.addChangeListener(this);                     // 添加事件监听器
        myt=new Timer(100, this);          // 创建一个计时器,计时间隔为 100 毫秒
        mylab = new JLabel("当前程序已完成的安装为：0%",JLabel.CENTER);
        mylab.setPreferredSize(new Dimension(300,50));
```

262 .

```
            mylab.setFont(new Font("黑体",Font.BOLD,15));
            myj.add(myb);
            myj.add(mypb);
            myj.add(mylab);
            myw.add(myj);
            myw.setVisible(true);                          //设置窗体可见
                //设置窗体可关闭
                myw.setDefaultCloseOperation(JFrame.EXIT_ON_CLOSE);
    }
    //主方法
    public static void main(String[] agrs)
    {
        new Java12_10();                                   //创建一个实例化对象
    }
}
```

需要注意，Java12_10 类实现 ActionListener 接口和 ChangeListener 接口。构造
方法 Java12_10() 用来设置窗体界面进行设计，即添加按钮、进度条、计时器、标签并布局。
需要注意，这里有两个事件监听器，一个是"程序安装"按钮的单击事件监听器，另一个
是进度条改变事件监听器。

下面实现 ActionListener 接口中的 actionPerformed() 方法，在这里控制计时器的开
始以及进度条值的变化，具体代码如下：

```
public void actionPerformed(ActionEvent e)
    {
        if(e.getSource()==myb)
        {
            myt.start();                                   //计时器开始
        }
        if(e.getSource()==myt)
        {
            int value=mypb.getValue();
            if(value<100)
            {
                mypb.setValue(++value);
            }
            else
            {
                myt.stop();                                //计时器停止
            }
        }
    }
```

当单击"程序安装"按钮时，就启动计时器。当计时器启动后，进度条的值小于最大
值 100 时，计时器每一个延迟间隔在这里是 100 毫秒，进计条的值就加 1。当进度条的值
为 100 时，计时器停止。

下面是实现 ChangeListener 接口中的 stateChange() 方法，具体代码如下：

```
public void stateChanged(ChangeEvent e1)
    {
        int value=mypb.getValue();
        if(e1.getSource()==mypb)
        {
            mylab.setText("当前程序已完成的安装为："+Integer.toString(value)+" %");
            mylab.setForeground(Color.blue);
        }
```

```
    }
```

当进度条改变时，标签控件就会显示其当前进度提示。

单击菜单栏中的"Run/Run"命令（快捷键：Ctrl+F11），就可以编译并运行代码，如图 12.30 所示。

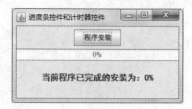

图 12.30　程序运行效果

单击"程序安装"按钮，程序就开始安装并显示安装进度，如图 12.31 所示。

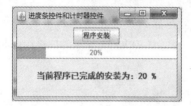 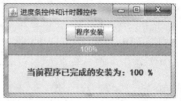

图 12.31　程序安装进度

第 13 章

Java 的 GUI 程序设计
高级控件

○────────────────────────────────○

上一章讲解了 Java 的 GUI 程序设计常用控件，本章继续讲解 GUI 程序设计高级控件，即菜单控件、对话框控件、工具栏控件和表格控件。

本章主要内容包括：

➤ JMenu 和 JMenuItem 的常用方法

➤ 实例：为窗体添加菜单

➤ 实例：添加右键菜单

➤ 消息对话框和确认对话框

➤ 输入对话框和选项对话框

➤ 打开文件对话框和保存文件对话框

➤ 选择颜色对话框

➤ 工具栏控件和表格控件

13.1　菜单控件

菜单是将系统可以执行的命令以阶层的方式显示出来，一般位于标题栏下方。在 Java 编程中，利用 JMenu 类创建菜单，利用 JMenuItem 创建菜单的子菜单项。

13.1.1　JMenu 和 JMenuItem 的常用方法

创建菜单常用构造方法有两个：JMenu() 和 JMenu(String s)。JMenu() 构造方法创建一个无文本的 JMenu 对象。JMenu(String s) 构造方法创建一个带有指定文本的 JMenu 对象。

JMenu 类的其他常用方法如下：

add()：为菜单命令添加子菜单。

insert()：为菜单命令插入子菜单。

isSelected()：如果菜单是当前选择的（即高亮显示的）菜单，则返回 true。

setSelected()：设置菜单的选择状态。

setPopupMenuVisible()：设置菜单弹出的可见性。

JMenuItem 创建子菜单的常用构造方法有三种，具体如下：

JMenuItem(String text)：创建带有指定文本的子菜单。

JMenuItem(String text,Icon icon)：创建带有指定文本和图标的子菜单。

JMenuItem(String text,int mnemonic)：创建带有指定文本和快速访问符的子菜单。

JMenuItem 类的其他常用方法如下：

setMnemonic()：设置子菜单命令的快速访问符。

setAccelerator()：设置子菜单命令的快捷键。

setEnabled()：设置子菜单命令是否可用。

13.1.2　实例：为窗体添加菜单

双击桌面上的 Eclipse 快捷图标，就可以打开软件，然后单击菜单栏中的"File/New/Java Project"命令，弹出"New Java Project"对话框，如图 13.1 所示。

在这里设置项目名为"My13-java"，然后单击"Finish"按钮，就可以创建 My13-java 项目。

选择 My13-java 中的"src"，然后单击鼠标右键，在弹出的右键菜单中单击"New/Class"命令，弹出"New Java Class"对话框，如图 13.2 所示。

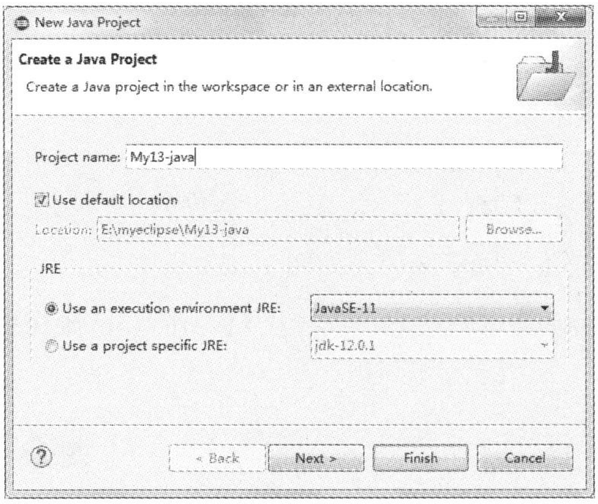

图 13.1　New Java Project 对话框

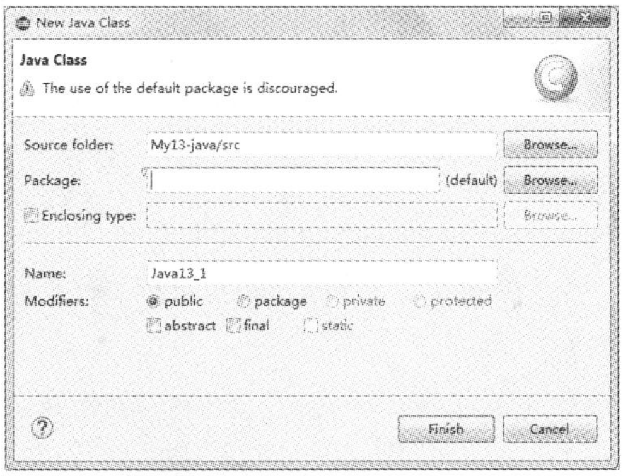

图 13.2　New Java Class 对话框

在这里设置类名为"Java13_1"，然后单击"Finish"按钮，就创建一个名称为 Java13_1 类，然后编写代码如下：

```java
import javax.swing.*;
public class Java13_1 extends JMenuBar
{
    // 创建文件菜单方法
    private JMenu createFileMenu()
    {
        JMenu mymenu=new JMenu(" 文件 ");
        JMenuItem myn=new JMenuItem(" 新建 ");
        mymenu.add(myn);
        JMenuItem myo=new JMenuItem(" 打开 ");
        mymenu.add(myo);
        JMenuItem mys=new JMenuItem(" 保存 ");
        mymenu.add(mys);
        // 分隔符
        JSeparator mysep = new JSeparator();
        mymenu.add(mysep);
        JMenuItem myq=new JMenuItem(" 退出 ");
        mymenu.add(myq);
        return mymenu;
    }
    // 构造方法
    public Java13_1()
    {
        this.add(createFileMenu());                    // 添加 " 文件 " 菜单
        this.setVisible(true);
    }
    // 主方法
    public static void main(String[] agrs)
    {
        JFrame myw=new JFrame(" 带有菜单栏的窗体 ");
        myw.setSize(400,300);
        myw.setJMenuBar(new Java13_1());
        myw.setVisible(true);
        // 设置窗体可关闭
        myw.setDefaultCloseOperation(JFrame.EXIT_ON_CLOSE);
```

```
        }
    }
```

菜单依附在 JMenuBar 对象上，所以创建的类 Java13_1 要继承 JMenuBar。在该类中有 3 个方法，分别是创建文件菜单方法 createFileMenu()、构造方法和主方法。

在建文件菜单方法 createFileMenu() 中，利用 JMenu 创建菜单栏中的菜单项，利用 JMenuItem 创建菜单的子菜单项，利用 JSeparator 创建菜单的分隔符。

单击菜单栏中的"Run/Run"命令（快捷键：Ctrl+F11），就可以编译并运行代码，就可以看到"文件"菜单，单击该菜单，会弹出下一级子菜单，如图 13.3 所示。

下面添加"编辑"菜单，首先编写创建编辑菜单方法 createEditMenu()，具体代码如下：

```
private JMenu createEditMenu()
    {
            JMenu mymenu=new JMenu("编辑(E)");
            //设置快速访问符
            mymenu.setMnemonic(KeyEvent.VK_E);
            JMenuItem mycut=new JMenuItem("剪贴(T)");
    mymenu.setMnemonic(KeyEvent.VK_T);
        mymenu.add(mycut);
        JMenuItem mycopy=new JMenuItem("复制(C)",KeyEvent.VK_C);
        mymenu.add(mycopy);
        JMenuItem mypast=new JMenuItem("粘贴(V)",KeyEvent.VK_V);
        mymenu.add(mypast);
        //分隔符
        JSeparator mysep = new JSeparator();
        mymenu.add(mysep);
        JMenuItem myfind =new JMenuItem("查找(F)",KeyEvent.VK_F);
        mymenu.add(myfind);
            return mymenu;
    }
```

快速访问符是一种快捷键，通常在按下 Alt 键和某个字母时激活。例如，按下 Alt 键和 E 字母，可以打开编辑菜单的下一级子菜单。需要注意的是，要设置快速访问符，要先导入 java.awt.event.KeyEvent 类。设置快速访问符，可以利用 setMnemonic() 方法，也可以在创建菜单时创建。

定义好创建编辑菜单方法 createEditMenu() 后，还要在构造方法中调用该方法，具体代码如下：

```
public Java13_1()
    {
        this.add(createFileMenu());               //添加"文件"菜单
        this.add(createEditMenu());               //添加"编辑"菜单
    this.setVisible(true);
    }
```

单击菜单栏中的"Run/Run"命令（快捷键：Ctrl+F11），就可以编译并运行代码，就可以看到"文件"和"编辑"菜单。按下键盘上的 Alt 键和 E 字母，会弹出编辑的下一级子菜单，如图 13.4 所示。

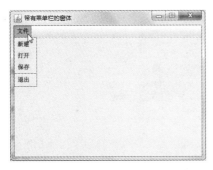

图 13.3　添加文件菜单　　　　　　　图 13.4　添加编辑菜单及快速访问符

下面接着添加"运行"菜单，首先编写创建编辑菜单方法 createRunMenu()，具体代码如下：

```
        private JMenu createRunMenu()
        {
            JMenu mymenu=new JMenu("运行 (R)");
            mymenu.setMnemonic(KeyEvent.VK_R);
            JMenuItem myp=new JMenuItem("编译 (C)",KeyEvent.VK_C);
    myp.setAccelerator(KeyStroke.getKeyStroke(KeyEvent.VK_F9,ActionEvent.CTRL_
MASK));
            mymenu.add(myp);
            JCheckBoxMenuItem myt=new JCheckBoxMenuItem("调试");
            mymenu.add(myt);
            JMenuItem mydel=new JMenuItem("清除 (I)",KeyEvent.VK_I);
            mydel.setEnabled(false);
            mymenu.add(mydel);
            return mymenu;
        }
```

利用 JMenuItem 的 setAccelerator(KeyStroke) 方法来设置修改键，由于这里用到了 ActionEvent，所以要导入该类代码如下：

```
    import java.awt.event.ActionEvent;
```

定义好创建编辑菜单方法 createEditMenu() 后，还要在构造方法中调用该方法，具体代码如下：

```
        public Java13_1()
        {
            this.add(createFileMenu());           // 添加"文件"菜单
            this.add(createEditMenu());           // 添加"编辑"菜单
            this.add(createRunMenu());            // 添加"运行"菜单
        this.setVisible(true);
        }
```

单击菜单栏中的"Run/Run"命令（快捷键：Ctrl+F11），就可以编译并运行代码，就可以看到"文件"、"编辑"、"运行"菜单。单击"运行"菜单，就会弹出下一级子菜单，可以看到"编译"的快捷键为 Ctrl+F9，如图 13.5 所示。

在运行菜单的子菜单中，清除菜单命令不可用，这需要利用 JMenuItem 的 setEnabled(false) 方法来设置。另外，利用 JCheckBoxMenuItem 创建菜单命令，就会在菜单命令前添加一个小方块。如果命令前没有"√"号，单击该命令后，就会添加"√"

号；如果命令前有"√"号，单击该命令后，"√"号就会消失，如图 13.6 所示。

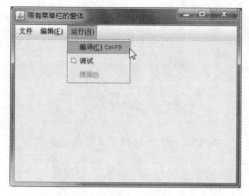

图 13.5　菜单命令的快捷键

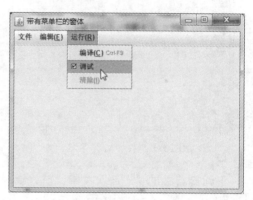

图 13.6　在菜单命令前面添加"√"号

13.1.3　实例：添加右键菜单

利用 JPopupMenu 类可以实现右键菜单，下面举例说明。

双击桌面上的 Eclipse 快捷图标，就可以打开软件。选择 My13-java 中的"src"，然后单击鼠标右键，在弹出的右键菜单中单击"New/Class"命令，弹出"New Java Class"对话框，如图 13.7 所示。

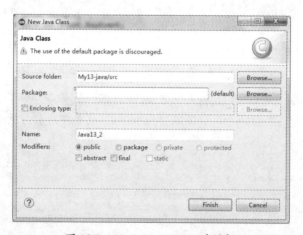

图 13.7　New Java Class 对话框

在这里设置类名为"Java13_2"，然后单击"Finish"按钮，就创建一个名称为 Java13_2 类，然后编写代码如下：

```
import javax.swing.*;
import java.awt.event.*;
import javax.swing.event.*;
public class Java13_2  extends  JFrame
{
    //添加内部类，其扩展了 MouseAdapter 类，用来处理鼠标事件
    class PopupListener extends MouseAdapter
```

```
        {
            JPopupMenu popupMenu;
            PopupListener(JPopupMenu popupMenu)
            {
                this.popupMenu=popupMenu;
            }
            public void mousePressed(MouseEvent e)
            {
                showPopupMenu(e);
            }
            public void mouseReleased(MouseEvent e)
            {
                showPopupMenu(e);
            }
            private void showPopupMenu(MouseEvent e)
            {
                if(e.isPopupTrigger())
                {
                    // 如果当前事件与鼠标事件相关，则弹出菜单
                    popupMenu.show(e.getComponent(),e.getX(),e.getY());
                }
            }
        }
    public Java13_2 ()
    {
            JPopupMenu mypm = new JPopupMenu() ;          // 创建右键菜单对象
            JMenu mymenu=new JMenu(" 文件 ");
            JMenuItem myn=new JMenuItem(" 新建 ");
        mymenu.add(myn);
        JMenuItem myo=new JMenuItem(" 打开 ");
        mymenu.add(myo);
        JMenuItem mys=new JMenuItem(" 保存 ");
        mymenu.add(mys);
        // 分隔符
        JSeparator mysep = new JSeparator();
        mymenu.add(mysep);
        JMenuItem myq=new JMenuItem(" 退出 ");
        mymenu.add(myq);
        // 将文件菜单添加到弹出式菜单中
        mypm.add(mymenu);
        // 添加分隔符
        mypm.addSeparator();
        JMenu myeidt=new JMenu(" 编辑 (E)");
         JMenuItem mycopy=new JMenuItem(" 复制 (C)",KeyEvent.VK_C);
         myeidt.add(mycopy);
         JMenuItem mypast=new JMenuItem(" 粘贴 (V)",KeyEvent.VK_V);
         myeidt.add(mypast);
          // 分隔符
         JSeparator mysepa = new JSeparator();
         myeidt.add(mysepa);
         JMenuItem myfind =new JMenuItem(" 查找 (F)",KeyEvent.VK_F);
        myeidt.add(myfind);
        // 将文件菜单添加到弹出式菜单中
        mypm.add(myeidt);
        // 创建监听器对象
        MouseListener myplister=new PopupListener(mypm);
        // 向主窗口注册监听器
        this.addMouseListener(myplister);
        this.setTitle(" 右键菜单 ");
        this.setSize(400,300);
        this.setVisible(true);
        // 设置窗体可关闭
        this.setDefaultCloseOperation(JFrame.EXIT_ON_CLOSE);
```

```
    }
    public static void main(String args[])
    {
        new Java13_2();
    }
}
```

创建的 Java13_2 继承了 JFrame，这样就可以在主窗体中注册监听器。需要注意的是，在 Java13_2 类，添加内部类，其扩展了 MouseAdapter 类，用来处理鼠标事件。

在构造方法中，首先利用 JPopupMenu 创建右键菜单对象，利用 Menu 创建菜单栏中的菜单项，利用 JMenuItem 创建菜单的子菜单项，利用 JSeparator 创建菜单的分隔符。利用右键菜单对象的 add() 方法，把创建的菜单添加到右键菜单中。

接下来创建监听器对象并向向主窗口注册监听器。最后在主方法中新建 Java13_2 对象即可。

单击菜单栏中的"Run/Run"命令（快捷键：Ctrl+F11），就可以编译并运行代码，然后在窗体中单击右键，就可以弹出右键菜单，如图 13.8 所示。

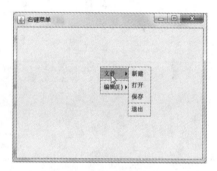

图 13.8　右键菜单

13.2　常用对话框控件

在 Java 中，常用对话框控件有 7 种，分别是消息对话框、确认对话框、输入对话框、选项对话框、打开文件对话框、保存文件对话框和选择颜色对话框。其中前 4 种，是利用 JOptionPane 类来创建。

13.2.1　消息对话框

在 Java 中，消息对话框是利用 JOptionPane 类的 showMessageDialog () 方法来创建的，其语法格式如下：

```
public static void showMessageDialog(Component parentComponent,Object
message,String title,int messageType,Icon icon)
```

其中，只有 parentComponent 参数和 message 参数是必须指定的。parentComponent 可以是任意组件或者为空；message 用来定义提示信息，它是一个对象，但是通常使用字符串表示；title 是设置对话框标题的字符串；messageType 是以下整型或常量中的一个。

0 或 JOptionPane. ERROR_MESSAGE。

1 或 JOptionPane. INFORMATION_MESSAGE。

2 或 JOptionPane.WARNING_MESSAGE。

3 或 JOptionPane.QUESTION_MESSAGE。

默认情况下，messageType 的值是 JOptionPane.INFORMATION_MESSAGE。除类型 PLAIN_MESSAGE 外，每种类型都有相应的图标，也可以通过 icon 参数提供自己的图标。

双击桌面上的 Eclipse 快捷图标，就可以打开软件。选择 My13-java 中的"src"，然后单击鼠标右键，在弹出的右键菜单中单击"New/Class"命令，弹出"New Java Class"对话框，如图 13.9 所示。

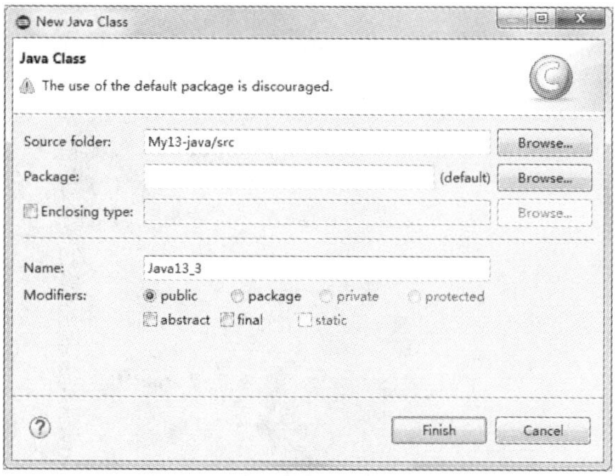

图 13.9　New Java Class 对话框

在这里设置类名为"Java13_3"，然后单击"Finish"按钮，就创建一个名称为 Java13_3 类，然后编写代码如下：

```
import javax.swing.*;
import java.awt.*;
import java.awt.event.*;
public class Java13_3
{
    public static void main(String[] args)
    {
        JFrame myw = new JFrame() ;
```

```
                myw.setTitle(" 消息对话框 ");
                myw.setSize(300, 160);
                JPanel myj=new JPanel();      // 创建面板
                JButton myb1=new JButton(" 错误提示对话框 ");      // 创建 JButton 对象
                JButton myb2=new JButton(" 消息提示对话框 ");
                JButton myb3=new JButton(" 警告提示对话框 ");
                JButton myb4=new JButton(" 问题提示对话框 ");
                JButton myb5=new JButton(" 无图标提示对话框 ");
                myb1.addActionListener(new ActionListener()
        {
            public void actionPerformed(ActionEvent e)
            {
                    JOptionPane.showMessageDialog(myj," 姓名或密码错误！ "," 错误提
示对话框 ",0);
            }
        });
                myb2.addActionListener(new ActionListener()
        {
            public void actionPerformed(ActionEvent e)
            {
                    JOptionPane.showMessageDialog(myj," 要先注册，才能登录！ "," 消
息提示对话框 ",1);
            }
        });
                myb3.addActionListener(new ActionListener()
        {
            public void actionPerformed(ActionEvent e)
            {
                    JOptionPane.showMessageDialog(myj," 删除数据后，不能恢复，确定
要删除吗？ "," 警告提示对话框 ",2);
            }
        });
                myb4.addActionListener(new ActionListener()
        {
            public void actionPerformed(ActionEvent e)
            {
                    JOptionPane.showMessageDialog(myj," 确定要选这个答案吗？ "," 问
题提示对话框 ",3);
            }
        });
                myb5.addActionListener(new ActionListener()
        {
            public void actionPerformed(ActionEvent e)
            {
                    JOptionPane.showMessageDialog(myj," 程序安装已完成，可以使用了。
"," 无图标提示对话框 ",JOptionPane.PLAIN_MESSAGE);
            }
        });
        myj.add(myb1);
        myj.add(myb2);
        myj.add(myb3);
        myj.add(myb4);
        myj.add(myb5);
        myw.add(myj);
        myw.setVisible(true);    // 设置窗体可见
            // 设置窗体可关闭
            myw.setDefaultCloseOperation(JFrame.EXIT_ON_CLOSE);
    }
}
```

　　单击菜单栏中的"Run/Run"命令（快捷键：Ctrl+F11），就可以编译并运行代码，如图 13.10 所示。单击"错误提示对话框"按钮，就会弹出"错误提示对话框"，如

图 13.11 所示。

图 13.10　程序运行效果

图 13.11　错误提示对话框

单击"消息提示对话框"按钮，就会弹出"消息提示对话框"，如图 13.12 所示。单击"警告提示对话框"按钮，就会弹出"警告提示对话框"，如图 13.13 所示。

图 13.12　消息提示对话框

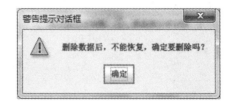

图 13.13　警告提示对话框

单击"问题提示对话框"按钮，就会弹出"问题提示对话框"，如图 13.14 所示。单击"无图标提示对话框"按钮，就会弹出"无图标提示对话框"，如图 13.15 所示。

图 13.14　问题提示对话框

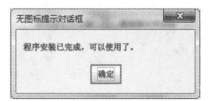

图 13.15　无图标提示对话框

13.2.2　确认对话框

在 Java 中，确认对话框是利用 JOptionPane 类的 showConfirmDialog() 方法来创建的，其语法格式如下：

```
public static int showConfirmDialog(Component parentComponent,Object
message,String title,int optionType,int messageType,Icon icon)
```

showConfirmDialog() 方法的各项参数与创建消息对话框的 showMessageDialog () 方法几乎相同，只是多了一个 optionType 参数，该参数用于控制在对话框上显示的按钮，可选值如下：

0 或 JOptionPane. YES_NO_OPTIION。

1 或 JOptionPane. YES_NO_CANCEL_0PTIl0N。

2 或 JOptionPane. OK_CANCEL_OPTIION。

messageType 的默认值是 3，即 QUESTION_MESSAGE。

还需要注意，showConfirmDialog() 方法有返回值，返回值类型为整型，具体如下：

0 或 JOptionPane. YES_OPTIION。

1 或 JOptionPane. NO_OPTIION。

2 或 JOptionPane. CANCEL_OPTIION。

0 或 JOptionPane. OK_OPTIION。

-1 或 JOptionPane.CLOSED_OPTIION。

双击桌面上的 Eclipse 快捷图标，就可以打开软件。选择 My13-java 中的 "src"，然后单击鼠标右键，在弹出的右键菜单中单击 "New/Class" 命令，弹出 "New Java Class" 对话框，如图 13.16 所示。

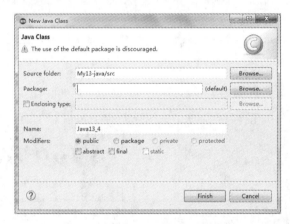

图 13.16　New Java Class 对话框

在这里设置类名为 "Java13_4"，然后单击 "Finish" 按钮，就创建一个名称为 Java13_4 类，然后编写代码如下：

```java
import java.awt.event.*;
import javax.swing.*;
public class Java13_4
{
    public static void main(String[] args)
    {
        JFrame myw = new JFrame() ;
        myw.setTitle(" 确认对话框 ");
        myw.setSize(220, 160);
        JPanel myj=new JPanel();                        // 创建面板
        JButton myb1=new JButton(" 是和否确认对话框 ");   // 创建 JButton 对象
        JButton myb2=new JButton(" 是、否和取消确认对话框 ");
        JButton myb3=new JButton(" 确定和取消确认对话框 ");
        // 为按钮添加监听
        myb1.addActionListener(new ActionListener()
    {
        public void actionPerformed(ActionEvent e)
```

```
                {
                              int x = JOptionPane.showConfirmDialog(myj, " 确定要注册吗？ ","
是和否确认对话框 ",0);
                              if (x==0)
                              {
                                      JOptionPane.showMessageDialog(myj," 你单击了【是】按钮。
 "," 提示对话框 ",1);
                              }
                              else
                              {
                                      JOptionPane.showMessageDialog(myj," 你单击了【否】按钮。
 "," 提示对话框 ",1);
                              }
                    }
          });
              myb2.addActionListener(new ActionListener()
          {
              public void actionPerformed(ActionEvent e)
                 {
                              int x = JOptionPane.showConfirmDialog(myj, " 确定要注册吗？ ","
是、否和取消确认对话框 ",1);
                              if (x==0)
                              {
                                      JOptionPane.showMessageDialog(myj," 你单击了【是】按钮。
 "," 提示对话框 ",1);
                              }
                              else if (x==1)
                              {
                                      JOptionPane.showMessageDialog(myj," 你单击了【否】按钮。
 "," 提示对话框 ",1);
                              }
                              else
                              {
                                      JOptionPane.showMessageDialog(myj," 你单击了【取消】按钮。
 "," 提示对话框 ",1);
                              }
                    }
          });
              myb3.addActionListener(new ActionListener()
          {
              public void actionPerformed(ActionEvent e)
                 {
                              int x = JOptionPane.showConfirmDialog(myj, " 确定要注册吗？ ","
确定和取消确认对话框 ",2);
                              if (x==0)
                              {
                                      JOptionPane.showMessageDialog(myj," 你单击了【确定】按钮。
 "," 提示对话框 ",1);
                              }
                              else
                              {
                                      JOptionPane.showMessageDialog(myj," 你单击了【取消】按钮。
 "," 提示对话框 ",1);
                              }
                    }
          });
          myj.add(myb1);
          myj.add(myb2);
          myj.add(myb3);
       myw.add(myj);
       myw.setVisible(true);                              // 设置窗体可见
       // 设置窗体可关闭
       myw.setDefaultCloseOperation(JFrame.EXIT_ON_CLOSE);
```

```
        }
    }
```

单击菜单栏中的"Run/Run"命令（快捷键：Ctrl+F11），就可以编译并运行代码，如图 13.17 所示。单击"是和否确认对话框"按钮，弹出"是和否确认对话框"，如图 13.18 所示。

图 13.17　程序运行效果　　　　　　　图 13.18　是和否确认对话框

单击"是"按钮，就会弹出"你单击了是按钮"提示对话框，如图 13.19 所示。单击"否"按钮，就会弹出"你单击了否按钮"提示对话框，如图 13.20 所示。

图 13.19　单击了是按钮提示对话框　　图 13.20　单击了否按钮提示对话框

单击"是、否和取消确认对话框"按钮，弹出"是、否和取消确认对话框"，如图 13.21 所示。单击"是"按钮，就会弹出"你单击了是按钮"提示对话框。单击"否"按钮，就会弹出"你单击了否按钮"提示对话框。单击"取消"按钮，就会弹出"你单击了取消按钮"提示对话框，如图 13.22 所示。

图 13.21　是、否和取消确认对话框　　图 13.22　单击了取消按钮提示对话框

单击"确定和取消确认对话框"按钮，弹出"确定和取消确认对话框"，如图 13.23 所示。单击"取消"按钮，就会弹出"你单击了取消按钮"提示对话框。单击"确定"按钮，就会弹出"你单击了确定按钮"提示对话框，如图 13.24 所示。

图 13.23　确定和取消确认对话框　　图 13.24　单击了确定按钮提示对话框

13.2.3　输入对话框

在 Java 中，输入对话框是利用 JOptionPane 类的 showInputDialog() 方法来创建的，其语法格式如下：

```
    public static String showInputDialog(Component parentComponent,Object
message,String title,int messageType)
    或
    public static Object showInputDialog(Component parentComponent,Object
message,String title,int messageType,Icon icon,Object[] selectionValue,Object
initValue)
```

第一个 showInputDialog() 方法用于使用文本框输入，第二个 showInputDialog() 方法用于下拉列表或列表框的显示方式。

双击桌面上的 Eclipse 快捷图标，就可以打开软件。选择 My13-java 中的 "src"，然后单击鼠标右键，在弹出的右键菜单中单击 "New/Class" 命令，弹出 "New Java Class" 对话框，如图 13.25 所示。

在这里设置类名为 "Java13_5"，然后单击 "Finish" 按钮，就创建一个名称为 Java13_5 类，然后编写代码如下：

图 13.25　New Java Class 对话框

```
    import java.awt.event.*;
    import javax.swing.*;
    public class Java13_5
    {
        public static void main(String[] args)
        {
            JFrame myw = new JFrame() ;
            myw.setTitle("输入对话框");
            myw.setSize(220, 120);
            JPanel myj=new JPanel();                         // 创建面板
            JButton myb1=new JButton("输入密码对话框");       // 创建 JButton 对象
            JButton myb2=new JButton("选择用户名对话框");
            myb1.addActionListener(new ActionListener()
            {
             public void actionPerformed(ActionEvent e)
             {
                    String mys= JOptionPane.showInputDialog(myj,"请输入用户密码
","输入密码对话框",1);
                    JOptionPane.showMessageDialog(myj, "用户密码是:"+mys,"提示对
话框",1);
             }
            });
              myb2.addActionListener(new ActionListener()
            {
             public void actionPerformed(ActionEvent e)
             {
```

```
                    String[] str={"李晓波","王亮","张明楼","admin","周涛"};
                    Object mys= JOptionPane.showInputDialog(myj,"请选择用户名","
选择用户名",1,null,str,str[0]);
                    JOptionPane.showMessageDialog(myj, "选择的用户名是:"+mys.
toString(),"提示对话框",1);
                }
            });
            myj.add(myb1);
            myj.add(myb2);
        myw.add(myj);
        myw.setVisible(true);                              //设置窗体可见
        //设置窗体可关闭
        myw.setDefaultCloseOperation(JFrame.EXIT_ON_CLOSE);
    }
}
```

单击菜单栏中的"Run/Run"命令（快捷键：Ctrl+F11），就可以编译并运行代码，如图 13.26 所示。单击"输入密码对话框"按钮，弹出"输入密码对话框"，如图 13.27 所示。

图 13.26　程序运行效果

图 13.27 输入密码对话框

如果输入的用户密码是"qd2019"，然后单击"确定"就会显示提示对话框，如图 13.28 所示。如果单击"取消"按钮，就会显示用户密码为 null，如图 13.29 所示。

图 13.28　用户密码是 qd2019

图 13.29　用户密码是 null

单击"选择用户名对话框"按钮，弹出"选择用户名"对话框，如图 13.30 所示。单击下拉按钮，就可以选择不同的用户名，在这里选择"李晓波"，然后单击"确定"按钮，就会显示提示对话框，如图 13.30 所示。

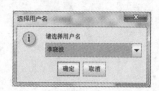

图 13.30　选择用户名对话框

图 13.31　提示对话框

13.2.4　选项对话框

选项对话框允许用户自己定制按钮内容。在 Java 中，选项对话框是利用
JOptionPane 类的 showOptionDialog() 方法来创建的，其语法格式如下：

```
public static int showOptionDialog(Component parentComponent,Object
message,String title,int optionType,int messageType,icon icon,Object[]
options,Object initValue)
```

使用 options 参数指定按钮，initValue 参数用于指定默认获得焦点的按钮。该方法
返回表明激活的按钮的一个整型值。

双击桌面上的 Eclipse 快捷图标，就可以打开软件。选择 My13-java 中的"src"，
然后单击鼠标右键，在弹出的右键菜单中单击"New/Class"命令，弹出"New Java
Class"对话框，如图 13.32 所示。

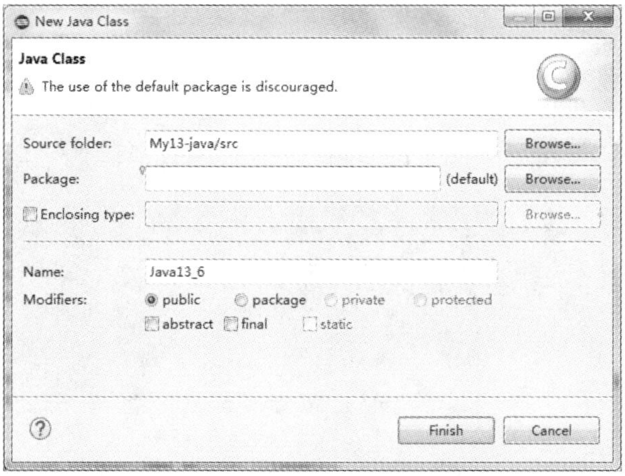

图 13.32　New Java Class 对话框

在这里设置类名为"Java13_6"，然后单击"Finish"按钮，就创建一个名称为
Java13_6 类，然后编写代码如下：

```
import java.awt.event.*;
import javax.swing.*;
public class Java13_6
{
    public static void main(String[] args)
    {
        JFrame myw = new JFrame() ;
        myw.setTitle("选项对话框");
        myw.setSize(200, 80);
        JPanel myj=new JPanel();                        // 创建面板
        JButton myb1=new JButton("选项对话框");          // 创建 JButton 对象
        myb1.addActionListener(new ActionListener()
    {
        public void actionPerformed(ActionEvent e)
        {
            Object[] myob = {0,1,2,3,4,5,6,7,8,9};
            int y = JOptionPane.showOptionDialog(myj, "请选择数字按钮",
"选项对话框", 1, 1, null, myob, myob[0]);
```

```
                        JOptionPane.showMessageDialog(myj, "你选择的是 "+y, "提示对话
框", 1);
                }
        });
            myj.add(myb1);
        myw.add(myj);
        myw.setVisible(true);                        //设置窗体可见
            //设置窗体可关闭
            myw.setDefaultCloseOperation(JFrame.EXIT_ON_CLOSE);
    }
}
```

单击菜单栏中的"Run/Run"命令（快捷键：Ctrl+F11），就可以编译并运行代码，如图 13.33 所示。单击"选项对话框"按钮，弹出"选项对话框"，如图 13.34 所示。

图 13.33　程序运行效果　　　　　　图 13.34　选项对话框

单击哪个按钮，就会返回哪个值，假如单击 6，就会弹出提示对话框，如图 13.35 所示。

图 13.35　提示对话框

13.2.5　打开文件对话框

利用 JFileChooser 类的 showOpenDialog() 方法，可以显示打开文件对话框。JFileChooser 类的主要构造方法如下：

JFileChooser()：创建一个指向用户默认目录的文件选择器。

JFileChooser(File currentDirectory)：使用指定 File 作为路径来创建文件选择器

JFileChooser(String currentDirectoryPath)：创建一个使用指定路径的文件选择器。

JFileChooser(String currentDirectoryPath, FileSystemView fsv)：使用指定的当前目录路径和 FileSystem View 构造一个文件选择器。

双击桌面上的 Eclipse 快捷图标，就可以打开软件。选择 My13-java 中的"src"，然后单击鼠标右键，在弹出的右键菜单中单击"New/Class"命令，弹出"New Java Class"对话框，如图 13.36 所示。

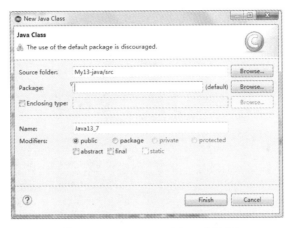

图 13.36　New Java Class 对话框

在这里设置类名为"Java13_7"，然后单击"Finish"按钮，就创建一个名称为 Java13_7 类，然后编写代码如下：

```
import java.awt.event.*;
import javax.swing.*;
public class Java13_7
{
    public static void main(String[] args)
    {
        JFrame myw = new JFrame() ;
        myw.setTitle("打开文件对话框");
        myw.setSize(250, 80);
        JPanel myj=new JPanel();                    //创建面板
        JButton myb1=new JButton("打开文件对话框")   ;//创建 JButton 对象
        myb1.addActionListener(new ActionListener()
        {
            public void actionPerformed(ActionEvent e)
            {
                JFileChooser myfc = new JFileChooser("C:\\");
                int val=myfc.showOpenDialog(null);   // 打开文件对话框
                if (val==myfc.APPROVE_OPTION)        // 单击确定按钮
                {
                        JOptionPane.showMessageDialog(myj, "打开文件的位置及
名称为:"+myfc.getSelectedFile().toString(), "提示对话框",1);
                }
                else
                {
                        JOptionPane.showMessageDialog(myj, "你单击了取消按钮
", "提示对话框",1);
                }
            }
        });
        myj.add(myb1);
        myw.add(myj);
        myw.setVisible(true);                        // 设置窗体可见
        // 设置窗体可关闭
        myw.setDefaultCloseOperation(JFrame.EXIT_ON_CLOSE);
    }
}
```

showOpenDialog() 方法的可能取值情况有 3 种：JFileChooser.CANCEL_OPTION、JFileChooser.APPROVE_OPTION 和 JFileChooser.ERROR_OPTION，分别用于无文

件选取、正常选取文件和发生错误情况。

单击菜单栏中的"Run/Run"命令（快捷键：Ctrl+F11），就可以编译并运行代码，如图 13.37 所示。单击"打开文件对话框"按钮，弹出"打开文件对话框"，如图 13.38 所示。

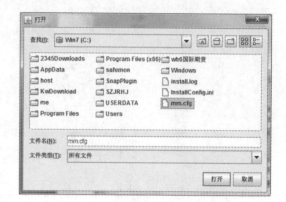

图 13.37　程序运行效果　　　　　　　　图 13.38　打开文件对话框

默认打开文件的位置为"C:"盘，在这里选择"mm.cfg"，再单击"打开"按钮，就会弹出提示对话框，如图 13.39 所示。选择文件后，如果单击的是"取消"按钮，也会弹出提示对话框，如图 13.40 所示。

图 13.39　显示打开文件位置的提示对话框　　图 13.40　显示单击取消按钮的提示对话框

13.2.6　保存文件对话框

利用 JFileChooser 类的 showSaveDialog() 方法，可以显示保存文件对话框。双击桌面上的 Eclipse 快捷图标，就可以打开软件。选择 My13-java 中的"src"，然后单击鼠标右键，在弹出的右键菜单中单击"New/Class"命令，弹出"New Java Class"对话框，如图 13.41 所示。

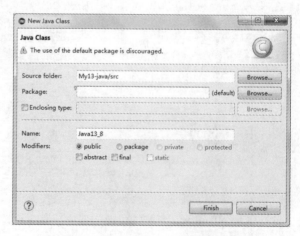

图 13.41　New Java Class 对话框

在这里设置类名为"Java13_8"，然后单击"Finish"按钮，就创建一个名称为
Java13_8 类，然后编写代码如下：

```java
import java.awt.event.*;
import javax.swing.*;
public class Java13_8
{
    public static void main(String[] args)
    {
        JFrame myw = new JFrame() ;
        myw.setTitle("保存文件对话框");
        myw.setSize(250, 80);
        JPanel myj=new JPanel();                    // 创建面板
        JButton myb1=new JButton("保存文件对话框");    // 创建 JButton 对象
        myj.add(myb1);
        myb1.addActionListener(new ActionListener()
        {
         public void actionPerformed(ActionEvent e)
         {
             JFileChooser myfc = new JFileChooser("C:\\");
             int val=myfc.showSaveDialog(null);    // 保存文件对话框
             if (val==myfc.APPROVE_OPTION)         // 单击确定按钮
             {
                 JOptionPane.showMessageDialog(myj, "保存文件的位置及
名称为: "+myfc.getSelectedFile().toString(), "提示对话框",1);
             }
             else
             {
                 JOptionPane.showMessageDialog(myj, "你单击了取消按钮
", "提示对话框",1);
             }
         }
        });
        myw.add(myj);
        myw.setVisible(true);    // 设置窗体可见
        //设置窗体可关闭
        myw.setDefaultCloseOperation(JFrame.EXIT_ON_CLOSE);
    }
}
```

单击菜单栏中的"Run/Run"命令（快捷键：Ctrl+F11），就可以编译并运行代码，
如图 13.42 所示。单击"保存文件对话框"按钮，弹出"保存文件对话框"，如图 13.43 所示。

图 13.42　程序运行效果

图 13.43　打开文件对话框

默认打开文件的位置为"C:"盘，在这里设置文件名为"qd2019.doc"，再单击"保

存"按钮，就会弹出提示对话框，如图 13.44 所示。如果单击的是"取消"按钮，也会弹出提示对话框，如图 13.45 所示。

图 13.44　显示保存文件位置的提示对话框　　　图 13.45　显示单击取消按钮的提示对话框

13.2.7　选择颜色对话框

利用 JColorChooser 类的 showDialog() 方法，可以创建一个选择颜色对话框。showDialog() 方法的语法格式如下：

```
public static Color   showDialog(Component component,String title,Color
initialColor)
```

双击桌面上的 Eclipse 快捷图标，就可以打开软件。选择 My13-java 中的"src"，然后单击鼠标右键，在弹出的右键菜单中单击"New/Class"命令，弹出"New Java Class"对话框，如图 13.46 所示。

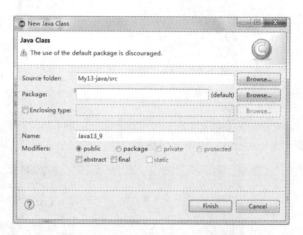

图 13.46　New Java Class 对话框

在这里设置类名为"Java13_9"，然后单击"Finish"按钮，就创建一个名称为Java13_9 类，然后编写代码如下：

```
import java.awt.Color;
import java.awt.event.*;
import javax.swing.*;
public class Java13_9
{
    public static void main(String[] args)
    {
            JFrame myw = new JFrame() ;
            myw.setTitle("选择颜色对话框");
```

```
        myw.setSize(250, 80);
        JPanel myj=new JPanel();                        // 创建面板
        JButton myb1=new JButton("选择颜色对话框");      // 创建 JButton 对象
        myj.add(myb1);
        // 添加监听事件
        myb1.addActionListener(new ActionListener()
{
    public void actionPerformed(ActionEvent e)
    {
            JColorChooser mycc=new JColorChooser();
            Color myc=mycc.showDialog(myj, "选择颜色对话框", Color.
BLUE);
            myb1.setForeground(myc);
    }
});
    myw.add(myj);
    myw.setVisible(true);                               // 设置窗体可见
    // 设置窗体可关闭
    myw.setDefaultCloseOperation(JFrame.EXIT_ON_CLOSE);
    }
}
```

单击菜单栏中的"Run/Run"命令（快捷键：Ctrl+F11），就可以编译并运行代码，如图 13.47 所示。单击"选择颜色对话框"按钮，弹出"选择颜色对话框"，如图 13.48 所示。

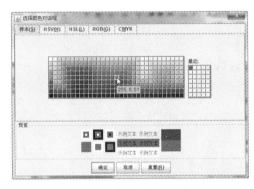

图 13.47　程序运行效果　　　　　　　　图 13.48　打开文件对话框

在这里选择"红色"，然后单击"确定"按钮，这时就会发现，按钮上的文字颜色变成为红色，如图 13.49 所示。

图 13.49　修改按钮上的文字颜色

13.3　工具栏控件

在 Java 中，利用 JToolBar 类可以创建工具栏，其主要构造方法如下：

JToolBar()：创建新的工具栏，默认的方向为水平方向。

JToolBar(int orientation)：创建具有指定 orientation 的新工具栏。

JToolBar(String name)：创建一个具有指定 name 的新工具栏。

JToolBar(String name,int orientation)：创建一个具有指定 name 和 orientation 的新工具栏。

JToolBar 类的其他常用方法如下：

add()：添加一个按钮到工具栏中。

addSeparator()：将默认大小的分隔符添加到工具栏的末尾。

setOrientation()：设置工具栏的方向。

双击桌面上的Eclipse快捷图标，就可以打开软件。选择 My13-java 中的"src"，然后单击鼠标右键，在弹出的右键菜单中单击"New/Class"命令，弹出"New Java Class"对话框，如图 13.50 所示。

在这里设置类名为"Java13_10"，然后单击"Finish"按钮，就创建一个名称为 Java13_10 类，然后编写代码如下：

图 13.50　New Java Class 对话框

```java
import java.awt.event.*;
import javax.swing.*;
import java.awt.*;
public class Java13_10  extends JPanel
{
    public static void main(String[] args)
    {
        JFrame myw = new JFrame() ;
        myw.setTitle(" 工具栏控件 ");
        myw.setSize(350, 250);
        JPanel myj=new JPanel();                      // 创建面板
        JToolBar mytb=new JToolBar();                 // 创建工具栏
        mytb.setPreferredSize(new Dimension(350, 50));
        // 向具栏中添加两个按钮
        ImageIcon img1=new ImageIcon("open.jpg");     // 创建一个图标
        JButton myb1 = new JButton(" 打开 ",img1);
        mytb.add(myb1);
        ImageIcon img2=new ImageIcon("save.jpg");     // 创建一个图标
        JButton myb2 = new JButton(" 保存 ",img2);
        mytb.add(myb2);
        // 打开按钮的监听事件
        myb1.addActionListener(new ActionListener()
    {
        public void actionPerformed(ActionEvent e)
        {
            JFileChooser myfc = new JFileChooser("C:\\");
```

```
                        int val=myfc.showOpenDialog(null);      // 打开文件对话框
                        if (val==myfc.APPROVE_OPTION)            // 单击确定按钮
                        {
                                JOptionPane.showMessageDialog(myj, "打开文件的位置及
名称为: "+myfc.getSelectedFile().toString(), "提示对话框",1);
                        }
                        else
                        {
                                JOptionPane.showMessageDialog(myj, "你单击了取消按钮
", "提示对话框",1);
                        }
                }
            });
            // 保存按钮的监听事件
            myb2.addActionListener(new ActionListener()
            {
                public void actionPerformed(ActionEvent e)
                {
                        JFileChooser myfc = new JFileChooser("C:\\");
                        int val=myfc.showSaveDialog(null);       // 保存文件对话框
                        if (val==myfc.APPROVE_OPTION)            // 单击确定按钮
                        {
                                JOptionPane.showMessageDialog(myj, "保存文件的位置及
名称为: "+myfc.getSelectedFile().toString(), "提示对话框",1);
                        }
                        else
                        {
                                JOptionPane.showMessageDialog(myj, "你单击了取消按钮
", "提示对话框",1);
                        }
                }
            });
            myj.add(mytb,BorderLayout.NORTH);
            myw.add(myj);
            myw.setVisible(true);                                // 设置窗体可见
            //设置窗体可关闭
            myw.setDefaultCloseOperation(JFrame.EXIT_ON_CLOSE);
        }
    }
```

为了在工具栏中显示带有图片的按钮，要把图像文件放到 My13-java 文件夹中。

单击菜单栏中的 "Run/Run" 命令（快捷键：Ctrl+F11），就可以编译并运行代码，如图 13.51 所示。单击工具栏中的 "打开" 按钮，就会弹出 "打开" 对话框，如图 13.52 所示。

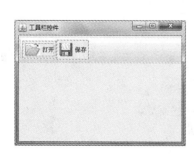

图 13.51　程序运行效果

图 13.52　打开对话框

单击工具栏中的"保存"按钮，就会弹出"保存"对话框，如图 13.53 所示。

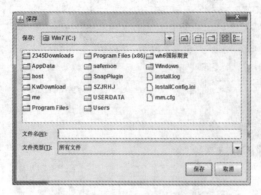

图 13.53　保存对话框

13.4　表格控件

在 Java 中，利用 JTable 类可以创建表格，这样就可以把数据以二维表格的形式显示出来，并且允许用户对表格中的数据进行编辑。

JTable 类的主要构造方法如下：

JTable()：构造一个默认的表格。

JTable(int numRows,int numColumns)：使用 DefaultTableModel 构造具有numRows 行和 numColumns 列个空单元格的表格。

JTable(Object[][] rowData,Object[] columnNames)：构造一个表格来显示二维数组 rowData 中的值，其列名称为 columnNames。

JTable 类的常用方法如下：

getColumnCount()：获取表格中的列数。

getRowCount()：获取表格中的行数。

getValueAt()：获取选择单元格的位置。

双击桌面上的 Eclipse 快捷图标，就可以打开软件。选择 My13-java 中的"src"，然后单击鼠标右键，在弹出的右键菜单中单击"New/Class"命令，弹出"New Java Class"对话框，如图 13.54 所示。

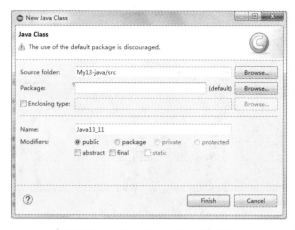

图 13.54　New Java Class 对话框

在这里设置类名为"Java13_11"，然后单击"Finish"按钮，就创建一个名称为 Java13_11 类，然后编写代码如下：

```java
import java.awt.BorderLayout;
import java.util.Random;
import javax.swing.*;
public class Java13_11
{
    public static void main(String[] args)
    {
        JFrame myw = new JFrame() ;
        myw.setTitle(" 表格控件 ");
        myw.setSize(500, 300);
        JPanel myj=new JPanel();                        // 创建面板
        // 表格中的列头
        String[] mybt={" 学号 "," 语文成绩 "," 数学成绩 "," 英语成绩 "};
        // 表格中的数据
        Random myr= new Random() ;
        Object[][] mydate=new Object[12][4];
    for(int i=0;i<12;i++)
    {
        mydate[i][0]=1105+i;
         for(int j=1;j<4;j++)
         {
                mydate[i][j]=myr.nextInt(60)+40 ;
         }
    }
        JTable myt=new JTable(mydate,mybt);             // 创建表格
        JScrollPane mysp=new JScrollPane(myt);
        myj.add(mysp);
    myw.add(myj);
    myw.setVisible(true);                              // 设置窗体可见
        // 设置窗体可关闭
        myw.setDefaultCloseOperation(JFrame.EXIT_ON_CLOSE);
    }
}
```

单击菜单栏中的"Run/Run"命令（快捷键：Ctrl+F11），就可以编译并运行代码，如图 13.55 所示。

图 13.55　表格控件

需要注意，表格数据是可以直接修改的。想修改哪个单元格中的数据，只须双击该单元格就可以修改了。

第 14 章

Java 程序设计的异常
处理

在程序中，错误可能产生于程序员没有预料到的各种情况，或者超出
程序员可控范围的环境，例如用户的坏数据、试图打开一个不存在的文件
等。为了能够及时有效地处理程序中的运行错误，Java 专门引入了异常类。

本章主要内容包括：

➤ 异常的定义和类型

➤ 异常类

➤ try/catch 捕获异常

➤ 多重捕获

➤ finally 语句

➤ throws 声明异常

➤ throw 抛出异常

➤ 自定义异常类

14.1 初识异常

在 Java 程序设计和运行的过程中，发生错误是不可避免的。为此，Java 提供了异常处理机制来帮助我们检查可能出现的错误，以保证程序的可读性和可维护性。

14.1.1 什么是异常

在 Java 中，异常（Exception）是一个在程序执行期间发生的事件，它中断正在执行的程序的正常指令流。为了能够及时有效地处理程序中的运行错误，Java 引入了异常类。为了更好地理解异常，下面来举例说明。

双击桌面上的 Eclipse 快捷图标，就可以打开软件，然后单击菜单栏中的"File/New/Java Project"命令，弹出"New Java Project"对话框，如图 14.1 所示。

在这里设置项目名为"My14-java"，然后单击"Finish"按钮，就可以创建My14-java 项目。

选择 My14-java 中的"src"，然后单击鼠标右键，在弹出的右键菜单中单击"New/Class"命令，弹出"New Java Class"对话框，如图 14.2 所示。

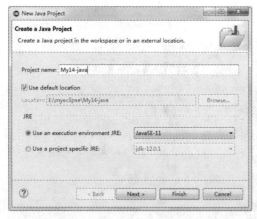

图 14.1 New Java Project 对话框

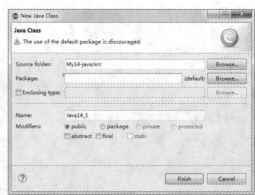

图 14.2 New Java Class 对话框

在这里设置类名为"Java14_1"，然后单击"Finish"按钮，就创建一个名称为Java14_1 类，然后编写代码如下：

```java
import java.util.Scanner;
public class Java14_1
{
    public static void main(String[] args)
```

```
{
        System.out.print("请输入学生的成绩：");
    Scanner myinput=new Scanner(System.in);
    double   myn = myinput.nextDouble();
    if (myn>95)
    {
        System.out.println("学生的成绩为优秀！");
    }
    else if (myn>80)
    {
        System.out.println("学生的成绩为优良！");
    }
    else if (myn>60)
    {
        System.out.println("学生的成绩为及格！");
    }
    else
    {
        System.out.println("学生的成绩为不及格！");
    }
    }
}
```

这是一个简单的程序，程序运行后，要求通过键盘输入学生的成绩。注意成绩只能是数字，如果输入字母就会报错。

单击菜单栏中的"Run/Run"命令（快捷键：Ctrl+F11），就可以编译并运行代码，提醒"输入学生的成绩"，如果输入 93，然后回车，就会显示学生的评语，如图 14.3 所示。

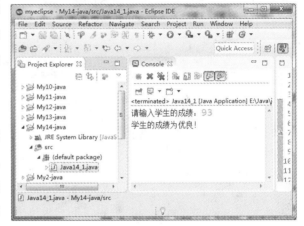

图 14.3　学生的评语

程序运行后，如果一不小心输入的是字母，如输入 we，然后回车，这时程序就会发生异常，出现报错信息，如图 14.4 所示。

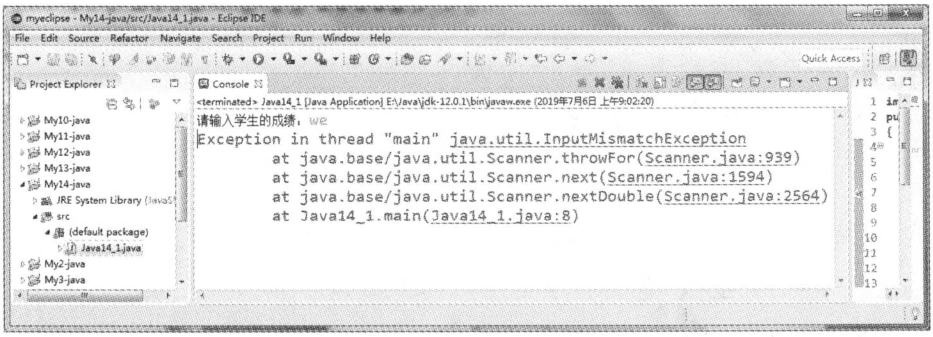

图 14.4　程序发生异常

14.1.2 异常的类型

在 Java 中，异常可分为三类，分别是检查性异常、运行时异常和错误。

1. 检查性异常

最具代表的检查性异常是用户错误或问题引起的异常，这是程序员无法预见的。例如要打开一个不存在文件时，一个异常就发生了，这些异常在编译时不能被简单地忽略。

2. 运行时异常

运行时异常是可能被程序员避免的异常。与检查性异常相反，运行时异常可以在编译时被忽略。

3. 错误

错误是脱离程序员控制的问题。错误在代码中通常被忽略。例如，当栈溢出时，一个错误就发生了，它们在编译也检查不到的。

14.1.3 异常类

所有的异常类是从 java.lang.Exception 类继承的子类。Exception 类是 Throwable 类的子类。除了 Exception 类外，Throwable 还有一个子类 Error。Exception 类有两个主要的子类：IOException 类和 RuntimeException 类。异常类的结构如图 14.5 所示。

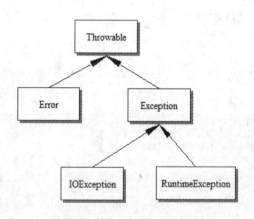

图 14.5 异常类的结构

Java 中常见的异常类及作用如下：

Exception：异常层次结构的根类。

RuntimeException：运行时异常。

ArithmeticException：算术错误异常，例如以零做除数。

ArrayIndexOutOfBoundException：数组大小小于或大于实际的数组大小异常。

NumberFormatException：数字转化格式异常，比如字符串到 float 型数字的转换无效。

IOException：I/O 异常的根类。

FileNotFoundException：找不到文件异常。

EOFException：文件结束异常。

InterruptedException：线程中断异常。

IllegalArgumentException：方法接收到非法参数异常。

ClassCastException：类型转换异常。

SQLException：操作数据库异常。

14.2　异常处理

异常的产生是不可避免的，为了保证程序有效地执行，需要对发生的异常进行相应的处理。

异常处理是编程语言或计算机硬件里的一种机制，用于处理软件或信息系统中出现的异常状况（即超出程序正常执行流程的某些特殊条件）。

异常处理（exceptional handling）分离了接收和处理错误代码。这个功能理清了程序员的思绪，也帮助代码增强了可读性，方便维护者的阅读和理解。异常处理使用 try、catch 和 finally 关键字来尝试可能未成功的操作，处理失败以及在事后清理资源。

14.2.1　捕获异常

在 Java 中，使用 try 和 catch 关键字可以捕获异常。try/catch 代码块放在异常可能发生的地方，其语法格式如下：

```
try
{
    逻辑代码块；
}
catch(ExceptionType e)
{
    处理代码块；
}
```

把可能引发异常的语句封装在 try 语句块中，用于捕获可能发生的异常。

如果 try 语句块中发生异常，那么一个相应的异常对象就会被抛出，然后 catch 语句就会依据所抛出异常对象的类型进行捕获并处理。处理之后，程序会跳过 try 语句块中剩余的语句，转到 catch 语句块后面的第一条语句开始执行。

如果 try 语句块中没有异常发生，那么 try 块正常结束，后面的 catch 语句块被跳过，程序将从 catch 语句块后的第一条语句开始执行。

在处理代码块中，可以使用三种方法输出相应的异常信息，具体如下：

printStackTrace()：显示异常的类型、性质、栈层次及出现在程序中的位置。

getMessage()：显示错误的性质。

toString()：显示异常的类型与性质。

双击桌面上的 Eclipse 快捷图标，就可以打开软件。选择 My14-java 中的 "src"，然后单击鼠标右键，在弹出的右键菜单中单击 "New/Class" 命令，弹出 "New Java Class" 对话框，如图 14.6 所示。

在这里设置类名为 "Java14_2"，然后单击 "Finish" 按钮，就创建一个名称为 Java14_2 类，然后编写代码如下：

```java
import java.util.Scanner;
public class Java14_2
{
    public static void main(String[] args)
    {
        double  myn =0;
        Scanner myinput=new Scanner(System.in);
        try
        {
            System.out.print("请输入学生的成绩：");
            myn = myinput.nextDouble();
        }
        catch(Exception e)
        {
            System.out.println("异常的类型是："+e.toString());
            System.out.println("错误的性质是："+e.getMessage());
            System.out.println("输入有误，成绩不能是字母！");
        }
        if (myn>95)
        {
            System.out.println("学生的成绩为优秀！");
        }
        else if (myn>80)
        {
            System.out.println("学生的成绩为优良！");
        }
        else if (myn>60)
        {
            System.out.println("学生的成绩为及格！");
        }
        else
        {
            System.out.println("学生的成绩为不及格！");
        }
    }
}
```

在这里把可能出错的代码放于 try 程序块中，然后利用 catch 捕获异常。

单击菜单栏中的 "Run/Run" 命令（快捷键：Ctrl+F11），就可以编译并运行代码，提醒 "输入学生的成绩"，如果输入 85，然后回车，就会显示学生的评语，如图 14.7 所示。

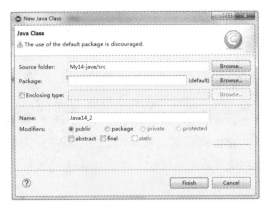

图 14.6　New Java Class 对话框

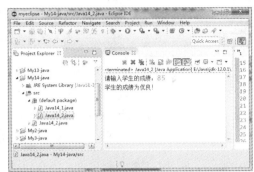

图 14.7　学生的评语

程序运行后，如果一不小心输入的是字母，如输入 we，然后回车，这时程序不会出现报错信息，而是显示异常的类型和错误的性质，如图 14.8 所示。

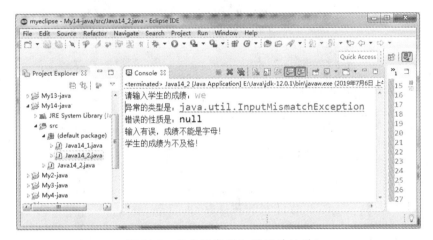

图 14.8　异常的类型和错误的性质

在这里需要注意，由于输入的是 we，所以变量 myn 是浮点型，所以出现了输入类型错误，这样 myn 就没有赋值，所以这时的 myn 的值就是初始值，即 0，所以显示的学生评语为"学生的成绩为不及格！"。

14.2.2　多重捕获

一个 try 代码块后面跟随多个 catch 代码块的情况就叫作多重捕获，其语法格式如下：

```
try
{
    逻辑代码块
}
catch(ExceptionType1 e1)
{
    处理代码块1
}
```

```
catch(ExceptionType2 e2)
{
    处理代码块 2
}
...
catch(ExceptionTypen en)
{
    处理代码块 n
}
```

如果保护代码中发生异常，异常被抛给第一个 catch 块。如果抛出异常的数据类型与 ExceptionType1 匹配，它在这里就会被捕获。如果不匹配，它会被传递给第二个 catch 块。如此，直到异常被捕获或者通过所有的 catch 块。

双击桌面上的 Eclipse 快捷图标，就可以打开软件。选择 My14-java 中的 "src"，然后单击鼠标右键，在弹出的右键菜单中单击 "New/Class" 命令，弹出 "New Java Class" 对话框，如图 14.9 所示。

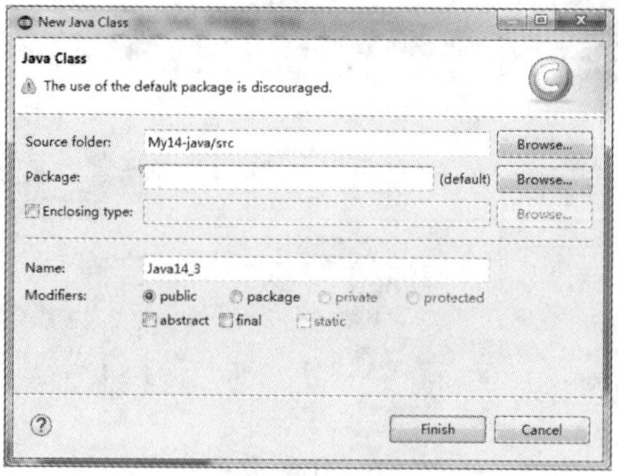

图 14.9　New Java Class 对话框

在这里设置类名为 "Java14_3"，然后单击 "Finish" 按钮，就创建一个名称为 Java14_3 类，然后编写代码如下：

```
import java.util.Scanner;
import java.util.InputMismatchException;
public class Java14_3
{
    public static void main(String[] args)
    {
        Scanner myinput=new Scanner(System.in);
        try
        {
        System.out.println("请输入总奖金: ");
        int score=myinput.nextInt();
            System.out.println("请输入职工人数: ");
        int count=myinput.nextInt();
        int avg=score/count;                         // 获取平均奖金
        System.out.println("平均奖金为: "+avg);
        }
        catch(InputMismatchException e1)
    {
        System.out.println("异常的类型是: "+e1.toString());
```

```
                    System.out.println("错误的性质是："+e1.getMessage());
                System.out.println("不能输入字母，只能输入数字！");
            }
            catch(ArithmeticException e2)
            {
                System.out.println("异常的类型是："+e2.toString());
                    System.out.println("错误的性质是："+e2.getMessage());
                System.out.println("职工人数不能为 0！");
            }
            catch(Exception e3)
            {
                e3.printStackTrace();
                System.out.println("异常的类型是："+e3.toString());
                    System.out.println("错误的性质是："+e3.getMessage());
            }
        }
    }
```

单击菜单栏中的"Run/Run"命令（快捷键：Ctrl+F11），就可以编译并运行代码，提醒"输入总奖金"，如果输入 12345f，然后回车，如图 14.10 所示。

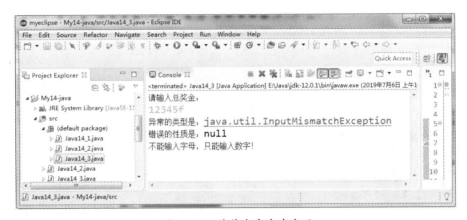

图 14.10　总奖金中含有字母

程序运行后，提醒"输入总奖金"，如果输入 68895，然后回车；又提醒"输入职工人数"，如果输入 0，然后回车，如图 14.11 所示。

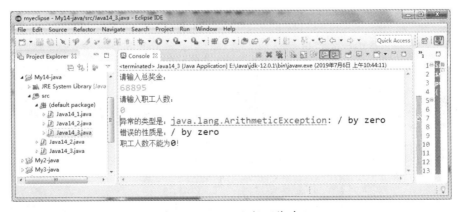

图 14.11　职工人数不能为 0

程序运行后，提醒"输入总奖金"，如果输入 68895，然后回车；又提醒"输入职工人数"，如果输入 5，然后回车，如图 14.12 所示。

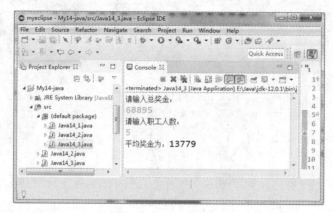

图 14.12　平均奖金

14.2.3　finally 语句

很多异常会造成程序提前退出，这样使某些操作不能被执行，关键字 finally 可以解决这样的问题。无论程序如何退出，finally 语句总是被执行。

finally 语句通常与 try/catch 语句块一起使用，其语法格式如下：

```
try
{
    逻辑代码块
}
catch(ExceptionType e)
{
    异常处理代码块
}
finally
{
    清理代码块
}
```

无论是否发生异常，finally 语句块中的代码都会被执行。另外，finally 语句也可以和 try 语句匹配使用，其语法格式如下：

```
try
{
    逻辑代码块
}
finally
{
    清理代码块
}
```

try /catch /finally 语句块的具体执行情况如下：

第一，如果 try 代码块中没有抛出异常，则执行完 try 码块之后直接执行 finally 代码块，然后执行 ry /catch /finally 语句块之后的语句。

第二，如果 try 代码块中抛出异常，并被 catch 子句捕捉，那么在抛出异常的地方终止 try 代码块的执行，转而执行相匹配的 catch 代码块，之后执行 finally 代码块，然后执行 try /catch /finally 语句块之后的语句。

双击桌面上的 Eclipse 快捷图标，就可以打开软件。选择 My14-java 中的 "src"，然后单击鼠标右键，在弹出的右键菜单中单击 "New/Class" 命令，弹出 "New Java Class" 对话框，如图 14.13 所示。

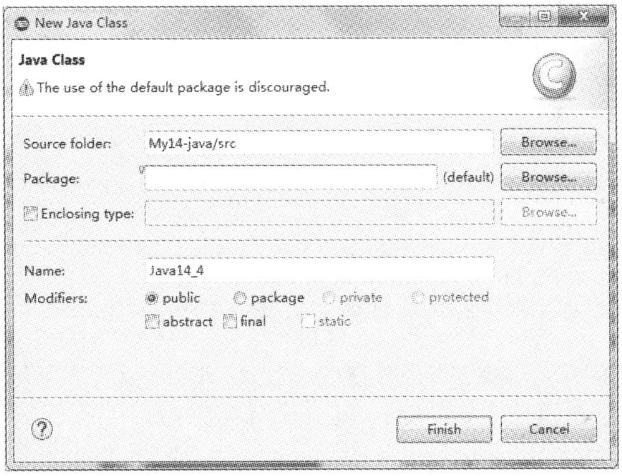

图 14.13　New Java Class 对话框

在这里设置类名为 "Java14_4"，然后单击 "Finish" 按钮，就创建一个名称为 Java14_4 类，然后编写代码如下：

```java
import java.io.FileReader;
import java.io.IOException;
public class Java14_4
{
    public static void main(String[] args)
    {
        try
        {
            FileReader myfr = new FileReader("myjava1.txt") ;
            int x=0;
            System.out.println("myjava1.txt 文件内容如下: ");
            while((x=myfr.read())!=-1)                  // 循环读取
            {
                System.out.print((char) x);             // 将读取的内容强制转换为 char 类型
            }
            myfr.close();
        }
        catch(Exception e)
        {
            System.out.println(" 异常的类型是: "+e.toString());
            System.out.println(" 错误的性质是: "+e.getMessage());
            System.out.println(" 当前路径下，没有该文件! ");
        }
        finally
        {
            System.out.println(" 我是 Finally 语句，谢谢使用! ");
        }
```

```
        }
    }
```

如果在 My14-java 文件夹中没有 myjava1.txt。单击菜单栏中的"Run/Run"命令（快捷键：Ctrl+F11），就可以编译并运行代码，如图 14.14 所示。

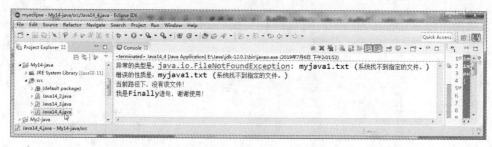

图 14.14　如果在 My14-java 文件夹中没有 myjava1.txt

如果在 My14-java 文件夹中有 myjava1.txt。单击菜单栏中的"Run/Run"命令（快捷键：Ctrl+F11），就可以编译并运行代码，如图 14.15 所示。

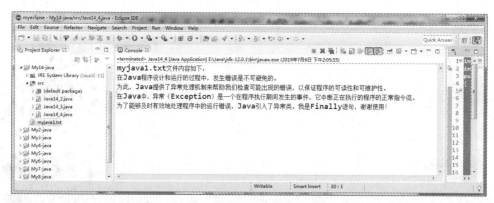

图 14.15　如果在 My14-java 文件夹中有 myjava1.txt

14.2.4　声明和抛出异常

在 Java 中，异常处理还包括声明异常和抛出异常，可以通过 throws 关键字在方法上声明该方法要抛出的异常，然后在方法内部通过 throw 抛出异常对象。

1. 声明异常

在 Java 中，是利用 throws 来声明异常的，其语法格式如下：

returnType method_name(paramList) throws Exception 1,Exception2,…{…}

returnType 表示返回值类型，method_name 表示方法名，Exception 1,Exception2,… 表示异常类。

双击桌面上的 Eclipse 快捷图标，就可以打开软件。选择 My14-java 中的"src"，

然后单击鼠标右键，在弹出的右键菜单中单击"New/Class"命令，弹出"New Java Class"对话框，如图 14.16 所示。

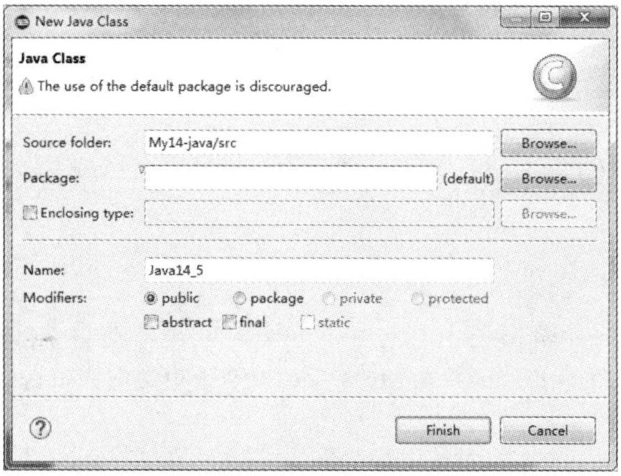

图 14.16　New Java Class 对话框

在这里设置类名为"Java14_5"，然后单击"Finish"按钮，就创建一个名称为 Java14_5 类，然后编写代码如下：

```java
import java.io.*;
public class Java14_5
{
    public void readFile() throws IOException
    {
        // 定义方法时声明异常
        FileInputStream file=new FileInputStream("read.txt");
                                        // 创建 FileInputStream 实例对象
        // 构建 InputStreamReader 对象
        InputStreamReader myr = new InputStreamReader(file, "GB2312");
        int f;
        while((f=myr.read())!=-1)
        {
            System.out.print((char)f);
        }
        file.close();
    }
    public static void main(String[] args)
    {
        Java14_5 t = new Java14_5();
        try
        {
            t.readFile();                   // 调用 readFHe() 方法
        }
        catch(IOException e)
        {                                   // 捕获异常
            System.out.println("异常信息是："+e);
        }
    }
}
```

创建一个 readFile() 方法，该方法用于读取文件内容，在读取的过程中可能会产生 IOException 异常，但是在该方法中不做任何处理，而将可能发生的异常交给调用者处理。

Java 从入门到精通

在 main() 主方法中使用 try/catch 捕获异常，并输出异常信息。

如果 My14-java 文件夹中没有 read.txt。单击菜单栏中的"Run/Run"命令（快捷键：Ctrl+F11），就可以编译并运行代码，如图 14.17 所示。

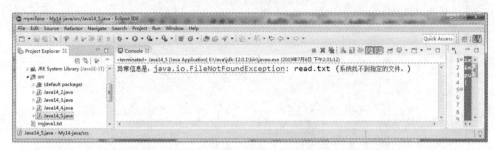

图 14.17 如果在 My14-java 文件夹中没有 read.txt

如果在 My14-java 文件夹中有 read.txt。单击菜单栏中的"Run/Run"命令（快捷键：Ctrl+F11），就可以编译并运行代码，如图 14.18 所示。

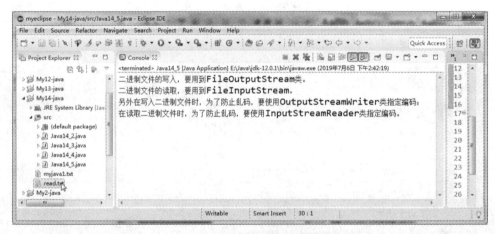

图 14.18 如果在 My14-java 文件夹中有 read.txt

2. 抛出异常

利用 throw 语句可以直接抛出一个异常，其语法格式如下：

```
throw ExceptionObject;
```

ExceptionObject 必须是 Throwable 类或其子类的对象。

需要注意的是，当 throw 语句执行时，它后面的语句将不执行，此时程序转向调用者程序，寻找与之相匹配的 catch 语句，执行相应的异常处理程序。

双击桌面上的 Eclipse 快捷图标，就可以打开软件。选择 My14-java 中的"src"，然后单击鼠标右键，在弹出的右键菜单中单击"New/Class"命令，弹出"New Java Class"对话框，如图 14.19 所示。

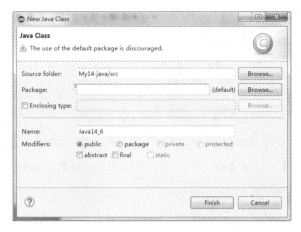

图 14.19　New Java Class 对话框

在这里设置类名为"Java14_6"，然后单击"Finish"按钮，就创建一个名称为
Java14_6 类，然后编写代码如下：

```
import java.util.Scanner;
public class Java14_6
{
    public boolean validateUserName(String username)
    {
        boolean myb=false;
        if(username.length()>10)
        {    // 判断用户名长度是否大于 10 位
            for(int i=0;i<username.length();i++)
            {
                char ch=username.charAt(i);          // 获取每一位字符
                if((ch>='0'&&ch<='9')||(ch>='a'&&ch<='z')||(ch>='A'&&ch<='Z'))
                {
                    myb=true;
                }
                else
                {
                    myb=false;
                        throw new IllegalArgumentException("用户名只能由字母和数字
组成！");
                }
            }
        }
        else
        {
            throw new IllegalArgumentException("用户名长度必须大于 10 位！");
        }
        return myb;
    }
    public static void main(String[] args)
    {
        Java14_6 te=new Java14_6();
        Scanner myinput=new Scanner(System.in);
        System.out.print("请输入用户名：");
        String username=myinput.next();
        try
        {
            boolean con=te.validateUserName(username);
            if(con)
```

```
            {
                System.out.println("用户名输入正确！");
                System.out.println("可以进入书店借书！");
            }
        }
        catch(IllegalArgumentException e)
        {
            System.out.println(e);
        }
    }
}
```

在 validateUserName() 方 法 中 两 处 抛 出 IllegalArgumentException 异 常，即当用户名含有非字母或者数字以及长度不够10位时。在 main() 方法中，调用了 validateUserName() 方法，并使用 catch 语句捕获该方法可能抛出的异常。

单击菜单栏中的 "Run/Run" 命令（快捷键：Ctrl+F11），就可以编译并运行代码，提醒 "输入用户名"，如果输入的用户名的长度小于或等于10位，就会抛出异常，如图 14.20 所示。

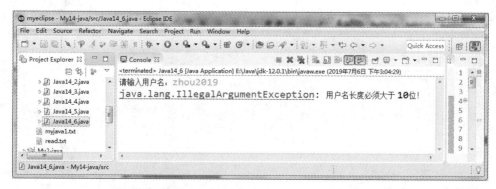

图 14.20　用户名的长度小于或等于 10 位抛出的异常

如果输入的用户名长度大于 10，但含有其他字符，也会抛出异常，如图 14.21 所示。

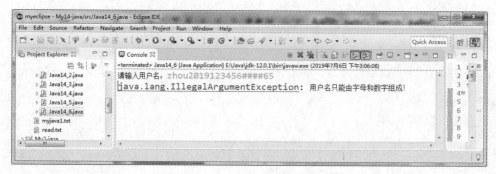

图 14.21　含有其他字符抛出的异常

如果输入的用户名长度大于 10，并且用户名只含有字母或数字，显示效果如图 14.22 所示。

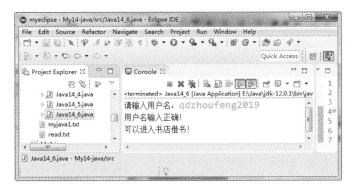

图 14.22　正确输入用户名效果

14.3　自定义异常类

在 Java 中，还可以自定义异常类，其语法格式如下：

```
<class>< 自定义异常名 ><extends><Exception>
```

自定义异常类一般包含两个构造方法：一个是无参的默认构造方法，另一个构造方法以字符串的形式接收一个定制的异常消息，并将该消息传递给超类的构造方法。下面举例说明，如何自定义异常类，然后再调用该自定义异常类。

双击桌面上的 Eclipse 快捷图标，就可以打开软件。选择 My14-java 中的 "src"，然后单击鼠标右键，在弹出的右键菜单中单击 "New/Class" 命令，弹出 "New Java Class" 对话框，如图 14.23 所示。

在这里设置类名为 "MyE"，然后单击 "Finish" 按钮，就创建一个名称为 MyE 类，然后编写代码如下：

```java
public class MyE extends Exception
{
    public MyE()
    {
        super();
    }
    public MyE(String str)
    {
        super(str);
    }
}
```

自定义异常类定义好后，下面来进行调用。选择 My14-java 中的 "src"，然后单击鼠标右键，在弹出的右键菜单中单击 "New/Class" 命令，弹出 "New Java Class" 对话框，如图 14.24 所示。

Java 从入门到精通

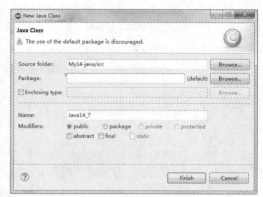

图 14.23　New Java Class 对话框　　　图 14.24　New Java Class 对话框

在这里设置类名为"Java14_7"，然后单击"Finish"按钮，就创建一个名称为 Java14_7 类，然后编写代码如下：

```java
import java.util.*;
public class Java14_7
{
    public static void main(String[] args)
    {
        int score;
        Scanner input=new Scanner(System.in);
        System.out.println("请输入你的成绩：");
        try
        {
            score=input.nextInt();                    // 获取成绩
            if(score<0)
            {
                throw new MyE("成绩不能小于 0！");
            }
            else if(score>100)
            {
                throw new MyE("成绩不能大于 100！");
            }
            else
            {
                System.out.println("你的成绩是："+score);
            }
        }
        catch(InputMismatchException e1)
        {
            System.out.println("成绩一定要是数字！");
        }
        catch(MyE e2)
        {
            System.out.println(e2.getMessage());
        }
    }
}
```

单击菜单栏中的"Run/Run"命令（快捷键：Ctrl+F11），就可以编译并运行代码，提醒"输入你的成绩"，如果输入的成绩小于 0，如图 14.25 所示。

如果输入的成绩大于 100，如图 14.26 所示。

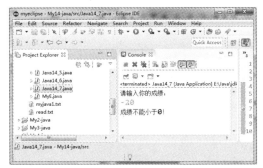 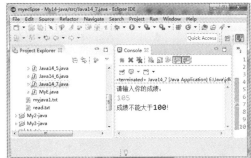

图 14.25　输入的成绩小于 0 抛出的异常　　　图 14.26　输入的成绩大于 100 抛出的异常

如果输入的成绩含有字母，如图 14.27 所示。

如果输入的成绩在 0 到 100 之间，并且是数字，如图 14.28 所示。

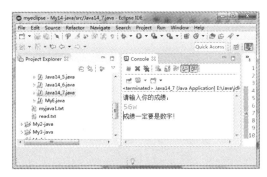 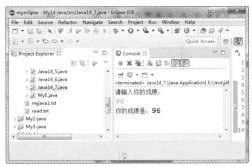

图 14.27　输入的成绩含有字母抛出的异常　　　图 14.28　显示你的成绩

第 15 章

Java 程序设计的网络编程

网络编程的目的就是直接或间接地通过网络协议与其他计算机进行通信。在 Java 语言中包含网络编程所需要的各种类，程序员只需要创建这些类的对象，调用相应的方法，就可以进行网络应用程序的编写。

本章主要内容包括：

➤ 初识网络编程

➤ 利用 InetAddress 类获取本地主机名和 IP 地址

➤ 利用 InetAddress 类查看指定主机名的 IP 地址

➤ ServerSocket 类的构造方法与常用方法

➤ 实例：创建服务器端 Socket

➤ Socket 类的构造方法与常用方法

➤ 实例：客户端程序

➤ 实例：服务端程序

15.1 初识网络编程

下面来看一下网络编程的基础知识，即网络编程的定义和模式、网络的类型、TCP/IP协议等。

15.1.1 什么是网络编程

网络编程是指编写运行在多个设备（计算机）的程序，这些设备都通过网络连接起来。java.net 包中 J2SE 的 API 包含有类和接口，它们提供低层次的通信细节。程序员可以直接使用这些类和接口来专注于解决问题，而不用关注通信细节。

15.1.2 网络的类型

根据地理位置来分，网络可分 4 种，分别是局域网、城域网、广域网和互联网。

局域网（LAN）是一种在小范围内实现的计算机网络，一般在一个建筑物内或者一个工厂、一个事业单位内部独有，范围较小。

城域网（MAN）一般是一个城市内部组建的计算机信息网络，提供全市的信息服务。

广域网（WAN），它的范围很广，可以分布在一个省、一个国家或者几个国家。

互联网（Internet）则是由无数的 LAN 和 WAN 组成的。

15.1.3 网络编程的模式

网络编程的模式有两种，分别是 C/S 模式和 B/S 模式。

1. C/S 模式

C/S 模式，即客户机 / 服务器（Client/Server）模式。使用 C/S 模式的程序，在开发时需要分别针对客户端和服务器端进行专门开发。这种开发模式的优势在于客户端是专门开发的，表现力会更强。缺点就是通用性差，也就是说一种程序的客户端只能和对应的服务器端进行通信，不能和其他的服务器端进行通信，在实际维护中也需要维护专门的客户端和服务器端，维护的压力较大。

2. B/S 模式

B/S 模式，即浏览器 / 服务器（Browser/Server 模式。对于很多程序运行时不需要专门的客户端，而是使用通用的客户端，例如使用浏览器。使用这种模式开发程序时只需开发服务器端即可，开发的压力较小，不需要维护客户端。但是对浏览器的限制比较大，表现力不强。

15.1.4 TCP/IP 协议

互联网依靠 TCP/IP 协议在全球范围内实现不同硬件结构、不同操作系统、不同网络的互联。对网络编程来说，主要是计算机和计算机之间的通信，首要的问题就是如何找到网络上数以亿计的计算机。为了解决这个问题，网络中的每个设备都会有唯一的数字标识，也就是 IP 地址。

在计算机网络中，现在命名 IP 地址的规定是 IPv4 协议，该协议规定每个 IP 地址由 4 个 0~255 的数字组成。每台接入网络的计算机都拥有一个唯一的 IP 地址，这个地址可能是固定的，也可能是动态的。

TCP 负责发现传输的问题，一有问题就发出信号要求重新传输，直到所有数据安全正确地传输到目的地。

15.1.5 套接字和端口

使用 C/S 模式的程序，实现网络通信必须将两台计算机连接起来建立一个双向的通信链路，这个双向通信链路的每一端称为一个套接字（Socket）。

一台服务器上可以提供多种服务，使用 IP 地址只能唯一定位到某一台计算机，却不能准确地连接到想要连接的服务器。通常使用一个 0~65535 的整数来标识该机器上的某个服务，这个整数就是端口号（Port）。端口号并不是指计算机上实际存在的物理位置，而是一种软件上的抽象。

15.2 InetAddress 类

利用 java.net 包中的 InetAddress 类，可以获取含一个 Internet 主机地址的域名和 IP 地址。

15.2.1 获取本地主机名和 IP 地址

InetAddress 类没有构造方法，需要通过其静态方法获取实例。利用 getLocalHost() 方法可以获取本地主机信息。利用 getHostAddress() 方法可以获取 IP 地址字符串。利用

getHostName() 方法可以获 IP 地址的主机名。

双击桌面上的 Eclipse 快捷图标，就可以打开软件，然后单击菜单栏中的"File/New/Java Project"命令，弹出"New Java Project"对话框，如图 15.1 所示。

在这里设置项目名为"My15-java"，然后单击"Finish"按钮，就可以创建 My15-java 项目。

选择 My15-java 中的"src"，然后单击鼠标右键，在弹出的右键菜单中单击"New/Class"命令，弹出"New Java Class"对话框，如图 15.2 所示。

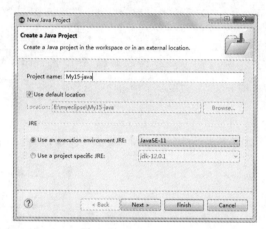

图 15.1　New Java Project 对话框

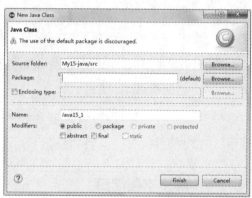

图 15.2　New Java Class 对话框

在这里设置类名为"Java15_1"，然后单击"Finish"按钮，就创建一个名称为 Java15_1 类，然后编写代码如下：

```java
import java.net.*;
public class Java15_1
{
    public static void main(String[] args)
    {
        try
        {
            InetAddress myia=InetAddress.getLocalHost();
            System.out.println(" 本地主机名："+myia.getHostName());
            System.out.println(" 本地 IP 地址："+myia.getHostAddress());
        }
        catch(UnknownHostException e)
        {
            e.printStackTrace();
        }
    }
}
```

单击菜单栏中的"Run/Run"命令（快捷键：Ctrl+F11），就可以编译并运行代码，就可以看到本地主机名和 IP 地址信息，如图 15.3 所示。

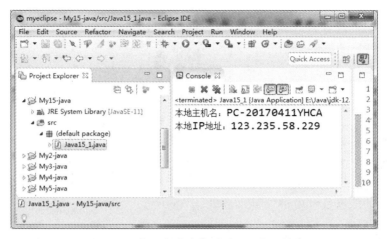

图 15.3　获取本地主机名和 IP 地址信息

15.2.2　查看指定主机名的 IP 地址

利用 InetAddress 类的 getByAddress() 方法可以在给定主机名的情况下确定主机的
IP 地址。

双击桌面上的 Eclipse 快捷图标，就可以打开软件。选择 My15-java 中的 "src"，
然后单击鼠标右键，在弹出的右键菜单中单击 "New/Class" 命令，弹出 "New Java
Class" 对话框，如图 15.4 所示。

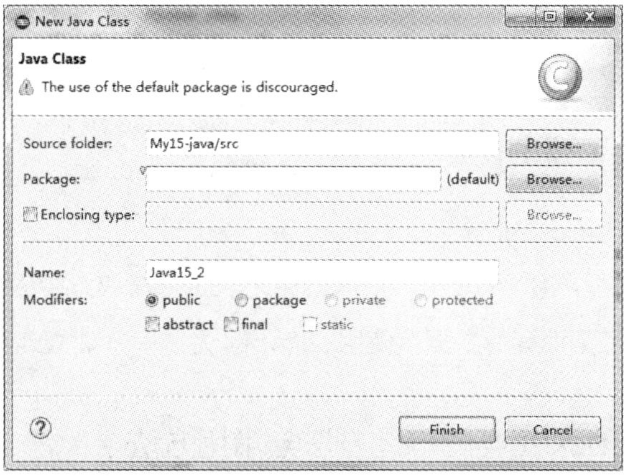

图 15.4　New Java Class 对话框

在这里设置类名为 "Java15_2"，然后单击 "Finish" 按钮，就创建一个名称为
Java15_2 类，然后编写代码如下：

```
import java.net.*;
public class Java15_2
{
    public static void main(String[] args)
    {
```

```
        try
        {
                InetAddress myia=InetAddress.getByName("www.163.com");
            System.out.println("网易的主机名："+myia.getHostName());
            System.out.println("网易的IP地址："+myia.getHostAddress());
        }
        catch(UnknownHostException e)
        {
            e.printStackTrace();
        }
    }
}
```

单击菜单栏中的"Run/Run"命令（快捷键：Ctrl+F11），就可以编译并运行代码，就可以看到本地主机名和 IP 地址信息，如图 15.5 所示。

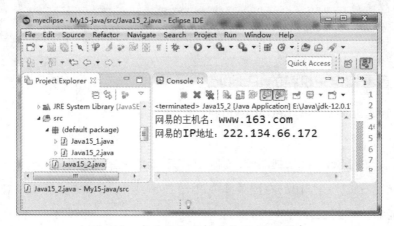

图 15.5　查看指定主机名的 IP 地址信息

15.3　ServerSocket 类

ServerSocket 类是与 Socket 类相对应的用于表示通信双方中的服务器端，用于在服务器上开一个端口，被动地等待数据（使用 accept() 方法）并建立连接进行数据交互。

15.3.1　ServerSocket 类的构造方法与常用方法

ServerSocket 类的主要构造方法如下：

ServerSocket()：无参构造方法。

ServerSocket(int port)：创建绑定到特定端口的服务器套接字。

ServerSocket(int port,int backlog)：使用指定的 backlog 创建服务器套接字并将其绑定到指定的本地端口。

ServerSocket(int port,int backlog,InetAddress bindAddr)：使用指定的端口、监

听 backlog 和要绑定到本地的 IP 地址创建服务器。

ServerSocket 类的主要方法如下：

accept()：监听并接收到此套接字的连接。

close()：关闭此套接字。

getInetAddress()：获取此服务器套接字的本地地址。

getLocalPort()：获取此套接字监听的端口。

getLocalSoclcetAddress()：获取此套接字绑定的端口的地址，如果尚未绑定则返回
null。

15.3.2　实例：创建服务器端 Socket

双击桌面上的 Eclipse 快捷图标，就可以打开软件。选择 My15-java 中的 "src"，
然后单击鼠标右键，在弹出的右键菜单中单击 "New/Class" 命令，弹出 "New Java
Class" 对话框，如图 15.6 所示。

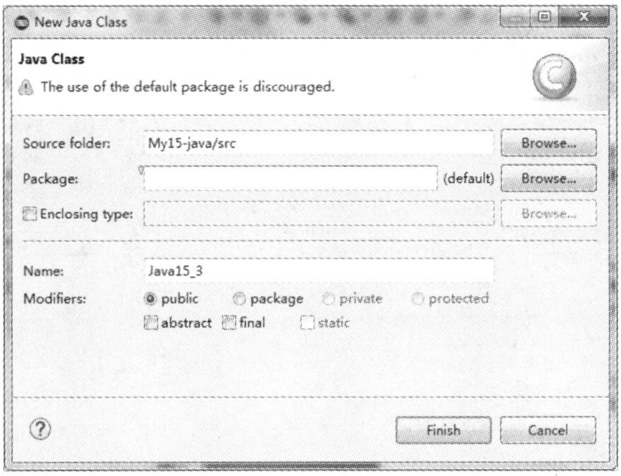

图 15.6　New Java Class 对话框

在这里设置类名为 "Java15_3"，然后单击 "Finish" 按钮，就创建一个名称为
Java15_3 类，然后编写代码如下：

```java
import java.net.*;
import java.io.IOException;
public class Java15_3
{
    public static void main(String[] args)
    {
        try
        {
            // 在 8866 端口创建一个服务器端套接字
            ServerSocket mys=new ServerSocket(8866);
            System.out.println("服务器端 Socket 已创建成功，具体信息如下：");
            System.out.println("套接字监听的端口："+mys.getLocalPort());
            System.out.println("服务器套接字的本地地址："+mys.getInetAddress());
```

```
        while(true)
        {
            System.out.println(" 正在等待客户端的连接请求！ ");
            // 等待客户端的连接请求

            Socket socket=mys.accept();
            System.out.println(" 成功建立与客户端的连接!");
        }
    }
    catch(IOException e)
    {
        System.out.println(" 异常的性质是："+e.getMessage());
    }
  }
}
```

单击菜单栏中的"Run/Run"命令（快捷键：Ctrl+F11），就可以编译并运行代码，如图 15.7 所示。

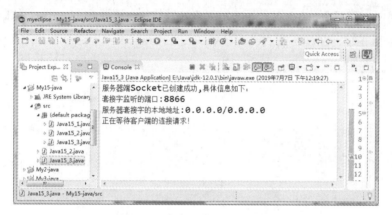

图 15.7　创建服务器端 Socket

15.4　Socket 类

Socket 类表示通信双方中的客户端，用于呼叫远端机器上的一个端口，主动向服务器端发送数据（当连接建立后也能接收数据）。

15.4.1　Socket 类的构造方法与常用方法

Socket 类的主要构造方法如下：

Socket()：无参构造方法。

Socket(InetAddress address,int port)：创建一个流套接字并将其连接到指定 IP 地址的指定端口。

Soclcet(InetAddress address,int port,InetAddress localAddr,int localPort)：创

建一个套接字并将其连接到指定远程地址上的指定远程端口。

Socket(String host,int port)：创建一个流套接字并将其连接到指定主机上的指定端口。

Socket(String host,int port,InetAddress localAddress,int localPort)：创建一个套接字并将其连接到指定远程地址上的指定远程端口。Socket 会通过调用 bind() 函数来绑定提供的本地地址及端口。

需要注意的是，address 指的是远程地址，port 指的是远程端口，localAddress 指的是要将套接字绑定到的本地地址，localPort 指的是要将套接字绑定到的本地端口。

Socket 类的主要方法如下：

bind()：将套接字绑定到本地地址。

close()：关闭此套接字。

connect()：将此套接字连接到服务器。

getInetAddress()：获取套接字的链接地址。

getLocalAddress()：获取套接字绑定的本地地址。

getInputStream()：获取此套接字的输入流。

getOutputStream()：获取此套接字的输出流。

getLoacalPort()：获取此套接字绑定的本地端口。

getPort()：获取此套接字连接的远程端口。

15.4.2　实例：客户端程序

先来创建客户端程序。双击桌面上的 Eclipse 快捷图标，就可以打开软件。选择 My15-java 中的 "src"，然后单击鼠标右键，在弹出的右键菜单中单击 "New/Class" 命令，弹出 "New Java Class" 对话框，如图 15.8 所示。

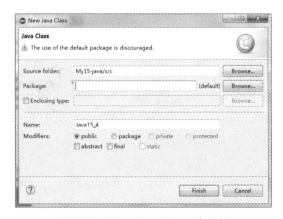

图 15.8　New Java Class 对话框

在这里设置类名为"Java15_4",然后单击"Finish"按钮,就创建一个名称为Java15_4类,然后编写代码如下:

```
import java.net.*;
import java.io.*;
public class Java15_4
{
    public static void main(String[] args)
    {
        try
        {
        // 服务器的 IP 地址和端口
        Socket mysk=new Socket("127.10.10.23",6688);
         PrintWriter myput=new PrintWriter(mysk.getOutputStream(),true);
         while(true)
         {
             int mynum=(int)(Math.random()*50)+50;
             System.out.println("客户端正在发送的内容为: "+mynum);
             myput.println(mynum);
             Thread.sleep(3000);                    // 每隔 3 秒发送一次
         }
        }
        catch(IOException | InterruptedException e)
        {
             System.out.println("异常的性质是: "+e.getMessage());
        }
    }
}
```

客户端代码主要是使用 Socket 连接 IP 为 127.10.10.23 的 6688 端口。在建立连接之后将随机生成的数字使用 PrintWriter 类输出到套接字。休眠 3 秒后,再次发送随机数,如此循环。

15.4.3 实例:服务端程序

接下来编写服务端程序。双击桌面上的 Eclipse 快捷图标,就可以打开软件。选择My15-java 中的"src",然后单击鼠标右键,在弹出的右键菜单中单击"New/Class"命令,弹出"New Java Class"对话框,如图 15.9 所示。

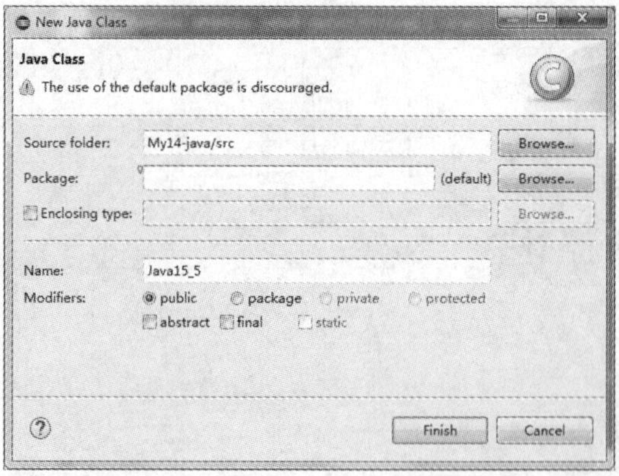

图 15.9　New Java Class 对话框

在这里设置类名为"Java15_5"，然后单击"Finish"按钮，就创建一个名称为 Java15_5 类，然后编写代码如下：

```java
import java.net.*;
import java.io.*;
public class Java15_5
{
    public static void main(String[] args)
    {
        try
        {
            ServerSocket mys=new ServerSocket(6688);        //创建服务器套接字
            System.out.println("服务器已开启，等待客户端连接……");
            Socket mycs=mys.accept();                       //获得链接
            //接收客户端发送的内容
                    BufferedReader  myinput=new  BufferedReader(new
InputStreamReader(mycs.getInputStream()));
            while(true)
            {
                String str=myinput.readLine();
                System.out.println("客户端发送的内容为："+str);
                Thread.sleep(3000);
            }
        }
        catch(IOException | InterruptedException e)
        {
            System.out.println("异常的性质是："+e.getMessage());
        }
    }
}
```

使用 ServerSocket 在 IP 为 127.10.10.23 的 6688 端口，建立套接字监听。在 accept() 方法接收到客户端的 Socket 实例之后调用 BufferedReader 类的 readLine() 方法，从套接字中读取一行作为数据，再将它输出到控制后休眠 3 秒。

选择"Java15_5"，单击菜单栏中的"Run/Run"命令（快捷键：Ctrl+F11），就可以编译并运行代码，如图 15.10 所示。

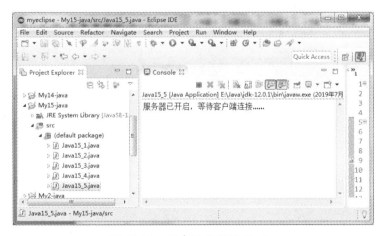

图 15.10　创建服务器端 Socket

再选择"Java15_4"，单击菜单栏中的"Run/Run"命令（快捷键：Ctrl+F11），

Java 从入门到精通

就可以编译并运行代码，这时客户端就开始发送内容，如图 15.11 所示。

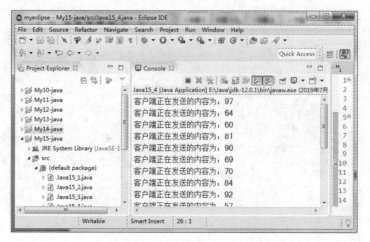

图 15.11　客户端就开始发送内容

关闭"Java15_4"运行程序，就可以看到"Java15_5"程序的接收信息情况，如图 15.12 所示。

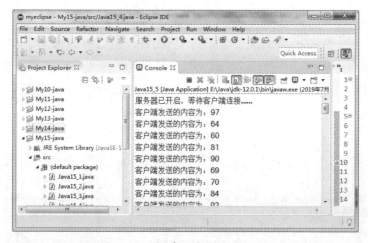

图 15.12　创建服务器端 Socket

第 16 章

Java 程序设计的数据库 编程

随着数据库技术的广泛应用，开发各种数据库应用程序已成为计算机应用的一个重要方面。本章来讲解如何利用 Java 编程实现对 MySQL 数据库的操作。

本章主要内容包括：

➤ 什么是数据库

➤ MySQL 数据库的特性

➤ MySQL 的下载、安装和配置

➤ 创建数据库和数据表

➤ 利用 JDBC 连接 MySQL 数据库

➤ 利用 Java 显示 MySQL 数据表中的数据

➤ 利用 Java 向 MySQL 数据表中插入数据并显示

➤ 利用 Java 修改 MySQL 数据表中的数据并显示

➤ 利用 Java 删除 MySQL 数据表中的数据并显示

16.1　MySQL 数据库

MySQL 是一个关系型数据库管理系统，由瑞典 MySQL AB 公司开发，目前属于 Oracle 公司。由于 MySQL 数据库体积小、速度快、总体拥有成本低、开放源代码，因此其有着广泛的应用。

16.1.1　什么是数据库

数据库，其实就是存放数据的仓库。只不过这个仓库是在计算机的存储设备上，如硬盘，而且数据是按一定格式存放的，数据与数据之间存在关系。

人们收集并抽取出一个应用所需要的大量数据之后，应将其保存起来以供进一步加工处理，进一步抽取有用的信息。在科学技术飞速发展的今天，人们视野越来越开阔，数据量急剧增加。过去把数据存放在文件柜里，现在人们借助计算机和数据库技术科学地保存和 管理大量的复杂的数据，以便能方便而充分地利用这些宝贵的信息资源。

所谓数据库是指长期存储在计算机内的，有组织的、可共享的数据集合。数据库中的数据按一定的数据模型组织、描述和储存，具有较小的冗余度、较高的数据独立性和易扩展性，并可为各种用户共享。

16.1.2　MySQL 数据库的特性

MySQL 数据库的特性具体如下：

第一，使用 C 和 C++ 编写，并使用多种编译器进行测试，保证源代码的可移植性。

第二，支持 Linux、Mac OS、Windows 等多种操作系统。

第三，为多种编程语言提供了 API。这些编程语言包括 Java、C、C++、Python、Perl、PHP、Eiffel、Ruby 等。

第四，支持多线程，充分利用 CPU 资源。

第五，优化的 SQL 查询算法，有效地提高查询速度。

第六，既能够作为一个单独的应用程序应用在客户端服务器网络环境中，也能够作为一个库而嵌入其他的软件中。

第七，提供多语言支持，常见的编码如中文的 GB 2312、BIG 5 等都可以用作数据表名和数据列名。

第八，提供 TCP/IP、ODBC 和 JDBC 等多种数据库连接途径。

第九，提供用于管理、检查、优化数据库操作的管理工具。

第十，支持大型的数据库。可以处理拥有上千万条记录的大型数据库。

第十一，支持多种存储引擎。

16.1.3　MySQL 的下载

在浏览器的地址栏中输入"https://dev.mysql.com/downloads"，然后回车，进入 MySQL 的不同下载版本选择页面，如图 16.1 所示。

图 16.1　MySQL 的下载页面

单击"MySQL Community Server"下方的"DOWNLOAD"，进行 MySQL Community Server 具体下载页面，操作系统选择 Microsoft Windows，如图 16.2 所示。

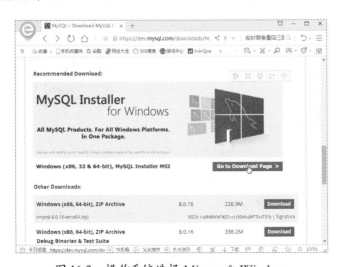

图 16.2　操作系统选择 Microsoft Windows

单击"Go to Download Page"按钮，进入"MySQL Installer 8.0.16"下载页面，如图 16.3 所示。

单击 mysql-installer-community-8.0.16.0.msi 后面的"Download"按钮，进入 mysql-installer-community-8.0.16.0.msi 具体下载页面，如图 16.4 所示。

图 16.3 MySQL Installer 8.0.16 下载页面

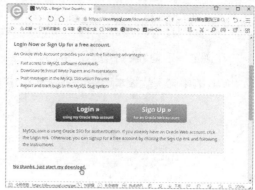
图 16.4 mysql-installer-community-8.0.16.0.msi 具体下载页面

单击"No thanks, just start my download."，就会弹出下载对话框，并显示下载进度，如图 16.5 所示。

下载完成后，就可以在桌面看到 mysql-installer-community-8.0.16.0.msi 安装文件图标，如图 16.6 所示。

图 16.5 下载对话框

图 16.6 mysql-installer-community-8.0.16.0.msi 安装文件图标

16.1.4 MySQL 的安装

mysql-installer-community-8.0.16.0.msi 安装文件下载成功后，双击桌面上的安装文件图标，弹出"MySQL 安装"对话框，首先看到的是用户许可证协议，如图 16.7 所示。

选中"I accept the license terms（我接受系统协议）"复选框，单击"Next"按钮，就可以选择安装类型，在这里选择默认的安装类型，如图 16.8 所示。

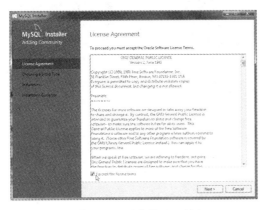 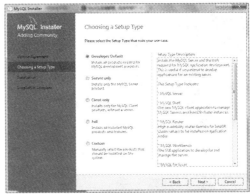

图 16.7　用户许可证协议　　　　　　　图 16.8　选择安装类型

提醒： Server only，仅作为服务；Client only，仅作为客户端；Full，完全安装；Custom，自定义安装类型。

单击"Next"按钮，就可以根据所选择的安装类型，安装 Windows 系统框架（framework），单击"Execute"按钮，安装程序会自动完成框架的安装，如图 16.9 所示。

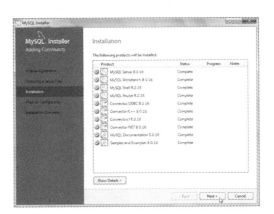

图 16.9　安装程序会自动完成框架的安装

16.1.5　MySQL 的配置

自动完成框架的安装后，单击"Next"按钮，就可以进行 MySQL 网络类型配置，如图 16.10 所示。

在这里采用默认设置，然后单击"Next"按钮，就可以进行 MySQL 服务器类型配置，如图 16.11 所示。

Java 从入门到精通

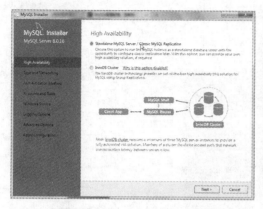

图 16.10　MySQL 网络类型配置

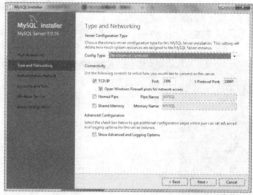

图 16.11　MySQL 服务器类型配置

在这里采用默认设置，然后单击"Next"按钮，就可以进行服务器的密码设置，如图 16.12 所示。

需要注意的是，要重复输入两次登录密码，在这里输入 123456zf。系统默认的用户名为 root，如果想添加新用户，可以单击"Add User"按钮进行添加。

设置好密码后，单击"Next"按钮，就可以进行服务器名称设置，在这里设置为"MySQL80"，如图 16.13 所示。

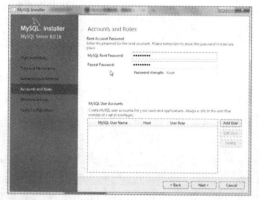

图 16.12　服务器的密码设置

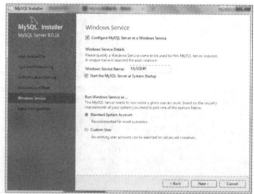

图 16.13　服务器名称设置

单击"Next"按钮，就可以完成 MySQL 的各项配置，如图 16.14 所示。

单击"Next"按钮，就可以测试 MySQL 数据库，在这里设置 User name 为"root"，设置 Password 为"123456zf"，然后单击"Check"按钮，就可以看到测试成功，如图 16.15 所示。

图 16.14　MySQL 的各项配置

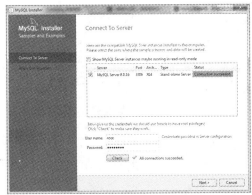

图 16.15　测试 MySQL 数据库

单击"Next"按钮，就完成了 MySQL 的配置，如图 16.16 所示。

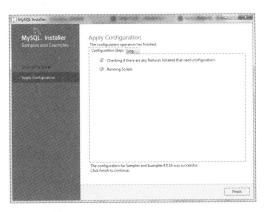

图 16.16　完成了 MySQL 的配置

最后，单击"Finish"按钮即可。

16.2　创建数据库和数据表

MySQL 安装和配置成功后，就可以创建数据库和数据表了，然后向数据表中插入数据并显示。

16.2.1　创建数据库

单击桌面左下角的"开始 / 所有程序"命令，在弹出的快捷菜单中，就可以看到"MySQL/MySQL Server 8.0/ MySQL 8.0 Command Line Client"命令，如图 16.17 所示。

单击"MySQL 8.0 Command Line Client"命令，就会打开该软件，这时要求输入密码，如图 16.18 所示。

Java 从入门到精通

图 16.17 开始菜单

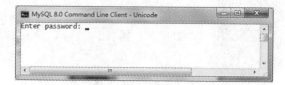

图 16.18 MySQL 8.0 Command Line Client 软件

在这里输入 123456zf，然后回车，就可以成功登录 MySQL 数据库，如图 16.19 所示。接下来输入如下代码：

```
create database mydb ;
```

然后回车，就可以创建一个数据库，名称为 mydb，如图 16.20 所示。

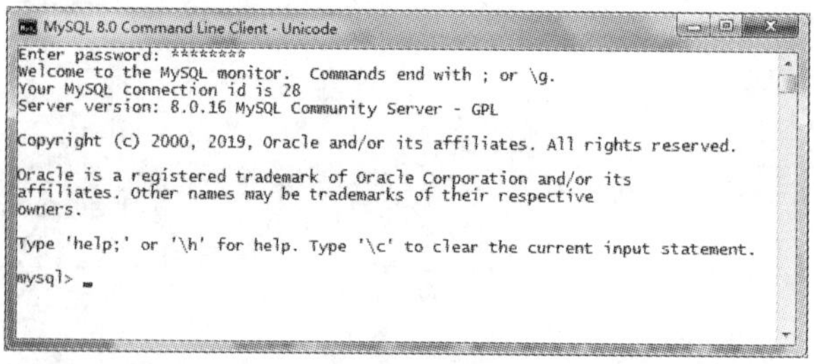

图 16.19 成功登录 MySQL 数据库

图 16.20 创建数据库 mydb

16.2.2 创建数据表

当利用 create database 语句创建数据库之后，该数据库不会自动成为当前数据库，需要用 use 来指定当前数据库，具体代码如下：

```
use mydb ;
```

接下来在 mydb 数据库，创建一个数据表 mytab，具体代码如下：

```
create table mytab
(
    id    int(10),
    name  varchar(30),
    sex   varchar(10),
    age   int(10),
    wages float
) ;
```

然后回车，就会在 mydb 数据库中创建一个 mytab 数据表。mytab 数据表中有 5 个字段，分别是职工编号、职工姓名、职工性别、职工年龄、职工工资，如图 16.21 所示。

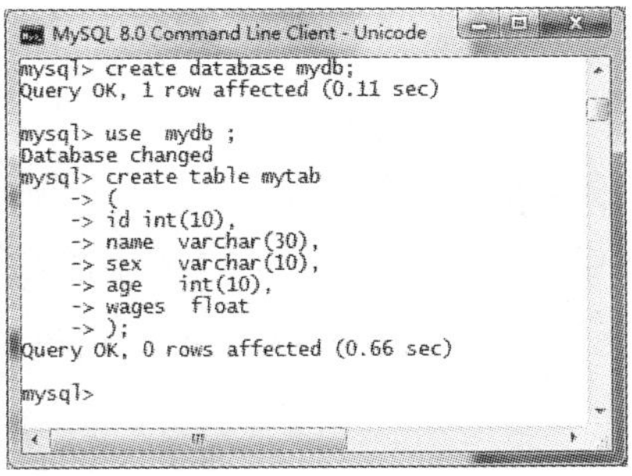

MySQL 8.0 Command Line Client - Unicode
mysql> create database mydb;
Query OK, 1 row affected (0.11 sec)
mysql> use mydb ;
Database changed
mysql> create table mytab
-> (
-> id int(10),
-> name varchar(30),
-> sex varchar(10),
-> age int(10),
-> wages float
->);
Query OK, 0 rows affected (0.66 sec)
mysql>

图 16.21　创建数据表

16.2.3　向数据表中插入数据和显示

利用 insert 语句向数据表中插入数据，具体代码如下：

```
insert  into  mytab  values (101,'张亮','男',26,5689.5);
```

然后回车，就可以向数据表中插入一条数据，如图 16.22 所示。

同理，再插入一条数据，具体代码如下：

```
insert  into  mytab  values (102,'李红','女',16,8756.5);
```

然后回车，就可以向数据表中再插入一条数据。

下面来显示数据表中的数据，具体代码如下：

```
select  *  from  mytab ;
```

然后回车，就可以看到数据表 mytab 中的所有数据，如图 16.23 所示。

MySQL 8.0 Command Line Client - Unicode
mysql> insert into mytab
-> values(101,'张亮','男',26,5689.5);
Query OK, 1 row affected (0.06 sec)
mysql>

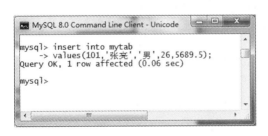

图 16.22　向数据表中插入一条数据

MySQL 8.0 Command Line Client - Unicode
mysql> insert into mytab
-> values(102,'李红','女',16,8756.5);
Query OK, 1 row affected (0.10 sec)
mysql> select * from mytab ;
id	name	sex	age	wages
101	张亮	男	26	5689.5
102	李红	女	16	8756.5
2 rows in set (0.00 sec)
mysql>

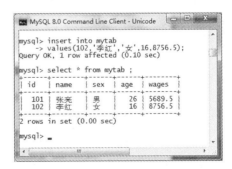

图 16.23　数据表 mytab 中的所有数据

16.3　利用 JDBC 连接 MySQL 数据库

在 Java 编程中，要利用 JDBC 连接 MySQL 数据库，还要下载 mysql-connector-java-8.0.16.jar。在浏览器的地址栏中输入“https://static.runoob.com/download/

mysql-connector-java-8.0.16.jar"，然后回车，就会弹出"新建下载任务"对话框，如图 16.24 所示。

单击"下载"按钮，就可以成功下载 mysql-connector-java-8.0.16.jar。

双击桌面上的 Eclipse 快捷图标，就可以打开软件，然后单击菜单栏中的"File/New/Java Project"命令，弹出"New Java Project"对话框，如图 16.25 所示。

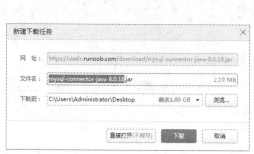

图 16.24　新建下载任务对话框

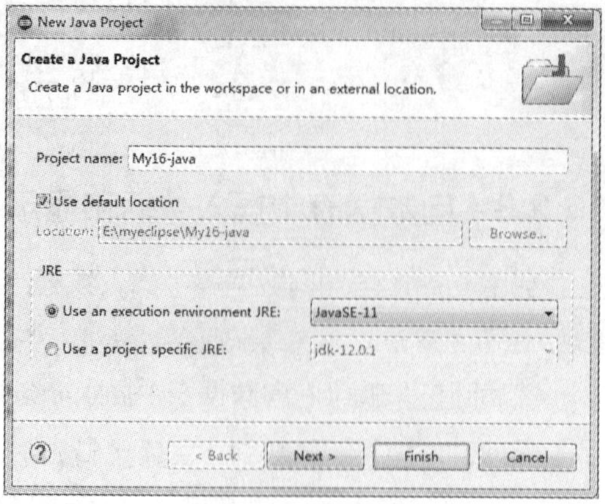

图 16.25　New Java Project 对话框

在这里设置项目名为"My16-java"，然后单击"Finish"按钮，就可以创建 My16-java 项目。

选择 My16-java 中的"src"，然后单击鼠标右键，在弹出的右键菜单中单击"New/Class"命令，弹出"New Java Class"对话框，如图 16.26 所示。

在这里设置类名为"Java16_1"，然后单击"Finish"按钮，就创建一个名称为 Java16_1 类。

接下来把 mysql-connector-java-8.0.16.jar 添加到 My16-java 项目中。选择"My16-java"，然后单击右键，在弹出的菜单中选择"Build Path/Configure Build Path"命令，如图 16.27 所示。

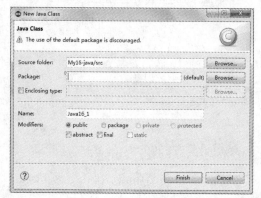

图 16.26　New Java Class 对话框

图 16.27　右键菜单

单击"Configure Build Path"命令，就会弹出"Properties for My16-java"对话框，然后单击"Libraries"选项卡，如图 16.28 所示。

单击"Add External JARs"按钮，弹出"JAR Selection"对话框，如图 16.29 所示。

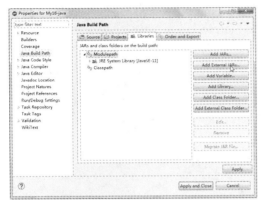 

图 16.28　Properties for My16-java 对话框　　　　图 16.29　JAR Selection 对话框

选择 mysql-connector-java-8.0.16.jar，然后单击"打开"按钮，如图 16.30 所示。

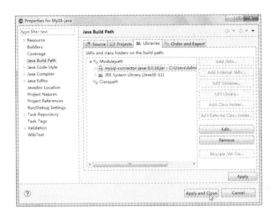

图 16.30　把 mysql-connector-java-8.0.16.jar 添加到 My16-java 项目中

最后单击"Apply and Close"按钮即可。

双击"Java16_1"，然后添加如下代码：

```java
import java.sql.*;
public class Java16_1
{
    public static void main(String[] args)
    {
        Connection con;
        //JDBC 驱动
        String driver="com.mysql.cj.jdbc.Driver";
        // 连接 MySQL 中的 mydb 数据库
        String url="jdbc:mysql://localhost:3306/mydb?&useSSL=false&serverTimezone=UTC";
        // 用户名和密码
        String user="root";
        String password="123456zf";
```

```
        try {
        // 注册 JDBC 驱动程序
         Class.forName(driver);
        // 建立连接
         con = DriverManager.getConnection(url, user, password);
         if (!con.isClosed())
         {
             System.out.println("数据库连接成功！");
         }
         con.close();
     }
     catch (ClassNotFoundException e)
     {
         System.out.println("数据库驱动没有安装！");
     }
     catch (SQLException e)
     {
         e.printStackTrace();
         System.out.println("数据库连接失败！");
     }
    }
}
```

连接 MySQL 数据库，需要使用 Connection 类，其主要方法如下：

createStatement()：创建一个 Statement 对象。

commit()：提交对数据库的改动并释放当前持有的数据库的锁。

rollback()：回滚当前事务中的所有改动并释放当前连接持有的数据库的锁。

isClose()：判断连接是否已关闭。

isReadOnly()：判断连接是否为只读模式。

setReadOnly()：设置连接为只读模式。

close()：释放连接对象的数据库和 JDBC 资源。

另外，还会用到 DriverManager.getConnection() 方法，该方法的返回值是 Connection 对象，其格式如下：

```
static Connection getConnection(String url,String username,String password)
```

单击菜单栏中的"Run/Run"命令（快捷键：Ctrl+F11），就可以编译并运行代码，如图 16.31 所示。

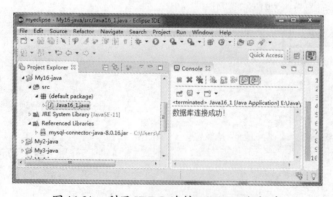

图 16.31　利用 JDBC 连接 MySQL 数据库

16.4　利用 Java 显示 MySQL 数据表中的数据

要执行 SQL 语句，先要利用 Connection 对象的 createStatement() 方法创建一个 Statement 对象。再利用 Statement 对象的 executeQuery() 方法执行 SQL 查询语句。

执行 SQL 语句的返回值是 ResultSet 对象。ResultSet 对象的主要方法如下：

next()：返回是否还有下一字段。

getByte()：返回指定字段的字节值。

getDate()：返回指定字段的日期值。

getFloat()：返回指定字段的浮点值。

getInt()：返回指定字段的整数值。

getString()：返回指定字段的字符串值。

getDouble()：返回指定字段的双精度值。

getLong()：返回指定字段的 long 型整值。

双击桌面上的 Eclipse 快捷图标，就可以打开软件。选择 My16-java 中的"src"，然后单击鼠标右键，在弹出的右键菜单中单击"New/Class"命令，弹出"New Java Class"对话框，如图 16.32 所示。

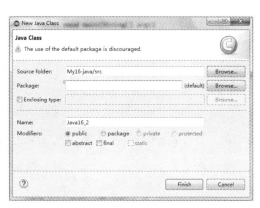

图 16.32　New Java Class 对话框

在这里设置类名为"Java16_2"，然后单击"Finish"按钮，就创建一个名称为 Java16_2 类，然后输入如下代码：

```java
import java.sql.*;
public class Java16_2
{
    public static void main(String[] args)
    {
        Connection con;
        //JDBC 驱动
        String driver="com.mysql.cj.jdbc.Driver";
        // 连接 MySQL 中的 mydb 数据库
        String url="jdbc:mysql://localhost:3306/mydb?&useSSL=false&serverTimezone=UTC";
        // 用户名和密码
        String user="root";
        String password="123456zf";
        try {
            // 注册 JDBC 驱动程序
            Class.forName(driver);
```

Java 从入门到精通

```
        // 建立连接
        con = DriverManager.getConnection(url, user, password);
        // 创建 Statement 对象
        Statement  myst = con.createStatement();
        // 定义 SQL 语句
        String sql = "select * from mytab";
        // 定义 ResultSet 对象, 用来获取 SQL 语句的执行结果
        ResultSet myrs = myst.executeQuery(sql);
        System.out.println("数据库表mytab中的数据信息如下: \n");
                System.out.println("职工编号 "+"\t"+"职工姓名 "+"\t"+"职工性别
"+"\t"+"职工年龄 "+"\t"+"职工工资 ");
        // 利用 while 循环显示数据表中的所有数据信息
        while(myrs.next())
        {
                int myid = myrs.getInt("id");
                String myname = myrs.getString("name");
                String mysex = myrs.getString("sex");
                int myage = myrs.getInt("age");
                double  mywages = myrs.getDouble("wages");
                System.out.println(myid+"\t"+myname+"\t"+mysex+"\
t"+myage+"\t"+mywages);
        }
        // 关闭对象
        myrs.close();
        myst.close();
        con.close();
    }
    catch (ClassNotFoundException e)
    {
        System.out.println("数据库驱动没有安装! ");
    }
    catch (SQLException e)
    {
        e.printStackTrace();
        System.out.println("数据库连接失败! ");
    }
    }
}
```

单击菜单栏中的"Run/Run"命令（快捷键：Ctrl+F11），就可以编译并运行代码，如图 16.33 所示。

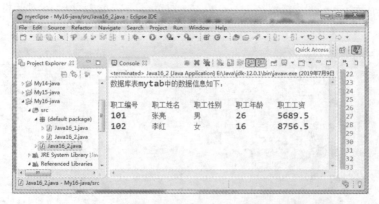

图 16.33　利用 Java 显示 MySQL 数据表中的数据

16.5　利用 Java 向 MySQL 数据表中插入数据并显示

利用 PreparedStatement 对象执行 SQL 插入语句。该对象与使用 Statement 对象的方法类似，只是创建 SQL 语句时暂时用参数？表示值，然后由 SQL 语句对象生成 PrepareStatement 对象。

双击桌面上的 Eclipse 快捷图标，就可以打开软件。选择 My16-java 中的"src"，然后单击鼠标右键，在弹出的右键菜单中单击"New/Class"命令，弹出"New Java Class"对话框，如图 16.34 所示。

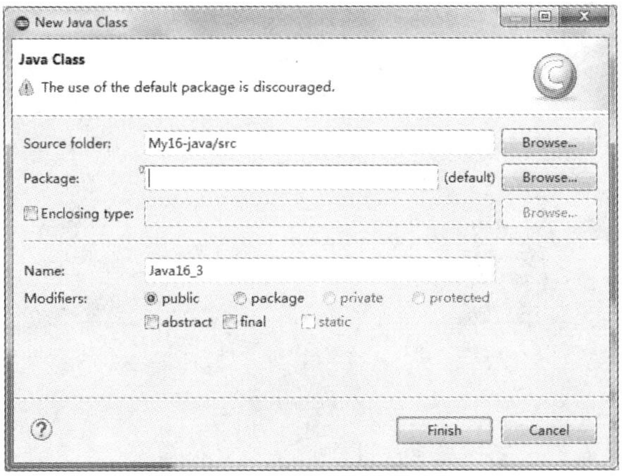

图 16.34　New Java Class 对话框

在这里设置类名为"Java16_3"，然后单击"Finish"按钮，就创建一个名称为 Java16_3 类，然后输入如下代码：

```java
import java.sql.*;
public class Java16_3
{
    public static void main(String[] args)
    {
        Connection con;
        //JDBC 驱动
        String driver="com.mysql.cj.jdbc.Driver";
        // 连接 MySQL 中的 mydb 数据库
        String url="jdbc:mysql://localhost:3306/mydb?&useSSL=false&serverTimezone=UTC";
        //用户名和密码
        String user="root";
        String password="123456zf";
        try {
            // 注册 JDBC 驱动程序
            Class.forName(driver);
            // 建立连接
            con = DriverManager.getConnection(url, user, password);
            //定义插入 SQL 语句
            String  sql = "insert into mytab values(?,?,?,?,?)" ;
            // 创建 PreparedStatement 对象
```

```
        PreparedStatement myst = con.prepareStatement(sql);
        myst.setInt(1,103);
        myst.setString(2,"周杰");
        myst.setString(3,"男");
        myst.setInt(4, 28);
        myst.setDouble(5, 5689.3);
        // 更新数据
        myst.executeUpdate();
        System.out.println("成功插入一条记录! \n");
      // 定义 SQL 语句
        String sql1 = "select * from mytab";
        // 定义 ResultSet 对象，用来获取 SQL 语句的执行结果
        ResultSet myrs = myst.executeQuery(sql1);
        System.out.println("插入记录后，数据库表 mytab 中的数据信息如下: \n");
            System.out.println("职工编号 "+"\t"+"职工姓名 "+"\t"+"职工性别
"+"\t"+"职工年龄 "+"\t"+"职工工资 ");
            // 利用 while 循环显示数据表中的所有数据信息
            while(myrs.next())
            {
                int myid = myrs.getInt("id");
                String myname = myrs.getString("name");
                String mysex = myrs.getString("sex");
                int myage = myrs.getInt("age");
                double  mywages = myrs.getDouble("wages");
                System.out.println(myid+"\t"+myname+"\t"+mysex+"\
t"+myage+"\t"+mywages);
            }
            // 关闭对象
            myst.close();
            con.close();
        }
        catch (ClassNotFoundException e)
        {
            System.out.println("数据库驱动没有安装! ");
        }
        catch (SQLException e)
        {
            e.printStackTrace();
            System.out.println("数据库连接失败! ");
        }
    }
}
```

　　这里先插入一条记录，然后显示插入数据后的数据表中的数据信息。单击菜单栏中的
"Run/Run" 命令（快捷键：Ctrl+F11），就可以编译并运行代码，如图 16.35 所示。

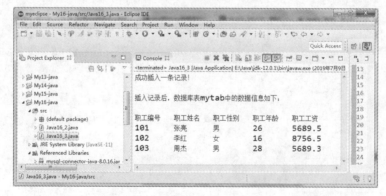

图 16.35　利用 Java 向 MySQL 数据表中插入数据并显示

16.6 利用 Java 修改 MySQL 数据表中的数据并显示

双击桌面上的 Eclipse 快捷图标，就可以打开软件。选择 My16-java 中的 "src"，然后单击鼠标右键，在弹出的右键菜单中单击 "New/Class" 命令，弹出 "New Java Class" 对话框，如图 16.36 所示。

在这里设置类名为 "Java16_4"，然后单击 "Finish" 按钮，就创建一个名称为 Java16_4 类，然后输入如下代码：

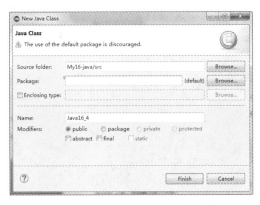

图 16.36　New Java Class 对话框

```java
import java.sql.*;
public class Java16_4
{
    public static void main(String[] args)
    {
        Connection con;
        //JDBC 驱动
        String driver="com.mysql.cj.jdbc.Driver";
        // 连接 MySQL 中的 mydb 数据库
        String url="jdbc:mysql://localhost:3306/mydb?&useSSL=false&serverTime
zone=UTC";
        //用户名和密码
        String user="root";
        String password="123456zf";
        try {
            // 注册 JDBC 驱动程序
            Class.forName(driver);
            //建立连接
            con = DriverManager.getConnection(url, user, password);
            //定义修改 SQL 语句
            String  sql = "update  mytab set name=' 李红波 ', age=34,wages=
10235.1  where id=101 " ;
            // 创建 PreparedStatement 对象
            Statement myst = con.createStatement();
            // 修改数据
            myst.executeUpdate(sql);
            System.out.println(" 成功修改职工号为 101 的职工信息！ \n");
            //定义 SQL 语句
            String sql1 = "select * from mytab";
            // 定义 ResultSet 对象,用来获取 SQL 语句的执行结果
            ResultSet myrs = myst.executeQuery(sql1);
            System.out.println(" 修改记录后, 数据库表 mytab 中的数据信息如下: \n");
            System.out.println(" 职工编号 "+"\t"+" 职工姓名 "+"\t"+" 职工性别
"+"\t"+" 职工年龄 "+"\t"+" 职工工资 ");
            // 利用 while 循环显示数据表中的所有数据信息
            while(myrs.next())
            {
                int myid = myrs.getInt("id");
```

```
                    String myname = myrs.getString("name");
                    String mysex = myrs.getString("sex");
                    int myage = myrs.getInt("age");
                    double  mywages = myrs.getDouble("wages");
                    System.out.println(myid+"\t"+myname+"\t"+mysex+"\
t"+myage+"\t"+mywages);
            }
            // 关闭对象
            myrs.close();
            myst.close();
            con.close();
        }
        catch (ClassNotFoundException e)
        {
            System.out.println("数据库驱动没有安装!");
        }
        catch (SQLException e)
        {
            e.printStackTrace();
            System.out.println("数据库连接失败!");
        }
    }
}
```

在这里修改职工号为 101 职工的姓名、年龄和工资信息。

单击菜单栏中的"Run/Run"命令（快捷键：Ctrl+F11），就可以编译并运行代码，
如图 16.37 所示。

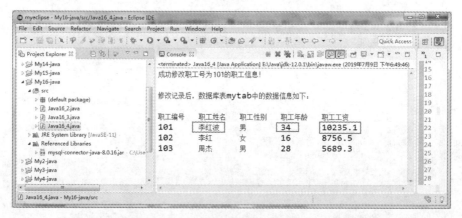

图 16.37　利用 Java 修改 MySQL 数据表中的数据并显示

16.7　利用 Java 删除 MySQL 数据表中的数据并显示

双击桌面上的 Eclipse 快捷图标，就可以打开软件。选择 My16-java 中的"src"，
然后单击鼠标右键，在弹出的右键菜单中单击"New/Class"命令，弹出"New Java
Class"对话框，如图 16.38 所示。

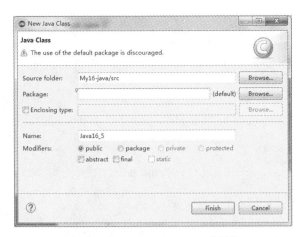

图 16.38　New Java Class 对话框

在这里设置类名为"Java16_5"，然后单击"Finish"按钮，就创建一个名称为 Java16_5 类，然后输入如下代码：

```java
import java.sql.*;
public class Java16_5
{
    public static void main(String[] args)
    {
        Connection con;
        //JDBC 驱动
        String driver="com.mysql.cj.jdbc.Driver";
        // 连接 MySQL 中的 mydb 数据库
        String url="jdbc:mysql://localhost:3306/mydb?&useSSL=false&serverTimezone=UTC";
        //用户名和密码
        String user="root";
        String password="123456zf";
        try {
            // 注册 JDBC 驱动程序
            Class.forName(driver);
            // 建立连接
            con = DriverManager.getConnection(url, user, password);
            // 定义删除 SQL 语句
            String  sql = " delete from mytab where id=101 " ;
            // 创建 PreparedStatement 对象
            Statement myst = con.createStatement();
            // 修改数据
            myst.executeUpdate(sql);
            System.out.println(" 删除职工号为 101 的职工信息！\n");
            // 定义 SQL 语句
            String sql1 = "select * from mytab";
            // 定义 ResultSet 对象，用来获取 SQL 语句的执行结果
            ResultSet myrs = myst.executeQuery(sql1);
            System.out.println(" 删除记录后，数据库表 mytab 中的数据信息如下：\n");
            System.out.println(" 职工编号 "+"\t"+" 职工姓名 "+"\t"+" 职工性别 "+"\t"+" 职工年龄 "+"\t"+" 职工工资 ");
            // 利用 while 循环显示数据表中的所有数据信息
            while(myrs.next())
            {
                int myid = myrs.getInt("id");
                String myname = myrs.getString("name");
                String mysex = myrs.getString("sex");
```

```
                int myage = myrs.getInt("age");
                double  mywages = myrs.getDouble("wages");
                System.out.println(myid+"\t"+myname+"\t"+mysex+"\
t"+myage+"\t"+mywages);
            }
            // 关闭对象
            myrs.close();
            myst.close();
            con.close();
        }
        catch (ClassNotFoundException e)
        {
            System.out.println("数据库驱动没有安装!");
        }
        catch (SQLException e)
        {
            e.printStackTrace();
            System.out.println("数据库连接失败!");
        }
    }
}
```

单击菜单栏中的"Run/Run"命令（快捷键：Ctrl+F11），就可以编译并运行代码，如图 16.39 所示。

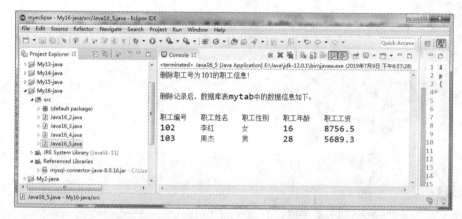

图 16.39　利用 Java 删除 MySQL 数据表中的数据并显示

第 17 章

手机销售管理系统

通过 Java 语言综合编程案例——手机销售管理系统，可以提高我们对 Java 语言编程的综合认识，并真正掌握编程的核心思想及技巧，从而学以致用。

本章主要内容包括：

➤ 手机销售管理系统登录界面的设计

➤ 设计登录数据库表

➤ 为两个按钮添加监听

➤ 手机销售管理系统主程序界面及功能的实现

➤ 设计手机信息数据库表

➤ 显示全部手机信息界面及功能的实现

➤ 增加手机信息界面及功能的实现

➤ 查找手机信息界面及功能的实现

➤ 购买手机功能界面及功能的实现

➤ 删除手机信息界面及功能的实现

17.1 手机销售管理系统登录界面

手机销售管理系统可以实现手机信息的增加、显示、查找、删除、购买等功能。下面先来编写手机销售管理系统登录界面。

17.1.1 登录界面设计

双击桌面上的 Eclipse 快捷图标，就可以打开软件，然后单击菜单栏中的 "File/New/Java Project" 命令，弹出 "New Java Project" 对话框，如图 17.1 所示。

在这里设置项目名为 "My17-java"，然后单击 "Finish" 按钮，就可以创建 My17-java 项目。

选择 My17-java 中的 "src"，然后单击鼠标右键，在弹出的右键菜单中单击 "New/Class" 命令，弹出 "New Java Class" 对话框，如图 17.2 所示。

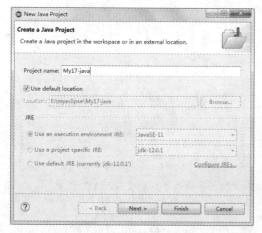

图 17.1　New Java Project 对话框

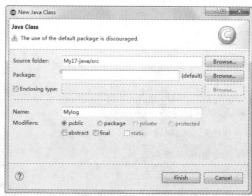

图 17.2　New Java Class 对话框

在这里设置类名为 "Mylog"，然后单击 "Finish" 按钮，就创建一个名称为 Mylog 类，然后编写代码如下：

```java
import javax.swing.*;
import java.awt.*;
public class Mylog
{
    public static void main(String[] args)
    {
        JFrame myw = new JFrame() ;                        // 创建窗体
        myw.setTitle(" 手机销售系统登录界面 ");
```

```
        myw.setSize(280, 180);
        JPanel myj=new JPanel();                          // 创建面板
        JLabel  mylab = new JLabel("手机销售系统登录界面",JLabel.CENTER);
        Dimension preferredSize=new Dimension(350, 40);   // 设置尺寸
        mylab.setPreferredSize(preferredSize);            // 设置标签大小
        mylab.setFont(new Font("黑体",Font.BOLD,20));
        mylab.setForeground(Color.red);
        JPanel myj1=new JPanel();       // 创建嵌套面板
        myj1.setLayout(new GridLayout(2, 2));
        JLabel  mylab1 = new JLabel("用户名:   ",JLabel.CENTER);
        JTextField myt1=new JTextField(10);
        JLabel  mylab2 = new JLabel("密码:   ",JLabel.CENTER);
        JTextField myt2=new JTextField(10);
        JButton btn1=new JButton("确定");
        JButton btn2=new JButton("取消");
        myj.add(mylab,BorderLayout.NORTH);
        myj1.add(mylab1);
        myj1.add(myt1);
        myj1.add(mylab2);
        myj1.add(myt2);
        myj.add(myj1,BorderLayout.CENTER);
        myj.add(btn1);
        myj.add(btn2);
    myw.add(myj);
        myw.setVisible(true);                             // 设置窗体可见
        // 设置窗体可关闭
        myw.setDefaultCloseOperation(JFrame.EXIT_ON_CLOSE);
    }
}
```

这里创建了两个面板，第一个面板 myj 用来存放一个标签、两个按钮。第二个面板用来存放两个标签和两个文本框。第二个面板用网格式布局，代码如下：

```
myj1.setLayout(new GridLayout(2, 2));
```

第一个面板用边框布局管理器，代码如下：

```
myj.add(mylab,BorderLayout.NORTH);
myj.add(myj1,BorderLayout.CENTER);
```

17.1.2 设计登录数据库表

利用 MySQL 创建数据库 phonedb，然后在该数据库中创建数据库表 plog。数据库表 plog 有 3 个字段，分别是 pid、pname、ppwd，即编号、用户名和密码。

单击桌面左下角的"开始 / 所有程序"命令，在弹出菜单中，单击"MySQL/ MySQL Server 8.0/ MySQL 8.0 Command Line Client"命令，打 开 MySQL 8.0 Command Line Client 软件，然后输入密码"123456zf"，然后回车，就可以成功登录 MySQL 数据库，如图 17.3 所示。

图 17.3 成功登录 MySQL 数据库

接下来输入如下代码：

```
create  database  phonedb ;
```

然后回车，就可以创建一个数据库，名称为 phonedb，如图 17.4 所示。

下面创建数据库表 plog，具体代码如下：

```
use  phonedb;
create  table  plog
(
    pid   int(8),
    pname  varchar(36),
    ppwd   varchar(15)
) ;
```

然后回车，就会在 phonedb 数据库中创建一个 plog 数据库表，如图 17.5 所示。

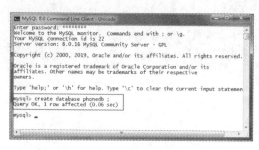

图 17.4　创建数据库 phonedb

图 17.5　创建一个 plog 数据库表

接下来向数据库表中添加数据，具体代码如下：

```
insert  into  plog  values (1001,'admin','admin2019');
```

然后回车，就可以向数据表中插入一条数据，如图 17.6 所示。

同理，再插入一条数据，具体代码如下：

```
insert  into  plog  values (1001,'qdjly888','qd123456');
```

然后回车，就可以向数据表中再插入一条数据。

下面来显示数据表中的数据，具体代码如下：

```
select  *  from  plog ;
```

然后回车，就可以看到数据库表 plog 中的所有数据，如图 17.7 所示。

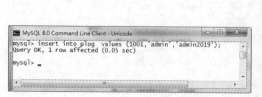

图 17.6　向数据表中插入一条数据

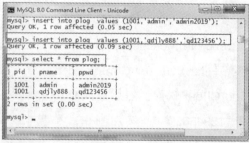

图 17.7　数据库表 plog 中的所有数据

17.1.3　为两个按钮添加监听

单击"确定"按钮，就会判断在文本框中输入的用户名和密码，是否与数据库表 plog 中的数据相对应，如果是正确的，就可以成功进入手机销售管理系统主程序界面，并关闭登录界面；如果不正确，就会显示提示对话框，显示用户名或密码错误。

单击"取消"按钮，就会清空两个文本框中的输入信息。

需要注意，还要把 mysql-connector-java-8.0.16.jar 添加到 My17-java 项目中。选择"My17-java"，然后单击右键，在弹出的菜单中单击"Build Path/Configure Build Path"命令，弹出"Properties for My17-java"对话框，然后单击"Libraries"选项卡，如图 17.8 所示。

单击"Add External JARs"按钮，弹出"JAR Selection"对话框，如图 17.9 所示。

图 17.8　Properties for My17-java 对话框

图 17.9　JAR Selection 对话框

选择 mysql-connector-java-8.0.16.jar，然后单击"打开"按钮，最后单击"Apply and Close"按钮即可。

要添加监听，并与数据库关联，所以要先导入如下类，具体代码如下：

```
import java.awt.event.* ;
import javax.swing.event.*;
import java.sql.*;
```

接下来为"确定"按钮添加监听，具体代码如下：

```
btn1.addActionListener(new ActionListener()
        {
                public void actionPerformed(ActionEvent e)
                {
                        Connection con;
                //JDBC 驱动
                String driver="com.mysql.cj.jdbc.Driver";
                // 连接 MySQL 中的 phonedb 数据库
                String url="jdbc:mysql://localhost:3306/phonedb?&useSSL=fal
se&serverTimezone=UTC";
                //用户名和密码
                String user="root";
```

```
                            String password="123456zf";
                            try {
                                   // 注册 JDBC 驱动程序
                                   Class.forName(driver);
                                   // 建立连接
                                   con = DriverManager.getConnection(url, user, password);
                                   // 创建 Statement 对象
                                   Statement  myst = con.createStatement();
                                   // 定义 SQL 语句
                                    String sql = "select * from plog where pname='"+myt1.
getText()+"' and ppwd = '"+myt2.getText()+"'";
                                   // 定义 ResultSet 对象，用来获取 SQL 语句的执行结果
                                   ResultSet myrs = myst.executeQuery(sql);
                                   if (myrs.next())
                                   {
                                      //myw.dispose();
                                          //Mymain mym = new Mymain();
      JOptionPane.showMessageDialog(null,"用户名和密码都正确，可以进入主程序界面！","提示
对话框",1);

                                   }
                                   else
                                   {
                                       JOptionPane.showMessageDialog(null,"用户名或密码错误！
","提示对话框",0);

                                   }
                                   // 关闭对象
                                   myrs.close();
                                   myst.close();
                                   con.close();
                            }
                            catch (ClassNotFoundException e1)
                            {
                                   System.out.println("数据库驱动没有安装！");

                            }
                            catch (SQLException e2)
                            {
                                   e2.printStackTrace();
                                   System.out.println("数据库连接失败！");
                            }
                            }
                      });
```

需要注意，这里要判断文本框中输入的用户名和密码是否与数据库表中的数据一致，需要在 SQL 中用 where 条件，具体代码如下：

```
    String sql = "select * from plog where pname='"+myt1.getText()+"' and ppwd =
'"+myt2.getText()+"'";
```

判断数据库中是否存在查询记录，使用的语句是 ResultSet 对象的 next() 方法，如果有数据，返回值是 True；如果没有数据，返回值为 False。

最后为"取消"按钮添加监听，具体代码如下：

```
    btn2.addActionListener(new ActionListener()
    {
        public void actionPerformed(ActionEvent e)
        {
               myt1.setText("");
               myt2.setText("");
        }
    });
```

单击菜单栏中的"Run/Run"命令（快捷键：Ctrl+F11），可以编译并运行代码，就可以看到手机销售管理系统登录界面，如图 17.10 所示。

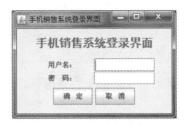

图 17.10　手机销售管理系统登录界面

如果在文本框中输入用户名或密码有误，单击"确定"按钮，就会弹出如图 17.11 所示的提示对话框。

如果输入的用户名和密码分别是 admin 和 admin，或 qdjly2019 和 qd123456，单击"确定"按钮，就会弹出如图 17.12 所示的提示对话框。

图 17.11　用户名或密码有误提示对话框

图 17.12　用户名和密码正确提示对话框

在用户名和密码文本框中输入信息后，如果想重新输入，单击"取消"按钮，就可以清空两个文本框中的内容，可以重新输入用户名和密码。

17.2　手机销售管理系统主程序界面

登录界面设计完成后，下面来设计手机销售管理系统主程序界面，并实现登录界面与主程序界面的关联。

17.2.1　主程序界面设计

双击桌面上的 Eclipse 快捷图标，就可以打开软件。选择 My17-java 中的"src"，然后单击鼠标右键，在弹出的右键菜单中单击"New/Class"命令，弹出"New Java Class"对话框，如图 17.13 所示。

Java 从入门到精通

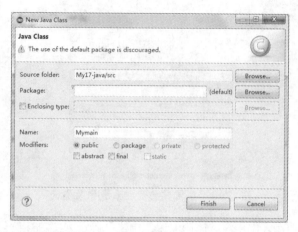

图 17.13　New Java Class 对话框

在这里设置类名为"Mymain"，然后单击"Finish"按钮，就创建一个名称为 Mymain 类，然后编写代码如下：

```java
import javax.swing.*;
import java.awt.*;
public class Mymain
{
    JFrame myw ;
    public Mymain()                                                // 构造方法
    {
        myw = new JFrame() ;
        myw.setTitle("手机销售系统主程序界面");
        myw.setSize(280, 220);
        JPanel myj=new JPanel();                                   // 创建面板
        JLabel  mylab = new JLabel("手机销售系统主程序界面",JLabel.CENTER);
        Dimension preferredSize=new Dimension(350, 60);            // 设置尺寸
        mylab.setPreferredSize(preferredSize);                     // 设置标签大小
        mylab.setFont(new Font("黑体",Font.BOLD,22));
        mylab.setForeground(Color.blue);
        JButton btn1=new JButton("查找手机信息");
        JButton btn2=new JButton("购买手机信息");
        JButton btn3=new JButton("增加手机功能");
        JButton btn4=new JButton("删除手机功能");
        JButton btn5=new JButton("显示全部手机信息");
        JButton btn6=new JButton("退出手机系统");
        myj.add(mylab);
        myj.add(btn1);
        myj.add(btn2);
        myj.add(btn3);
        myj.add(btn4);
        myj.add(btn5);
        myj.add(btn6);
        myw.add(myj);
        myw.setVisible(true);                                      // 设置窗体可见
        //设置窗体可关闭
        myw.setDefaultCloseOperation(JFrame.EXIT_ON_CLOSE);
    }
    // 主方法
    public static void main(String[] args)
    {
        new Mymain();
    }
}
```

17.2.2 登录界面与主程序界面的关联

需要注意，实际运行效果应该是，如果用户名和密码正确，单击"确定"按钮，直接进入手机销售管理系统的主程序界面，并关闭登录界面，而不是弹出提示对话框。需要修改代码如下：

```
if (myrs.next())
    {
            //myw.dispose();
        //Mymain mym = new Mymain();
        JOptionPane.showMessageDialog(null,"用户名和密码都正确,可以进入主程序界面!
","提示对话框 ",1);
    }
```

修改后，代码如下：

```
if (myrs.next())
    {
            myw.dispose();                          // 关闭登录界面，显示主程序界面
        Mymain mym = new Mymain();
        //JOptionPane.showMessageDialog(null,"用户名和密码都正确,可以进入主程序界面!
","提示对话框 ",1);
    }
```

选择"Mylog"，单击菜单栏中的"Run/Run"命令（快捷键：Ctrl+F11），可以编译并运行代码，就可以看到手机销售管理系统登录界面，如图 17.14 所示。

正确输入用户名和密码，即用户名和密码分别是 admin 和 admin，或 qdjly2019和 qd123456，然后单击"确定"按钮，就可以看到主程序界面，并关闭登录界面，如图 17.15 所示。

图 17.14　手机销售管理系统登录界面

图 17.15　手机销售管理系统主程序界面

17.3 显示全部手机信息界面

主程序界面设计完成后，下面来设计显示全部手机信息界面，并实现主程序界面与显示全部手机信息界面的关联。

17.3.1 设计手机信息数据库表

打开 MySQL 8.0 Command Line Client 软件，输入密码"123456zf"，然后回车，就可以成功登录 MySQL 数据库。

首先使用前面创建的 phonedb 数据库，具体代码如下：

```
use  phonedb;
```

接下来创建手机信息数据库表 ptab，具体代码如下：

```
create   table   ptab
(
   id   int(10),
   name  varchar(30),
   price     float,
   snum      int(8)
) ;
```

最后向手机信息数据库表 ptab 插入多条记录，具体代码如下：

```
insert   into   ptab   values (1101,'iphone7',7865.5,26);
insert   into   ptab   values (1102,'iphone6',5632.6,32);
insert   into   ptab   values (1103,'iphone4',2631.5,12);
insert   into   ptab   values (1104,'VEC-AL',4896,8);
insert   into   ptab   values (1105,'M923Q',1896,7);
```

插入数据后，利用 select * from ptab; 代码来查看数据库表中的数据信息，如图 17.16 所示。

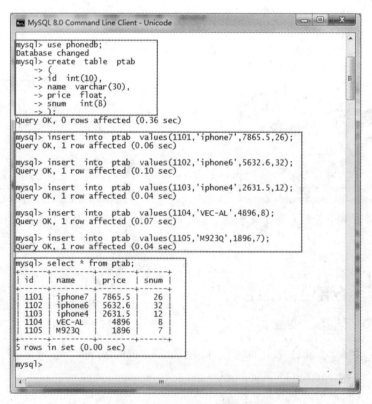

图 17.16　设计手机信息数据库表

17.3.2　显示全部手机信息界面设计

双击桌面上的 Eclipse 快捷图标，就可以打开软件。选择 My17-java 中的"src"，然后单击鼠标右键，在弹出的右键菜单中单击"New/Class"命令，弹出"New Java Class"对话框，如图 17.17 所示。

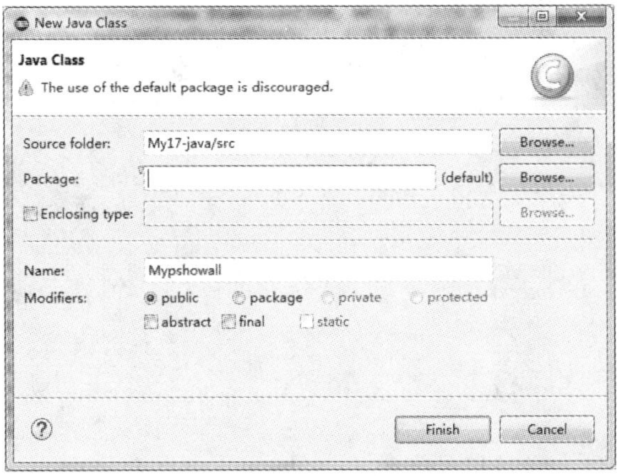

图 17.17　New Java Class 对话框

在这里设置类名为"Mypshowall"，然后单击"Finish"按钮，就创建一个名称为 Mypshowall 类，然后编写代码如下：

```java
import javax.swing.*;
import java.awt.*;
import java.sql.*;
import javax.swing.table.DefaultTableModel;
public class Mypshowall
{
    JFrame myw ;
    public Mypshowall()
    {
        myw = new JFrame() ;
        myw.setTitle("显示全部手机信息界面");
        myw.setSize(480, 220);
        JPanel myj=new JPanel();                        // 创建面板
        // 创建表格的模式
        DefaultTableModel model=new DefaultTableModel();
        // 创建表头
        model.setColumnIdentifiers(new Object[]{"编号","手机名","价格","库存数量"});
        Connection con;
        //JDBC 驱动
        String driver="com.mysql.cj.jdbc.Driver";
        // 连接 MySQL 中的 phonedb 数据库
        String url="jdbc:mysql://localhost:3306/phonedb?&useSSL=false&serverTimezone=UTC";
        // 用户名和密码
        String user="root";
        String password="123456zf";
        try {
            // 注册 JDBC 驱动程序
            Class.forName(driver);
```

```
        // 建立连接
        con = DriverManager.getConnection(url, user, password);
        // 创建 Statement 对象
        Statement  myst = con.createStatement();
        // 定义 SQL 语句
        String sql = "select * from  ptab";
        // 定义 ResultSet 对象，用来获取 SQL 语句的执行结果
        ResultSet myrs = myst.executeQuery(sql);
        while (myrs.next())
        {
                int id=myrs.getInt("id");
                String name=myrs.getString("name");
                double price=myrs.getDouble("price");
                int snum=myrs.getInt("snum");
                // 把以上数据添加到表格模型的一行中
                model.addRow(new Object[]{id,name,price,snum});
        }
        // 关闭对象
        myrs.close();
        myst.close();
        con.close();
    }
    catch (ClassNotFoundException e1)
    {
        System.out.println(" 数据库驱动没有安装！ ");
    }
    catch (SQLException e2)
    {
        e2.printStackTrace();
        System.out.println(" 数据库连接失败！ ");
    }
        JTable myt=new JTable(model);                          // 创建表格
        JScrollPane mysp=new JScrollPane(myt);
        JButton btn = new JButton(" 返回 ");                    // 创建按钮
        myj.add(btn,BorderLayout.NORTH);
        myj.add(mysp,BorderLayout.SOUTH);
        myw.add(myj);
        myw.setVisible(true);                                 // 设置窗体可见
        // 设置窗体可关闭
        myw.setDefaultCloseOperation(JFrame.EXIT_ON_CLOSE);
    }
    // 主方法
    public static void main(String[] args)
    {
        new Mypshowall();
    }
}
```

界面比较简单，一个按钮和一个表格控件。但要在表格控件中显示数据库表 ptab 中的数据信息，比较复杂。

首先创建表格的模式和表头信息，代码如下：

```
DefaultTableModel model=new DefaultTableModel();
model.setColumnIdentifiers(new Object[]{" 编号 "," 手机名 "," 价格 "," 库存数量 "});
```

接下来连接数据库，并把数据库表 ptab 中的信息添加到表格模式中，具体代码如下：

```
while (myrs.next())
  {
    int id=myrs.getInt("id");
    String name=myrs.getString("name");
    double price=myrs.getDouble("price");
```

```
      int snum=myrs.getInt("snum");
      // 把以上数据添加到表格模型的一行中
      model.addRow(new Object[]{id,name,price,snum});
   }
```
最后把表格模式添加到表格中，再把表格添加到滚动面板中，具体代码如下：
```
JTable myt=new JTable(model);                              // 创建表格
JScrollPane mysp=new JScrollPane(myt);
```

单击菜单栏中的"Run/Run"命令（快捷键：Ctrl+F11），可以编译并运行代码，就可以显示全部手机信息，如图 17.18 所示。

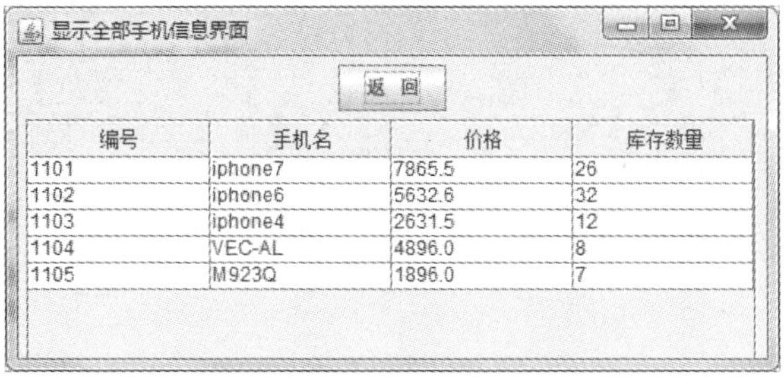

图 17.18　显示全部手机信息界面

17.3.3　显示全部手机信息界面与主程序界面的关联

首先为显示全部手机信息界面中的"返回"按钮，添加监听，实现单击该按钮，就关闭"显示全部手机信息界面"，显示"主程序界面"，具体代码如下：

```
btn.addActionListener(new ActionListener()
{
   public void actionPerformed(ActionEvent e)
   {
        myw.dispose();
        Mymain mym = new Mymain();
   }
});
```
接下来为主程序界面中的"显示全部手机信息"按钮添加监听，实现单击该按钮，关闭"主程序界面"，显示"全部手机信息界面"，具体代码如下：

```
btn5.addActionListener(new ActionListener()
{
   public void actionPerformed(ActionEvent e)
   {
        myw.dispose();
        Mypshowall mym = new Mypshowall();
   }
});
```

17.4　增加手机信息界面

下面来设计增加手机信息界面，并实现与主程序界面的关联。

17.4.1 增加手机信息界面设计

双击桌面上的 Eclipse 快捷图标，就可以打开软件。选择 My17-java 中的 "src"，然后单击鼠标右键，在弹出的右键菜单中单击 "New/Class" 命令，弹出 "New Java Class" 对话框，如图 17.19 所示。

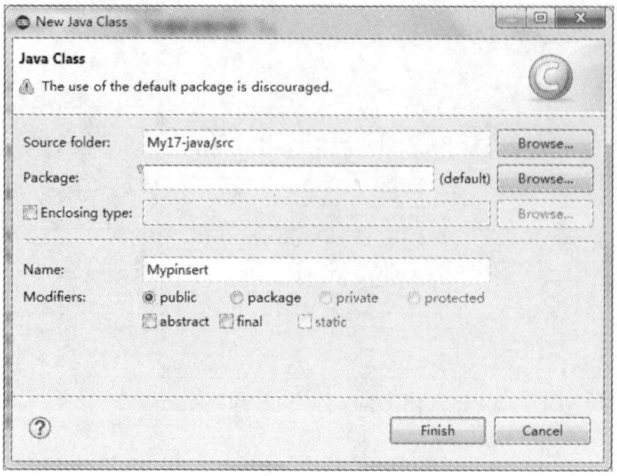

图 17.19　New Java Class 对话框

在这里设置类名为 "Mypinsert"，然后单击 "Finish" 按钮，就创建一个名称为 Mypinsert 类，然后编写代码如下：

```java
import javax.swing.*;
import java.awt.*;
public class Mypinsert
{
    JFrame myw ;
    public Mypinsert()
    {
        JFrame myw = new JFrame() ;                         //创建窗体
        myw.setTitle("增加手机信息界面");
        myw.setSize(280, 220);
        JLabel  mylab = new JLabel("增加手机信息界面",JLabel.CENTER);
        Dimension preferredSize=new Dimension(280, 40);     //设置尺寸
        mylab.setPreferredSize(preferredSize);              //设置标签大小
        mylab.setFont(new Font("黑体",Font.BOLD,20));
        mylab.setForeground(Color.red);
        JPanel myj=new JPanel();                            //创建面板
        JPanel myj1=new JPanel();                           //创建嵌套面板
        myj1.setLayout(new GridLayout(4, 2));
        JLabel  mylab1 = new JLabel("手机编号：  ",JLabel.CENTER);
        JTextField myt1=new JTextField(10);
        JLabel  mylab2 = new JLabel("  手机名：  ",JLabel.CENTER);
        JTextField myt2=new JTextField(10);
        JLabel  mylab3 = new JLabel("手机价格：  ",JLabel.CENTER);
        JTextField myt3=new JTextField(10);
        JLabel  mylab4 = new JLabel("库存数量：  ",JLabel.CENTER);
        JTextField myt4=new JTextField(10);
        JButton btn1 = new JButton("添加");                  //创建按钮
        JButton btn2 = new JButton("重填");
        JButton btn3 = new JButton("返回");
        myj1.add(mylab1);
```

```
              myj1.add(myt1);
              myj1.add(mylab2);
              myj1.add(myt2);
              myj1.add(mylab3);
              myj1.add(myt3);
              myj1.add(mylab4);
              myj1.add(myt4);
              myj.add(mylab);
              myj.add(myj1);
              myj.add(btn1);
              myj.add(btn2);
              myj.add(btn3);
              myw.add(myj);
              myw.setVisible(true);                              // 设置窗体可见
              // 设置窗体可关闭
              myw.setDefaultCloseOperation(JFrame.EXIT_ON_CLOSE);
       }
       // 主方法
       public static void main(String[] args)
       {
              new Mypinsert();
       }
}
```

单击菜单栏中的"Run/Run"命令（快捷键：Ctrl+F11），可以编译并运行代码，就可以看到增加手机信息界面，如图 17.20 所示。

图 17.20　增加手机信息界面

17.4.2　为三个按钮添加监听

先为"添加"按钮添加监听，具体代码如下：

```
btn1.addActionListener(new ActionListener()
       {
              public void actionPerformed(ActionEvent e)
              {
                     if ("".equals(myt1.getText())||"".equals(myt2.
getText())||"".equals(myt3.getText())||"".equals(myt4.getText()))
                     {
                            JOptionPane.showMessageDialog(null," 所有文本框
都要填写！ "," 提示对话框 ",0);
                     }
                     else
                     {
                            Connection con;
                     //JDBC 驱动
```

```
                              String driver="com.mysql.cj.jdbc.Driver";
                              // 连接 MySQL 中的 phonedb 数据库
                              String url="jdbc:mysql://localhost:3306/phonedb?&us
eSSL=false&serverTimezone=UTC";
                              // 用户名和密码
                              String user="root";
                              String password="123456zf";
                              try {
                                  // 注册 JDBC 驱动程序
                                  Class.forName(driver);
                                  // 建立连接
                                  con = DriverManager.getConnection(url, user,
password);
                                  // 定义插入 SQL 语句
                                  String sql = "insert into ptab values("+myt1.
getText()+",'"+myt2.getText() +"','"+myt3.getText() +","+myt4.getText()+")" ;
                                  Statement myst = con.createStatement();
                                  myst.executeUpdate(sql);
                                  JOptionPane.showMessageDialog(null,"成功插入一条
记录! ","提示对话框 ",1);

                                  myt1.setText(null);
                                  myt2.setText(null);
                                  myt3.setText(null);
                                  myt4.setText(null);
                                  // 关闭对象
                                  myst.close();
                                  con.close();
                              }
                              catch (ClassNotFoundException e1)
                              {
                                  System.out.println(" 数据库驱动没有安装! ");
                              }
                              catch (SQLException e2)
                              {
                                  e2.printStackTrace();
                                  System.out.println(" 数据库连接失败! ");
                              }
                              }
                          }
                  });
```

要求所有文本框都不能为空，如果有一个或多个为空，就会弹出提示对话框。随后调用数据库，然后利用 insert 语句向数据库表中添加数据，成功添加数据后，还会弹出一个添加成功提示对话框。数据添加成功后，所以将文本框清空。

为"重填"按钮添加监听，具体代码如下：

```
btn2.addActionListener(new ActionListener()
        {
                public void actionPerformed(ActionEvent e)
                {
                        myt1.setText(null);
            myt2.setText(null);
            myt3.setText(null);
            myt4.setText(null);
                }
        });
```

为"返回"按钮添加监听，具体代码如下：

```
btn3.addActionListener(new ActionListener()
        {
```

```
              public void actionPerformed(ActionEvent e)
              {
                     myw.dispose();
                     Mymain mym = new Mymain();
              }
       });
```

程序运行后，单击"返回"按钮，就会关闭增加手机信息界面，显示主程序界面。

17.4.3 增加手机信息界面与主程序界面的关联

单击主程序界面"Mymain"，然后为"增加手机信息"按钮，添加监听，具体代码如下：

```
btn3.addActionListener(new ActionListener()
       {
              public void actionPerformed(ActionEvent e)
              {
                     myw.dispose();
                     Mypinsert mym = new Mypinsert();
              }
       });
```

选择"Mymain"，单击菜单栏中的"Run/Run"命令（快捷键：Ctrl+F11），可以编译并运行代码，就可以看到主程序界面，如图 17.21 所示。

在主程序界面中，单击"增加手机信息"按钮，打开"增加手机信息界面"，注意这时主程序界面已关闭，如图 17.22 所示。

图 17.21　主程序界面

图 17.22　增加手机信息界面

如果没有全部输入要增加的手机信息，即文本框有空的，这时单击"添加"按钮，就会弹出如图 17.23 所示的提示对话框。

图 17.23　提示对话框

如果正确输入手机的所有信息，然后单击"添加"按钮，就会向数据库表中成功添加一条记录，并显示添加成功提示对话框，如图 17.24 所示。

单击"重填"按钮，就会清空所有文本框中的内容。单击"返回"按钮，就可以返回到主程序界面。在主程序界面中，单击"显示全部手机信息"按钮，就可以看到刚添加的手机信息，如图 17.25 所示。

图 17.24　成功添加一条记录　　　　　　　图 17.25　查看添加的手机信息

17.5　查找手机信息界面

下面来设计查找手机信息界面，并实现与主程序界面的关联。

17.5.1　查找手机信息界面设计

双击桌面上的 Eclipse 快捷图标，就可以打开软件。选择 My17-java 中的"src"，然后单击鼠标右键，在弹出的右键菜单中单击"New/Class"命令，弹出"New Java Class"对话框，如图 17.26 所示。

在这里设置类名为"Mypquery"，然后单击"Finish"按钮，就创建一个名称为 Mypquery 类，然后编写代码如下：

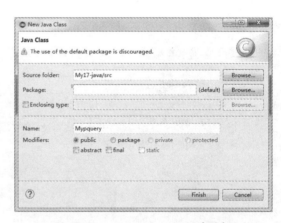

图 17.26　New Java Class 对话框

```java
import javax.swing.*;
import javax.swing.table.DefaultTableModel;
import java.awt.*;
public class Mypquery
{
    JFrame myw ;
    public Mypquery()
```

```
        {
                myw = new JFrame() ;
                myw.setTitle("查找手机信息界面");
                myw.setSize(480, 300);
                JPanel myj=new JPanel();                    // 创建面板
                JLabel  mylab1 = new JLabel("手机价格的最小值：");
                JTextField myt1=new JTextField(8);
                JLabel  mylab2 = new JLabel("最大值：");
                JTextField myt2=new JTextField(8);
                JButton btn = new JButton("查找");           // 创建按钮
                JButton btn = new JButton("返回");
        // 创建表格的模式
                DefaultTableModel model=new DefaultTableModel();
                // 创建表头
                model.setColumnIdentifiers(new Object[]{"编号","手机名","价格","库存
数量"});
                JTable myt=new JTable(model);               // 创建表格
                JScrollPane mysp=new JScrollPane(myt);
                myj.add(mylab1);
                myj.add(myt1);
                myj.add(mylab2);
                myj.add(myt2);
                myj.add(btn);
        myj.add(btn1);
                myj.add(mysp);
                myw.add(myj);
                myw.setVisible(true);                       // 设置窗体可见
                // 设置窗体可关闭
                myw.setDefaultCloseOperation(JFrame.EXIT_ON_CLOSE);
        }
        // 主方法
        public static void main(String[] args)
        {
                new Mypquery();
        }
}
```

单击菜单栏中的"Run/Run"命令（快捷键：Ctrl+F11），可以编译并运行代码，就可以看到查找手机信息界面，如图 17.27 所示。

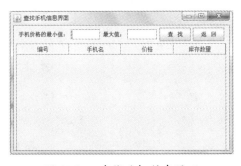

图 17.27　查找手机信息界面

17.5.2　为两个按钮添加监听

先为"查找"按钮添加监听，具体代码如下：

```
btn.addActionListener(new ActionListener()
```

Java 从入门到精通

```
                    {
                        public void actionPerformed(ActionEvent e)
                        {
                            if (!"".equals(myt1.getText()) && !"".equals(myt2.
getText()))
                            {
                                    Connection con;
                            //JDBC 驱动
                            String driver="com.mysql.cj.jdbc.Driver";
                            // 连接 MySQL 中的 phonedb 数据库
                             String url="jdbc:mysql://localhost:3306/phonedb?&us
eSSL=false&serverTimezone=UTC";
                            // 用户名和密码
                            String user="root";
                            String password="123456zf";
                            try {
                                    // 注册 JDBC 驱动程序
                                Class.forName(driver);
                                // 建立连接
                                 con = DriverManager.getConnection(url, user,
password);

                                // 创建 Statement 对象
                                Statement  myst = con.createStatement();
                                // 定义 SQL 语句
                                 String sql = "select * from  ptab where price
>="+myt1.getText()+" and price<="+myt2.getText();
                                // 定义 ResultSet 对象，用来获取 SQL 语句的执行结果
                                ResultSet myrs = myst.executeQuery(sql);
                                while (myrs.next())
                                {
                                    int id=myrs.getInt("id");
                                    String name=myrs.getString("name");
                                    double price=myrs.getDouble("price");
                                    int snum=myrs.getInt("snum");
                                    // 把以上数据添加到表格模型的一行中
                                    model.addRow(new  Object[]{id,name,price,
snum});

                                }
                                // 关闭对象
                                myrs.close();
                                myst.close();
                                con.close();
                            }
                            catch (ClassNotFoundException e1)
                            {
                                System.out.println(" 数据库驱动没有安装！ ");

                            }
                            catch (SQLException e2)
                            {
                                e2.printStackTrace();
                                System.out.println(" 数据库连接失败！ ");
                            }
                            }
                            else
                            {
                                    JOptionPane.showMessageDialog(null," 手机价格
的最大值和最小值都不能为空！ "," 提示对话框 ",1);
                            }

                        }
                });
```

再为"返回"按钮添加监听,具体代码如下:

```
btn1.addActionListener(new ActionListener()
        {
                public void actionPerformed(ActionEvent e)
                {
                        myw.dispose();
                        Mymain mym = new Mymain();
                }
        });
```

17.5.3　查找手机信息界面与主程序界面的关联

单击主程序界面"Mymain",然后为"查找手机信息"按钮,添加监听,具体代码如下:

```
                btn1.addActionListener(new ActionListener()
                {
                        public void actionPerformed(ActionEvent e)
                        {
                                myw.dispose();
                                Mypquery mym = new Mypquery();
                        }
                });
```

选择"Mymain",单击菜单栏中的"Run/Run"命令(快捷键:Ctrl+F11),可以编译并运行代码,就可以看到主程序界面,如图 17.28 所示。

在主程序界面中,单击"查找手机信息"按钮,打开"查找手机信息界面",注意这时主程序界面已关闭。然后输入手机价格的最大值和最小值,再单击"查找"按钮,如图 17.29 所示。

图 17.28　主程序界面

图 17.29　查找手机信息

如果手机价格的最小值和最大值有一个为空,单击"查找"按钮,就会弹出提示对话框,如图 17.30 所示。

图 17.30　提示对话框

单击"返回"按钮，就可以返回到主程序界面。

17.6 购买手机功能界面

下面来设计购买手机功能界面，并实现与主程序界面的关联。

17.6.1 购买手机功能界面设计

双击桌面上的 Eclipse 快捷图标，就可以打开软件。选择 My17-java 中的"src"，然后单击鼠标右键，在弹出的右键菜单中单击"New/Class"命令，弹出"New Java Class"对话框，如图 17.31 所示。

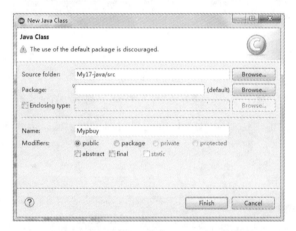

图 17.31　New Java Class 对话框

在这里设置类名为"Mypbuy"，然后单击"Finish"按钮，就创建一个名称为 Mypbuy 类，然后编写代码如下：

```java
import javax.swing.*;
import java.awt.*;
public class Mypbuy
{
    JFrame myw ;
    public Mypbuy()
    {
        myw = new JFrame() ;
        myw.setTitle("购买手机功能界面");
        myw.setSize(250, 180);
        JPanel myj=new JPanel();                              //创建面板
        JLabel  mylab = new JLabel("购买手机功能界面",JLabel.CENTER);
        Dimension preferredSize=new Dimension(250, 40);       //设置尺寸
        mylab.setPreferredSize(preferredSize);                //设置标签大小
        mylab.setFont(new Font("黑体",Font.BOLD,20));
        mylab.setForeground(Color.red);
        JPanel myj1=new JPanel();                             //创建嵌套面板
```

```
        myj1.setLayout(new GridLayout(3, 2));
        JLabel   mylab1 = new JLabel("  手机编号: ");
        JTextField myt1=new JTextField(6);
        JLabel   mylab2 = new JLabel("购买的数量: ");
        JTextField myt2=new JTextField(6);
        myt2.setText("1");
        JButton btn1 = new JButton("购买");                 // 创建按钮
        JButton btn2 = new JButton("返回");
        myj.add(mylab);
        myj1.add(mylab1);
        myj1.add(myt1);
        myj1.add(mylab2);
        myj1.add(myt2);
        myj1.add(btn1);
        myj1.add(btn2);
        myj.add(myj1);
        myw.add(myj);
        myw.setVisible(true);                               // 设置窗体可见
        // 设置窗体可关闭
        myw.setDefaultCloseOperation(JFrame.EXIT_ON_CLOSE);
    }
    // 主方法
    public static void main(String[] args)
    {
        new Mypbuy();
    }
}
```

单击菜单栏中的"Run/Run"命令（快
捷键：Ctrl+F11），可以编译并运行代码，
就可以看到购买手机功能界面，如图 17.32
所示。

图 17.32　购买手机功能界面

17.6.2　为两个按钮添加监听

先为"购买"按钮添加监听，具体代码如下：

```
        btn1.addActionListener(new ActionListener()
        {
            public void actionPerformed(ActionEvent e)
            {
                if ("".equals(myt1.getText())||"".equals(myt2.
getText()))
                {
                    JOptionPane.showMessageDialog(null,"所有文本
框都要填写！","提示对话框",0);
                }
                else
                {
                    Connection con;
                //JDBC 驱动
                String driver="com.mysql.cj.jdbc.Driver";
                // 连接 MySQL 中的 phonedb 数据库
                String url="jdbc:mysql://localhost:3306/phonedb?&us
eSSL=false&serverTimezone=UTC";
                //用户名和密码
```

```
                                      String user="root";
                                      String password="123456zf";
                                      try {
                                            // 注册 JDBC 驱动程序
                                          Class.forName(driver);
                                          // 建立连接
                                            con = DriverManager.getConnection(url, user,
password);
                                          // 定义插入 SQL 语句
                                            String  sql = "update ptab set snum=snum-
"+myt2.getText() +" where id="+myt1.getText();
                                          Statement  myst = con.createStatement();
                                          myst.executeUpdate(sql);
                                            JOptionPane.showMessageDialog(null,"已成功购买了
手机! ","提示对话框",1);
                                          myt1.setText(null);
                                          myt2.setText("1");
                                         // 关闭对象
                                          myst.close();
                                          con.close();
                                      }
                                      catch (ClassNotFoundException e1)
                                      {
                                          System.out.println("数据库驱动没有安装! ");
                                      }
                                      catch (SQLException e2)
                                      {
                                          e2.printStackTrace();
                                          System.out.println("数据库连接失败! ");
                                      }
                                  }
                              });
```

接着为"返回"按钮添加监听，具体代码如下：

```
btn2.addActionListener(new ActionListener()
        {
                public void actionPerformed(ActionEvent e)
                {
                        myw.dispose();
                        Mymain mym = new Mymain();
                }
        });
```

17.6.3　购买手机功能界面与主程序界面的关联

单击主程序界面"Mymain"，然后为"购买手机功能"按钮添加监听，具体代码如下：

```
        btn2.addActionListener(new ActionListener()
        {
                public void actionPerformed(ActionEvent e)
                {
                        myw.dispose();
                        Mypbuy mym = new Mypbuy();
                }
        });
```

选择"Mymain"，单击菜单栏中的"Run/Run"命令（快捷键：Ctrl+F11），可以编译并运行代码，就可以看到主程序界面，如图 17.33 所示。

在主程序界面中单击"购买手机功能"按钮，打开"购买手机功能界面"，注意这时主程序界面已关闭，如图 17.34 所示。

图 17.33　主程序界面　　　　　　　　图 17.34　购买手机功能界面

如果没有输入要购买的手机的编号，单击"购买"按钮，就会弹出如图 17.35 所示的提示对话框。

如果正确输入要购买的手机信息，单击"购买"按钮，就会修改手机的库存数量，并显示已成功购买了手机提示对话框，如图 17.36 所示。

图 17.35　提示对话框　　　　　　图 17.36　已成功购买了手机提示对话框

单击"返回"按钮，就可以返回到主程序界面。在主程序界面中单击"显示全部手机信息"按钮，就可以看到 1101 编号的手机库存减少 2 个，如图 17.37 所示。

编号	手机名	价格	库存数量
1101	iphone7	7865.5	24
1102	iphone6	5632.6	32
1103	iphone4	2631.5	12
1104	VEC-AL	4896.0	8
1105	M923Q	1896.0	7
1106	iphone8	9865.0	6

图 17.37　1101 编号的手机库存减少 2 个

17.7　删除手机信息界面

下面来设计删除手机信息界面，并实现与主程序界面的关联。

17.7.1　删除手机信息界面设计

双击桌面上的 Eclipse 快捷图标，就可以打开软件。选择 My17-java 中的"src"，然后单击鼠标右键，在弹出的右键菜单中单击"New/Class"命令，弹出"New Java Class"对话框，如图 17.38 所示。

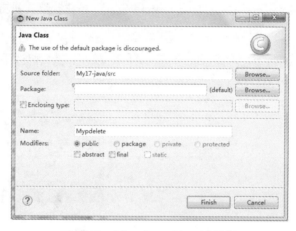

图 17.38　New Java Class 对话框

在这里设置类名为"Mypdelete"，然后单击"Finish"按钮，就创建一个名称为 Mypdelete 类，然后编写代码如下：

```java
import javax.swing.*;
import java.awt.*;
public class Mypdelete
{
    JFrame myw ;
    public Mypdelete()
    {
        myw = new JFrame() ;
        myw.setTitle("删除手机信息界面");
        myw.setSize(250, 150);
        JPanel myj=new JPanel();                              //创建面板
        JLabel  mylab = new JLabel("删除手机信息界面",JLabel.CENTER);
        Dimension preferredSize=new Dimension(250, 40);      //设置尺寸
        mylab.setPreferredSize(preferredSize);               //设置标签大小
        mylab.setFont(new Font("黑体",Font.BOLD,20));
        mylab.setForeground(Color.blue);
        JLabel  mylab1 = new JLabel("手机编号：");
        JTextField myt1=new JTextField(10);
        JButton btn1 = new JButton("删除");                   //创建按钮
        JButton btn2 = new JButton("返回");
        myj.add(mylab);
        myj.add(mylab1);
```

```
        myj.add(myt1);
        myj.add(btn1);
        myj.add(btn2);
        myw.add(myj);
        myw.setVisible(true);                              // 设置窗体可见
        // 设置窗体可关闭
        myw.setDefaultCloseOperation(JFrame.EXIT_ON_CLOSE);
    }
    // 主方法
    public static void main(String[] args)
    {
        new Mypdelete();
    }
}
```

单击菜单栏中的"Run/Run"命令（快捷键：Ctrl+F11），可以编译并运行代码，就可以看到删除手机信息界面，如图 17.39 所示。

图 17.39　删除手机信息界面

17.7.2　为两个按钮添加监听

先为"购买"按钮删除监听，具体代码如下：

```
btn1.addActionListener(new ActionListener()
    {
        public void actionPerformed(ActionEvent e)
        {
            if ("".equals(myt1.getText()))
            {
                JOptionPane.showMessageDialog(null,"手机编号
不能为空! ","提示对话框 ",0);
            }
            else
            {
                Connection con;
                //JDBC 驱动
                String driver="com.mysql.cj.jdbc.Driver";
                // 连接 MySQL 中的 phonedb 数据库
                String url="jdbc:mysql://localhost:3306/phonedb?us
eSSL=false&serverTimezone=UTC";
                //用户名和密码
                String user="root";
                String password="123456zf";
                try {
                        // 注册 JDBC 驱动程序
                    Class.forName(driver);
                    // 建立连接
                    con = DriverManager.getConnection(url, user,
password);
                    // 定义插入 SQL 语句
```

```
                                                    String   sql = "delete  from  ptab   where
id="+myt1.getText();
                                        Statement  myst = con.createStatement();
                                        myst.executeUpdate(sql);
                                        JOptionPane.showMessageDialog(null,"已成功删除一
条手机信息! "," 提示对话框 ",1);
                                        myt1.setText(null);
                                  // 关闭对象
                                        myst.close();
                                        con.close();
                                  }
                            catch (ClassNotFoundException e1)
                            {
                                  System.out.println("数据库驱动没有安装! ");
                            }
                            catch (SQLException e2)
                            {
                                  e2.printStackTrace();
                                  System.out.println("数据库连接失败! ");
                            }
                            }
                      }
                });
```

接着为"返回"按钮添加监听，具体代码如下：

```
btn2.addActionListener(new ActionListener()
            {
                  public void actionPerformed(ActionEvent e)
                  {
                        myw.dispose();
                        Mymain mym = new Mymain();
                  }
            });
```

17.7.3　购买手机功能界面与主程序界面的关联

单击主程序界面"Mymain"，然后为"删除手机信息"按钮添加监听，具体代码如下：

```
            btn4.addActionListener(new ActionListener()
            {
                  public void actionPerformed(ActionEvent e)
                  {
                        myw.dispose();
                        Mypdelete mym = new Mypdelete();
                  }
            });
```

接下来为"退出手机系统"按钮添加监听，具体代码如下：

```
btn6.addActionListener(new ActionListener()
            {
                  public void actionPerformed(ActionEvent e)
                  {
                        System.exit(0);
                  }
            });
```

选择"Mymain"，单击菜单栏中的"Run/Run"命令（快捷键：Ctrl+F11），可以编译并运行代码，就可以看到主程序界面，如图 17.40 所示。

在主程序界面中，单击"删除手机信息"按钮，就会打开"删除手机信息界面"，注

意这时主程序界面已关闭，如图 17.41 所示。

图 17.40　主程序界面

图 17.41　删除手机信息界面

如果没有输入要删除的手机的编号，单击"删除"按钮，就会弹出如图 17.42 所示的提示对话框。

如果正确输入要删除的手机编号，然后单击"删除"按钮，就会删除数据库表中的一条手机信息，并弹出已成功删除一条手机信息提示对话框，如图 17.43 所示。

图 17.42　提示对话框

图 17.43　已成功删除一条手机信息提示对话框

单击"返回"按钮，就可以返回到主程序界面。在主程序界面中，单击"显示全部手机信息"按钮，就可以看到 1103 编号的手机信息已删除，如图 17.44 所示。

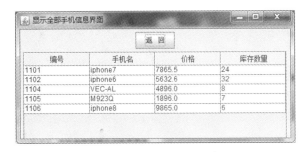

图 17.44　1103 编号的手机信息已删除

单击"返回"按钮，就可以返回到主程序界面。在主程序界面中，单击"退出手机系统"按钮，就可以退出手机销售管理系统。